하늘과 땅, 사람의 정성 뿌리깊은 나무

# The WINE

조영현 저

(주)백산출판사

# 머리말
PREFACE

2020년 비대면이 일상화된 우리 사회는 큰 변혁기에 들어섰다. 조직화되고 도시화되어가던 사회가 잠시 멈추어 연결사회로 나아가고 있다. 이는 우리가 어떻게든 연결되어 건강이나 감정 등에 서로가 영향을 미치기 때문이다.

8년을 기다려 새롭게 The Wine을 준비하면서 와인이 주는 사회적 의미는 무엇일까 생각해 보았다.

모든 연결이 기계에 의해 이루어지는 사회에서 개인의 감정이 무엇보다 중요하고 자산화되어 갈 것이다. 이러한 감정이 건강하게 관계되고 유지되는 하나의 매개체로서 의미와 역할을 담당하지 않을까?

우리는 기억에 있든 없든 매일 오만 가지 생각 속에서 살아간다. 와인에 대한 개인적 선택이나 의미도 그중 하나일 것이다.

와인을 사랑하는 한 사람으로서 독자에게 드리고 싶은 말씀은 와인을 분석하기보다 해석하는 즐거움을 느꼈으면 하는 것이다. 해석대로 삶이 나아가듯, 와인을 선택하고 소비하는 과정에서 서로의 해석을 나누며 더욱 건강한 인간관계가 형성되길 바란다. 그리고 하늘과 땅과 사람의 정성으로 만들어진 와인과 함께 삶이 풍성해지고 사랑이 깊어지기를 소망한다.

이 책은 저자가 와인공부를 시작했을 때 개념이 모호하여 힘들었던 기억 때문에 독자에게 와인의 골격을 심어주고자 많은 설명을 곁들였다. 와인을 이해하는 데 쉬운 길잡이가 되길 기대한다.

이 책이 나오기까지 함께해 주신 하나님께 감사드리고, 기도로 응원해주신 분들과 편집과 출판으로 힘써주신 관계자 분들께 감사드린다.

끝으로 와인과 함께 사랑하는 사람과 행복한 이야기를 만들어가기를 기대해 본다.

2020년 7월 7일

조영현

# 차례
CONTENTS

PART 1

# 와인의 정의 및 분류

The WINE

# 01

# 음료의 분류

우리가 마시는 음료는 크게 알코올 함유 여부에 따라 알코올성 음료와 비알코올성 음료로 구분된다.

비알코올성 음료란 콜라 · 소다 등의 청량음료, 커피 · 차 등의 기호 음료 · 우유 · 주스 등의 영양음료로서 음료에 알코올 첨가가 없고 자체적으로도 알코올이 발생되지도 않는 음료를 말한다. 알코올성 음료란 주세법상 1% 이상의 알코올이 함유된 음료로서 약사법이 정한 약으로 사용되는 알코올 6% 이내의 것은 제외된다.

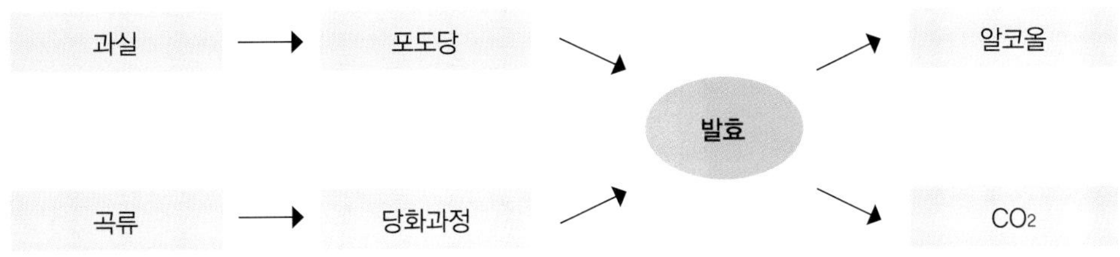


위 그림을 참고하여 알코올성 음료 즉, 술이 만들어지는 과정을 알아보자.

알코올성 음료란 발효(Fermentation)에 의해 얻어진 알코올을 함유한 음료를 말한다. 발효는 효모가 당을 분해하는 과정이며 이 분해 과정에서 생기는 물질이 탄산과 알코올이다. 발효과정에서 탄산은 대기 중으로 발산되고 알코올이 음료에 남아 알코올성 음료 즉, 술이 되는 것이다.

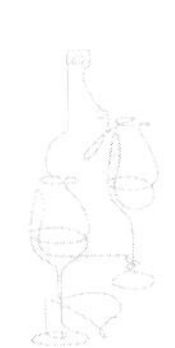

효모(yeast)는 인공 효모와 자연 효모로 나눌 수 있는데 인공 효모는 인위적 배양에 의한 효모이고, 자연 효모는 대기 중에 자생하는 균으로서 포도와 같은 과실 표면에 하얗게 묻어있기도 한다.

알코올성 음료를 만드는 재료는 식용이 가능한 모든 곡류, 과실, 약초, 기타 식물 등이 사용되는데 크게 과실과 곡류로 나눌 수 있다. 과실은 자체의 당이 있으므로 효모만 첨가하면 알코올성 음료를 만들 수 있다. 과실과 달리 곡류에는 발효에 필요한 당을 함유하고 있지 않아 당화과정을 거친 후 효모를 첨가하여 알코올성 음료를 만든다. 당화 과정의 원리는 맥아(麥芽)의 아밀라이제 효소의 역할에 있다.

보리에 적당한 수분과 온도가 가해지면 맥아가 생겨나고, 이 맥아에 함유된 아밀라이제 효소가 탄수화물과 결합하여 당을 만든다. 맥주 만드는 원리도 이와 같이 보리의 당화 과정을 거쳐 배양된 효모를 첨가하여 맥주를 만든다.

독자들께서도 당화 과정을 체험하고자 하면 밥 한 술을 입에 넣고 물이 될 때까지 씹어보면 침 속의 아밀라이제가 밥의 탄수화물과 반응하여 단맛을 느낄 수 있을 것이다.

이렇듯 우리가 음용하는 음료는 발효에 의한 알코올성 음료와 비알코올성 음료로 나눌 수 있고, 알코올성 음료는 만드는 방법에 따라 발효주(또는 양조주, Fermented Liquor), 증류주(Distilled Liquor), 혼성주(Compounded Liquor)로 구분할 수 있다.

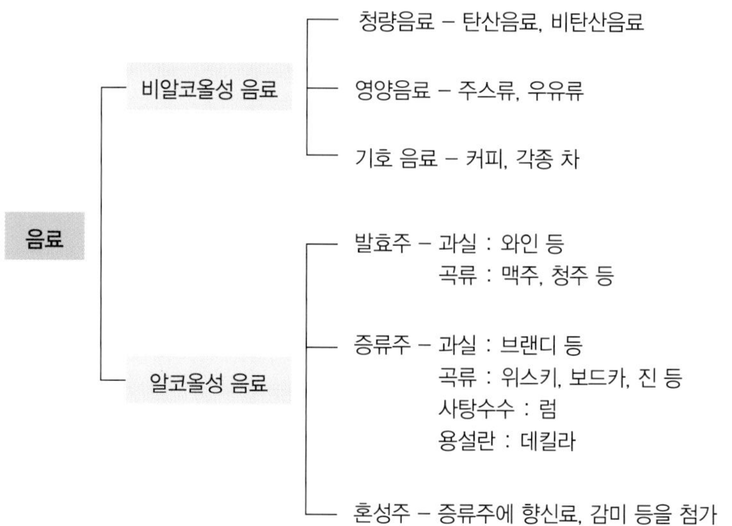

# 1. 발효주

미생물인 균은 크게 발효균과 부패균으로 나누어지며 술에 사용되는 균은 발효균인 효모이다. 발효주 또는 양조주는 효모의 발효 현상으로 얻을 수 있는 알코올성 음료이다.

효모(yeast)란 균사, 광합성능, 운동성도 없는 단세포 생물의 총칭으로 출아에 의해 증식하며 8μm(1/125mm (1㎛=1/1000mm)) 크기의 타원형 세포로서 포도와 같은 과실의 표면이나 꽃의 꿀샘과 같이 당의 농도가 높은 곳에 주로 생육한다.

으깨지거나 상처 난 포도를 그대로 놔두면 누룩 냄새 같은 약간 매캐한 냄새가 나는데, 이는 과실 표피의 효모가 상처 난 과실의 당을 발효시키면서 생기는 현상이다.

효모는 당을 발효시켜 에탄올(ethanol=ethyl alcohol)과 이산화탄소($CO_2$)를 만들어 내며 이 성질을 이용해 맥주나 와인 등의 발효에 이용하고, 2차 발효에 의한 스파클링 와인을 만들기도 한다.

이러한 자연 현상을 인류가 술이나 빵에 이용한 것은 수천 년 전부터의 일이지만 이를 최종적으로 규명한 것은 1862년 파스퇴르에 의해서다.

포도주 생산자들이 1856년 자신들의 와인이 쉽게 상하는 이유를 밝혀달라고 의뢰하면서 발효에 관한 연구가 시작되었다. 발효 현상을 화학반응으로만 이해하던 것이 당시의 보편적 인식이었으나 파스퇴르는 미생물과 관련이 있을 것으로 여기고 연구에 전념한 결과 알코올 발효는 효모에 의한 것임을 밝혀낸다. 나아가 미생물이 질병의 한 원인임을 밝히고 1863년에는 유명한 저온살균법을 발표했다. 저온살균법은 살균할 대상을 섭씨 63도 정도의 열에 노출하여 균을 살균하는 방법을 말하며, 이를 그의 이름을 따 '파스퇴르제이션(Pasteurization)'이라고 한다.

파스퇴르는 발효 현상을 증명하기 위한 실험으로 똑같은 포도주를 두 곳의 용기에 담아 그중 하나에만 열을 가한 후 시간의 경과에 따른 와인의 변화를 관찰했다.

그 결과 열을 가한 포도주는 변질되지 않은 반면, 열을 가하지 않은 포도주는 변질되었고 이를 현미경을 통해 발효란 미생물인 효모에 의해 일어난다는 것을 확인한 것이다. 이러한 저온살균법은 맥주나 우유 등 발효식품의 보관에 크게 기여하는 계기를 만들었다.

이처럼 효모가 당을 발효하는 현상을 이용한 술이 발효주이며 과실의 과당을 원료로 제조하는 술과 곡물의 전분을 원료로 제조하는 술로 나눌 수 있다.

과실의 당이나 당화 과정을 통해 얻어진 당에 효모를 첨가하여 섭씨 10~30도 전후의 온도만 주어지면 효모는 활발한 운동을 시작하여 알코올을 만든다. 과실의 과당을 이용한 술에는 와인(Wine), 사과주(Cider) 등이 있으며, 곡물의 전분을 이용한 술에는 맥주, 청주, 막걸리 등이 있다.

발효는 재료의 당과 음료의 품질에 밀접한 연관성이 있으며 당이 많을수록 좀 더 높은 알코올을 기대할 수 있다.

발효주의 특징은 재료의 특징을 음료에 잘 표현할 수 있고, 부드럽고 적당한 알코올을 즐길 수 있으며, 재료의 산지와 작황 그리고 일조량 등 떼루아가 품질에 미치는 영향이 매우 크다. 반면에 장기간 보관이 불가능하고 일정 도수 이상의 알코올은 만들 수 없으며 한번 개봉한 음료는 쉽게 변질되는 특성이 있다.

## 2. 증류주

증류주는 발효된 주정에 열을 가하여 얻은 높은 알코올성 음료를 말한다.

이는 액체의 비등점에 착안한 양조법으로 알코올의 끓는점(섭씨 80도)과 물의 끓는점(섭씨 100도) 사이의 온도를 유지하여 고농도의 알코올을 얻는 방법이다.

발효주는 산화에 약하고 높은 알코올을 기대할 수 없으며 쉽게 변질되고 오래 보관할 수 없어 인류의 조상들은 증류를 통해 이를 극복하고 오늘에 이르렀다. 발효를 통한 알코올은 보통 16% 전후에서 머무르는데 이는 효모가 높은 알코올에서는 생존하지 못하기 때문이다. 맥주나 와인 등을 오픈하면 변질이 급속히 이루어지는 것이 이 때문이다.

처음 증류된 음료는 무색투명하며 오크 숙성을 통해 고유의 색과 향이 나타난다. 원료와 만들고자 하는 스타일에 따라 숙성을 달리하는데 일반적으로 숙성기간이 길수록 고급 증류주가 된다. 숙성기간이란 증류주가 오크통 속에 들어있는 기간만을 말하

며 오크통 속에서 나와 병입된 후의 기간은 아무런 시간적 의미가 없다. 예컨대 오크통에서 17년을 숙성하고 병입된 지 30년이 지났어도 이는 17년산이라고 한다. 이렇게 한번 만들어진 증류주는 향과 맛, 알코올의 변화 없이 오래도록 즐길 수 있다.

그렇다면 병입한 시기가 상이한 증류주의 맛 차이는 있을까? 이를테면 30년 전 병입된 것과 1년 전 병입된 증류주의 맛 차이가 있을까 하는 것이다. 결론적으로 없다. 이는 해마다 증류주를 만들 때 제조사마다 마스터가 있어 해당 브랜드의 맛을 블렌딩하여 유지하기 때문이다.

증류주는 오크 숙성기간을 레이블에 표기하는데 이의 의미는 블렌딩한 종류 중 가장 어린 증류주의 숙성기간을 표기한다. 예를 들어 밸런타인 17년산은 블렌딩된 많은 것 중에 가장 어린 것이 17년 됐다는 뜻이다.

증류주의 종류를 보면 곡물을 주원료로 하는 위스키, 보드카, 진, 소주 등이 있고 과실을 주원료로 한 브랜디, 용설란을 주원료로 한 데킬라 등이 있다.

위스키는 산지에 따라 스코틀랜드에서 생산했으면 스카치위스키, 캐나다의 캐나디안 위스키, 아일랜드의 아이리시위스키, 미국의 버번위스키와 테네시 위스키 등이 있다. 또 원료에 따라 곡류로 만들면 그레인위스키, 보리로만 만들면 몰트위스키, 그레인과 몰트를 섞어 만들면 블렌디드 위스키라 한다.

브랜디는 모든 과실을 발효한 후 증류해 만들어진 증류주를 일컫는데, 포도로만 만들었을 경우 "브랜디"라 하고 다른 과실로 만들면 브랜드 앞에 그 과실 이름을 붙여주게 된다. 예를 들어 체리로 만들었으면 체리 브랜디가 된다.

브랜디는 애프터 디너 드링크로서 주로 식후에 브랜디 글라스 스템에 손가락을 끼워 마시는데, 손의 체온에 의해 브랜디 향을 좀 더 풍부하게 발산할 수 있게 하기 위함이다. 브랜디 중 꼬냑은 프랑스 꼬냑 지방에서 생산하는 브랜디만을 일컫는 말이다.

우리나라의 소주는 안동소주 등 전통 소주를 증류식 소주라 하고 참이슬 등의 일반소주는 희석식 소주라 한다. 이 희석식 소주는 곡류로 만든 증류주에 증류수 등을 희석해서 만든다.

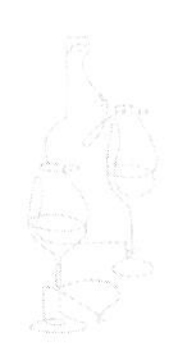

## 3. 혼성주

증류된 주정에 초근목피 등 색, 향, 당분 등을 첨가하여 만든 알코올 음료이다.

색과 향에 따라 칵테일의 부재료로도 사용하며 이탈리아에서 약초를 사용해 만든 빨간색의 캄파리, 커피를 이용한 깔루아, 오렌지를 이용한 그랜마니아 등 수많은 종류가 있다.

비교적 저마다 독특한 향이 있고 달콤하며 색상이 화려하다. 이로 인해 식후주로도 활용되며 여성들에게 어울리는 술이 많으나 그 종류가 많아 자신이 좋아하는 향과 맛에 따라 선택하는 것이 좋다.

# 02

# 와인의 정의

다른 과실과 달리 포도는 스스로 술이 되는 조건을 갖추고 있다. 따뜻한 기후에서 포도를 으깨어 일주일 전후를 기다리면 와인이 만들어진다. 물론 식용보다는 양조용 포도의 경우이다. 이는 포도 표피의 하얀 가루처럼 앉은 자연 효모와 포도 속의 당이 만나 발효 현상이 일어나기 때문이다. 따라서 와인을 정의하면 '포도를 원료로 한 발효주'라고 할 수 있다. 어떤 첨가물도 없이 스스로 만들어진 와인은 인류가 처음 발견한 알코올성 음료라 할 수 있다.

와인의 개념을 좀 더 살펴보면 모든 과실을 발효한 알코올성 음료를 광의적 개념으로 와인이라 하며, 과실 이름으로 표현한다. 이를테면 사과로 만들면 애플와인, 체리로 만들면 체리와인 이라고 한다. 그런데 포도는 효모와 당을 모두 가지고 있고 스스로 와인이 될 수 있어 과실 이름을 붙이지 않고 그냥 와인이라고 한다. 우리가 일상에서 표현하는 와인은 포도를 원료로 한 와인을 말한다.

포도의 작황은 당도와 연관되어 품질에 지대한 영향을 미치며, 알코올의 높고 낮음

은 당과 효모의 상관관계에 의해 결정된다.

작황이 좋지 않아 당이 보장되지 않을 때 적정한 알코올을 위하여 법이 허용하는 범위 안에서 보당을 할 수 있는데 이를 찹탈리제이션(Chaptalisation)이라 하며, 부족한 효모는 양조자마다 자신들만의 효모를 배양해 사용하기도 한다.

### TIP 와인(Wine)의 어원

Wine의 어원은 라틴어의 Vinum(비넘, 포도로 만든 술이란 뜻)에서 나왔으며, 영어권은 Wine(와인), 이탈리아는 Vino(비노), 프랑스는 Vin(뱅), 독일은 Wein(바인), 스페인은 Vino(비노), 포르투갈은 Vinho(비뉴)라고 표현한다.

# 03 와인의 역사

와인을 만들기 위한 포도나무가 맨 처음 어디에서부터 시작되었을까? 사실 정확하게 알기는 어렵다. 따라서 현존해 있는 자료들을 근거로 추정하는 수밖에 없는데 학자마다 약간씩 다른 논리로 주장을 하기도 한다. 그 하나는 우연한 기회에 산속의 원숭이들이 발효된 포도즙을 먹고 흥분하는 것을 보고 와인의 발견으로 이어졌다는 설이 있다. 다른 설은 어느 왕궁의 후궁 이야기로서 왕의 사랑을 받지 못한 후궁이 우울증에 시달리다 자살을 결심하는데, 포도 저장고를 지날 때마다 포도가 눌려 나온 즙의 좋지 않은 냄새를 맡고 그 즙을 먹으면 죽을 줄 알고 지속적으로 먹었다가 오히려 우울증에서 벗어나고 왕의 사랑도 회복되어 그 음료가 와인으로 이어졌다는 설이 있다. 하지만 어디까지나 설이다. 저자는 글로 전해지는 자료 중 신뢰할 수 있는 성경을 근거로 포도나무의 시작을 알아보려고 한다.

포도나무의 원산지는 카스피해와 흑해 사이의 소아시아로서 이곳은 노아가 홍수가 끝난 뒤 정착하는 아라랏산 근처이다. 성경 창세기 8장 4절에 보면 "칠월 곧 그달 십칠일에 방주가 아라랏산에 머물렀으며 물이 점점 더 감하여 시월 곧 그달 일일에 산들의 봉우리가 보였더라"라고 기록된 것으로 보아 인류의 시작이 이곳에서 시작됐음을 알 수 있다. 또, 창세기 9장 20, 21절을 보면 "노아가 농업을 시작하여 포도나무를 심었더니 포도주를 마시고 취하여 그 장막 안에서 벌거벗은지라"라고 기록되어 있다.

이러한 기록들로 볼 때 와인은 홍수 이후 인류의 시작과 함께 존재했으며 기록에 의해 최초로 와인을 만든 사람은 농부였던 노아라고 할 수 있다. 노아는 아마도 하나님의 노여움으로 인한 대홍수 이전부터 포도를 재배하여 와인을 만들어 먹었을 것으로 추정된다.

포도는 특별한 기술이나 효모를 배양하지 않아도 그 자체만으로도 와인이 될 수 있는 조건을 다 갖추고 있다. 포도의 높은 당과 포도 표피에 자생하는 천연효모가 만나 자연스럽게 와인이 만들어지기 때문이다. 물론, 노아 시절의 와인은 지금과 같은 맛의 와

인은 아니었을 것이며 알코올 또한 4~5%로 매우 미미한 수준이었을 것으로 생각된다.

이렇게 시작된 와인은 고대로 넘어오면서 점차 산업 형태를 갖추기 시작한다. 고대 이집트나 바빌로니아 등의 유적에서 그 증거들을 찾아볼 수 있다.

벽화나 유적에 나타나는 형태나 장면들로 볼 때 축제 등 많은 사람이 모여서 와인을 즐겼을 것으로 상상해 볼 수 있다.

포도나무는 이집트를 거쳐 이탈리아로 전파되는데, 와인이 본격적으로 유럽 등지로 퍼지면서 오늘날과 같은 와인 산업과 문화를 이룰 수 있는 기초는 로마 시대에 시작된다.

로마가 유럽을 점령하면서 수많은 군인에게 제공할 음료의 현지 공급이 부족하게 되고, 이를 대체하기 위한 대안으로 포도주를 사용하는데, 주둔지마다 포도원을 조성하여 생산된 와인을 음료용으로 사용했다. 이때부터 유럽의 초기 포도원이 조성되기 시작한 것이다.

유럽의 토양은 석회질이 많아 산속의 깊은 물이라도 함부로 식수로 사용할 수 없으며, 식수용 물을 찾기도 여의치 않다. 유럽의 물 산업이 발전할 수밖에 없는 이유도 여기에 있다. 이렇게 유럽에 포도나무가 전해지고 또 군사의 이동과 함께 와인의 운반 기술과 보관 방법들이 점차 발전을 거듭하게 된다.

오늘날 와인의 종주국을 자처하는 프랑스를 비롯한 유럽의 와인 생산지들이 이때부터 시작되었음을 알 수 있다. 실제로 프랑스 브르고뉴 지방에 '로마니(Romanee)'라는 이름이 들어간 포도밭들이 있는데 로마 시대의 이름이 지금껏 내려오고 있음을 증명하는 것이다.

로마 시대의 몰락과 함께 와인 산업은 주춤하지만 교회가 그 명맥을 유지한다.

교회의 성찬의식에서 와인과 빵은 예수의 피와 살을 상징한다. 교회들은 이 의식에 필요한 와인을 얻기 위해 포도단지를 개간하고 와인을 양조했다. 교회가 커 갈수록 포도원 또한 확장됐다.

이러한 중세가 지나고 이후에 시민들에 의한 시민계급이 자리를 잡으면서 수요가 많아지고 와인이 상품으로서 거래가 활발해짐에 따라 유럽 전역과 칠레나 미국 등 신대륙으로 퍼져나가게 됐다.

산업의 발달과 함께 파스퇴르에 의한 발효 이론 정립은 와인을 질과 양적으로 확산시키는 계기를 만들었고 오늘날에 와서는 와인이 하나의 거대한 산업으로서 큰 위치를 차지하게 되었다. 이러한 와인은 19세기 후반 큰 지각 변동을 겪게 됐다.

바로 '필록세라(Phylloxera)'라는 해충에 의한 일대 대혼란이었다. 와인의 역사에서 아주 중요한 사건이다.

### TIP 필록세라(Phylloxera)에 대해

필록세라란 크기 1mm 전후의 작은 해충으로서 미 동부에 서식하는 토종 해충이다. 19세기 후반에 이 해충이 프랑스를 시작으로 전 세계의 거의 모든 포도밭을 황폐화시킨 사건이 발생했다.

어떻게 미국에 서식하던 작은 해충 하나가 전 세계의 와인 산업을 송두리째 흔들었는지 알아보자.

콜럼버스에 의한 미국의 발견으로 유럽인들은 미 동부에 상륙하여 이곳에 자연적으로 서식하고 있던 야생 포도를 이용해 와인을 양조했다. 하지만 유럽 와인과는 달리 노린내 등으로 인해 상품성도 없고 맛도 그다지 좋지 못하여 자신들이 재배하고 양조하던 유럽의 포도종을 들여와 와인을 양조하게 됐다. 하지만 기복이 심한 이곳의 기후는 그들이 기대했던 만큼 양질의 와인을 허락하지 않았다. 이럴 즈음 미 서부의 캘리포니아가 미국영토가 되었고, 이들은 캘리포니아에서 유럽의 포도종을 옮겨와 와인을 양조하게 됐다. 캘리포니아는 포도를 재배하기에 기온, 강수량 등, 이상적인 조건을 가지고 있어 본격적으로 유럽 포도품종을 이용한 와인을 만들어 냈다.
하지만 동부에서는 기이한 현상이 일어나고 있었다. 처음 파종한 동부의 유럽 포도종들이 이유도 모르게 죽어갔던 것이다. 미국종들은 그대로인데 유럽종들만 고사하고 있었다. 이는 미국 동부의 애팔래치아 산맥 일대의 미국종 포도나무에 기생하며 포도나무 뿌리를 갉아 먹는 해충, 필록세라에 의한 것이었다.
미국종은 피해를 보지 않고 유럽종만 피해를 보는 것은 미국종 포도나무는 수천 년의 세월 속에서 이미 면역력이 갖추어져 있었지만, 유럽종은 전혀 그렇지 못하고 속수무책으로 쓰러진 것이다.
이 시기 미국 사회는 급격한 발전을 거듭하는 시기로 동부와 서부의 왕래가 빈번해지고 교류가 활발할 때였다. 이러한 왕래 속에서 필록세라는 농산물과 사람들의 발 등을 통해 미 서부의 캘리포니아에 출현하게 되며 급기야 이곳의 포도나무들도 하나둘씩 쓰러져 갔다. 당시엔 원인을 알 길이 없었다.
아마 외래종이어서 적응을 못하는 것이라고 생각하지 않았을까?
문제는 1860년을 전후하여 이러한 현상을 연구하기 위해 캘리포니아에 심겼던 유럽종 포도나무들이 다시 영국으로 건너가게 되면서부터다. 이 당시 와인 양조자들은 포도나무가 죽어가는 원인을 규명하기 위해 죽은 나무들을 배에 싣고 영국으로 건너가 원인을 파악하고자 했다. 그런데 죽은 나무에는 필록세라도 함께 있다는 것을 당시 사람들은 알지 못해 결국 필록세라를 유럽에 전파하는 결과를 낳고 말았다.
필록세라는 프랑스 전역과 전 유럽을 돌며 포도나무를 쓰러트리고 전 세계로 퍼져 나갔다. 유일하게 안데스와 바다로 둘러싸인 칠레만은 면했다고는 하나 그야말로 지구상의 많은 포도나무들이 쓰러져 버렸다.
그 시대의 과학은 포도나무가 쓰러져 가는 원인을 조기에 규명해낼 수준도 아니었고 각국 간 검역도 지금처럼 철저하지 않았던 시대였으니 그 피해는 더욱 클 수밖에 없었다.
와인은 품귀현상을 빚게 되고 저급 와인이 고급으로 둔갑하는 등 와인 시장에 무질서가 판을 치게 됐다.
와인 공급 부족은 브랜디나 위스키 맥주 등이 대안으로 시장이 급성장하는 현상을 낳기도 하지만 와인 시장은 오랜 시간 동안 혼란을 겪었다.

현상금을 걸기도 하며 재난을 수습하고자 수많은 노력을 했지만 쉽게 해결되지는 않았다.
해결은 의외로 문제의 발원지에서 실마리를 잡았다. 미국종의 뿌리목과 유럽종의 열매목을 접목함으로 해결할 수 있었다.
이렇다 할 대안이 없던 터에 미국종이 필록세라에 건재함을 보고 면역력 있는 미국종을 뿌리목으로 하여 열매 맺는 묘목과 접붙이기하는 방법에 착안한 것이다.
지금도 필록세라로부터 완전히 자유롭다고는 할 수 없지만, 미국종에 의해 시작된 피해는 결국, 미국종에 의해 해결되었다.
와인 산지를 방문하다 보면 어느 곳을 막론하고 포도밭에 장미가 드문드문 심어진 것을 보게 되는데 이는 장미가 포도나무보다 병해충에 약해 장미를 통해 병해충의 침입 여부를 미리 알 수 있기 때문이다.
필록세라 사건은 분명 재앙이었지만 지혜로운 인류는 이러한 역경을 통해 오히려 새로운 질서를 만들었고 지금까지 이어오고 있다.
위기는 기회를 수반하고 문제는 풀기 위해 있으며 풀리지 않는 문제는 존재하지 않는다고 믿는다. 고난을 통해 새로운 가치가 형성되고 인내를 통해 도약하게 되는 것처럼 20여 년간 맹위를 떨친 필록세라의 피해는 새로운 질서를 조성하는 계기가 되었다.

와인 양조에 노하우가 풍부했던 프랑스인들은 피해가 덜한 이웃 나라로 이동하며 와인을 양조하는 덕에 자연스레 이들의 기술이 각지로 전파되었고 유럽의 기술력은 신세계로 이동하며 세계 와인 양조 기술을 한 단계 상승시켜놓는 계기가 되었다.

또한, 브랜디나 위스키 등의 수요가 늘어남에 따라 오늘날과 같은 많은 알코올성 음료가 질적 성장을 할 수가 있었다.

와인 수급 불균형으로 가짜의 범람은 와인 법의 모태가 된 AOC법을 만들게 했으며 이의 강력한 시행으로 프랑스는 세계 제일의 확고한 와인 국가가 되었다.

필록세라의 출현은 분명 불행이었을지 모른다. 하지만 그 시대를 살아간 포기하지 않은 사람들 때문에 역사는 발전과 승리의 쪽에 서 있다고 본다.

필록세라의 사건을 보면서 어려움과 고통이란 낙심이나 절망이 대상이 아니라 새로운 미래를 준비시키는 과정이라 여겨진다.

실패란 원래 존재하지 않는데 자신이 포기함으로 생기는 것처럼 어떠한 고난에도 소망을 잃지 않는 태도야말로 우리들의 삶을 보다 행복하게 만들지 않을까 생각한다.

PART 2

# 와인 시음과 글라스

The WINE

# 01

# 와인 시음 요령

와인을 안다는 것은 기다림의 설렘, 떼루아의 느낌, 양조자의 철학, 와인의 현재 상태와 미래 잠재성 등을 오감을 통해 느끼고 표현하는 한 편의 뮤지컬을 감상하는 것과 같은 것이라 생각한다. 사람이 마셔서 그 가치가 나타나기 때문에 와인을 음미한다는 것은 미술품이나 음악을 감상하는 것과 같은 것이라 하고 싶다. 따라서 와인 시음에 있어서 중요한 것은 와인을 표현하고자 하는 느낌이 무엇인지, 그 느낌을 어떻게 언어로 표현할 것인가 하는 것이다.

와인 시음은 크게 두 가지 관점에서 접근할 수 있는데, 첫 번째 관점은 전문가 입장에서 평가를 목적으로 하는 전문적 시음이고, 두 번째 관점은 일상에서 식사와 함께 마시는 매너적 시음이다.

테이블에서 식사와 함께 즐기기 위한 시음은 식사와의 조화를 고려하여 음식의 재료와 강도에 따라 와인을 선택하고, 선택한 와인의 변질 여부를 파악하는 선에서 시음하면 된다. 식사 자리에서의 와인은 평가가 목적이 아니라 즐김이 목적이기 때문이다.

본 장에서는 전문가적 입장의 시음에 관해 설명하고자 하는데, 전문가적 평가를 목적으로 하는 시음은 와인의 상태변화에서 잠재력 등 좀 더 면밀한 관찰을 요구한다. 시각, 후각, 미각의 인체 감각을 이용해 와인의 현재 상태, 질적 수준, 성숙 정도, 잠재력, 향과 맛의 깊이, Dry or Sweet, Heavy or Light, 음식과의 궁합 등을 알아보는 과정이며 스파클링 와인을 시음할 경우 기포의 미세 정도를 파악하기 위해 청각을 추가

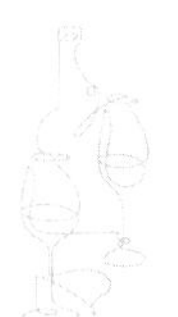

하기도 한다.

이렇듯 와인 시음은 우리 몸의 감각기관을 이용하는데, 우리 몸의 감각은 외부 환경에 민감하게 반응하므로 와인 테스팅 시 주위 환경도 중요한 요소가 된다.

그럼, 시음에 앞서 주위 환경에 대해 알아보자.

첫째, 조명이다. 와인의 색상을 정확히 관찰하기 위해서는 햇빛에 의한 자연광이 가장 좋지만 그렇지 못한 장소에서는 불빛이 일정한 밝은 형광등이 좋다. 백열등이나 색상이 있는 등은 와인의 색상에 영향을 줄 수 있으니 주의해야 한다.

둘째, 시음 장소는 외부의 냄새로부터 자유로워야 한다. 와인의 미세한 향이 외부의 향에 의해 간섭받을 수 있기 때문이다. 만약 시음 장소가 음식을 요리하는 주방과 같이 있다면 가급적 주방과 멀리하고 부득이 가까이 있을 경우 냄새가 유입되지 않도록 해야 한다. 아울러 와인 시음자는 와인의 향에 영향을 줄 수 있는 향수는 물론 담배 등과 같은 방향성 물질은 피하는 것이 좋다.

셋째, 시음하는 공간은 가능한 흰색 계열의 밝은색이 좋으며, 특히 시음용 글라스가 놓이는 테이블은 흰 테이블보를 사용하는 것이 좋다. 와인의 색상은 해가 바뀜에 따라 포도품종에 따라 그리고 산지에 따라 다양하게 표현되는 살아있는 생명체와도 같기 때문이다. 흰 테이블보가 없다면 가급적 밝은색으로 하고 하얀 종이 등을 준비해 활용하는 것도 한 방법이다.

넷째, 시음에 적합한 글라스를 준비해야 한다. 와인은 온도에 극히 민감한 음료여서 작은 온도 차에도 향의 폭과 깊이가 달라질 수 있다. 따라서 적정 온도를 유지하는 것이 중요한데, 와인이 가지고 있는 개성과 잠재성을 최대한 나타내게 하기 위해서다. 다섯째, 와인글라스는 깨끗하게 세척하고 물기가 없는 청결한 글라스를 이용한다.

또 여러 종류의 와인을 한꺼번에 시음할 경우 순서 또한 중요하다. 화이트는 화이트끼리 레드는 레드끼리 시음하는 것이 좋은데 이는 비슷한 성질을 가진 와인을 묶어서 시음함으로써 품종별, 지역별, 스타일별 비교 테스팅이 용이하기 때문이다.

드라이한 와인을 먼저 시음한 후 스위트한 와인을, 어린 와인을 시음한 후 오래된 와인을 시음한다. 또 라이트 와인을 시음한 후 헤비 와인을 시음하는 것이 좋다. 이렇게 순서를 정해서 시음하는 것은 먼저 시음한 와인이 나중에 시음할 와인에 영향을 주지 않게 하기 위함이다.

그 밖에 시음할 때에 와인 레이블을 가리고 하는 경우가 있는데 이는 시음자들의 선입관을 없애 보다 객관적이고 공정한 평가를 위해서 하는 것이다. 또 와인의 상태에 따라 디켄팅을 하기도 한다(디켄팅에 관한 내용은 와인 서비스에서 설명). 끝으로 노트를 준비하여 테스팅 내용을 기록하는 것이 좋다.

## 1. 와인 테스팅

### 1) 시각에 의한 색상

이는 시각을 통해 와인의 외관을 관찰함으로써 와인의 현재 건강 상태와 시간적 흐름을 파악하는 것이다. 포도주가 밝고 총명한지 그리고 와인색의 짙고 옅음 등을 유심히 살피는 과정으로 와인과 잔이 만나는 곳(Rim)과 와인이 담겨진 잔 중앙(Core)의 색깔과 투명도를 살펴 와인의 건강 상태와 숙성 정도를 알아보는 과정이다.

와인색은 글라스 중앙 부위는 짙고 글라스와 닿는 Rim으로 갈수록 옅어진다. 이처럼 와인의 섬세한 색상을 감상(또는 평가)하기 위해서 와인 테스팅 시 주위의 테이블보 등을 화이트 컬러로 해야 하는 이유가 여기에 있다.

건강한 와인이란 화이트 와인의 경우 색이 반짝반짝, 초롱초롱해야 하며, 레드 와인의 경우 포도품종에 따라 다르겠지만 농도에 상관없이 선명한 것이다. 반짝이는 윤

기의 정도는 와인의 산도와 관련이 있는데, 산도가 풍부할수록 윤기가 많이 난다. 이런 연유 때문에 레드보다 화이트가 보편적으로 윤기가 많이 난다.

시각에 의한 외관 테스팅의 중요한 포인트는 선명도와 색의 농도를 살피는 일이라고 할 수 있다. 선명도(Clarity)란 와인의 맑음 정도이고 와인의 현재 상태를 결정적으로 나타내 준다. 만약 와인이 선명하지 못하고 탁한 느낌이 있다면 일단 와인의 변질을 의심할 필요가 있다. 이는 와인이 산화됐거나 세균에 의한 변질 가능성이 높다. 경우에 따라 건강한 와인에 침전물이 생겨 이를 디켄팅 하지 않아 생길 수도 있으나 아주 오래된 장기 숙성용 와인이 아니고서는 흔한 일이 아니다.

색의 농도를 통해서는 와인의 시간적 개념을 알아볼 수 있는데 와인이 오래될수록 화이트는 색이 진해지고 레드는 부드러워진다. 이러한 색의 변화를 보고 빈티지도 유추할 수 있다. 흰 바탕의 면 위에 와인 잔을 비스듬히 기울여 와인의 면을 넓게 하여 색의 농도 그리고 글라스 중심부와 가장자리의 색을 유심히 관찰하여 숙성 정도와 특정 포도품종을 알아보기도 한다.

와인 색의 농도는 포도의 품종에 따라 또, 지역적 기후조건에 따라 깊이와 빛깔이 달라지며 와인을 양조하는 동안 색의 추출 정도에 따라서도 영향을 받는다. 그렇지만 농도와 상관없이 색상의 결정적인 변화는 병입 후 숙성되는 과정에서 시간의 경과에 따라 일어난다.

숙성시간에 따른 색상의 변화과정은 다음과 같다.

### (1) 화이트 와인

와인을 양조한 지 얼마 되지 않은 초기 단계의 와인에서 나타나는 색은 푸르스름한 빛깔로 청포도색을 띤다. 품종에 따라 다르지만 대개 1~2년 정도 된 와인이 이에 속한다. 약간 숙성된 상태의 와인색은 연한 볏짚 색을 띠기 시작하는데 와인의 청년기로 숙성이 가장 활발히 일어나고 있는 때다. 대체로 3~4년 정도 된 와인이 이에 속한다. 다음은 숙성이 절정에 이른 단계로 볏짚 색을 나타낸다. 대체로 5~6년 정도가 이에 속하나 장기 숙성용 품종은 지역에 따라 7~8년 혹은 그 이상 가기도 한다.

그리고 와인이 일생을 마무리할 때쯤의 색은 호박색이나 진한 황금색을 띠게 된

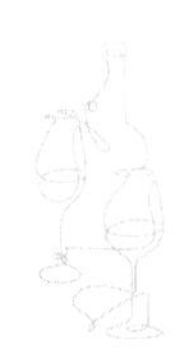

다.(모든 화이트 와인이 이러한 색상의 변화를 겪는 것은 아니다. 일반적으로 이러한 색상의 변화를 겪는다는 것이다. 예를 들어 스위트 와인을 만들기 위해 늦게 수확해 만든 와인은 처음부터 와인의 색이 황금색에 가깝기 때문이다. 특별히 오크 숙성을 하여 색이 진해졌거나, 스위트 와인을 만들기 위해 수확한 경우가 아니라면 식사 중에 마시는 일반적인 대다수의 와인은 위와 같은 패턴의 색상 변화를 보인다.)

### (2) 레드 와인

양조한 지 얼마 지나지 않은 초기 레드 와인은 잉크 빛이 감도는 보랏빛을 띤다.

이는 생산된 지 1~3년 정도 되는 와인으로 맛이나 향이 아직 틀을 잡지 못한 상태로서 좀 더 많은 시간을 기다려야 하는 와인이다.

와인이 약간 숙성되면 옅은 체리 빛깔을 띠기 시작하는데 숙성이 활발히 진행되는 시기이며 품종에 따라 2~5년 정도 되는 와인이다. 와인의 사춘기와도 같은 때로 맛과 향이 많은 변화를 겪게 된다. 이 시기의 와인은 활발한 숙성활동으로 맛이 다소 불완전하게 나타나기도 한다.

숙성이 절정에 이르면 글라스 림의 색은 옅은 갈색을 띠고 전체적인 색상은 엷은 벽돌색이 된다. 이 시기의 와인은 품종과 생산지에 따라 큰 차이를 보이는데 5~10년, 혹은 그 이상이다. 예로, 보르도 메독 지방의 그랑 크뤼 클라세 와인과 같은 경우는 대체로 10여 년은 지나야 숙성이 절정에 이르게 된다. 숙성이 절정에 이르면 향은 섬세하고 복잡해지며 다양한 부케를 생성한다. 안정적이며 완숙미를 느낄 수 있고, 잔잔한 여유로움을 만끽할 수 있는 와인이 되는 시기이다. 이 시기가 지나면 와인의 마지막 단계로 검붉은 빛깔을 내며 탁해진다.

이렇듯 와인도 우리의 인생과도 흡사한 변화를 보이며 일생을 보내게 된다. 그래서 인류와 같이한 음료이고 지구상 그 많은 음료 중 으뜸이 아닌가 싶다. 이러한 와인의 변화를 보면서 많은 것을 생각하게 한다.

최정상에 있는 와인은 10년 혹은 20년의 오랜 시간을 인내하여 그 모습을 나타내고, 등급이 낮은 와인은 3년 혹은 5년에 그 모습을 나타낸다. 크다 하여 작은 것을 탐하지 않고 작다 하여 큰 것을 시기하지 않는다. 자신의 아름다운 모습에, 자신의 장점

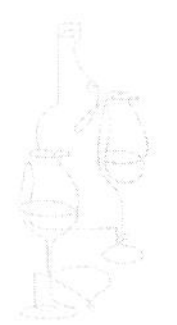

에 초점을 맞춰 일생을 보내는 와인을 보면서 없는 것에 욕심내지 않고 있는 것에 최선을 다하는 우리들이 되어야 하지 않을까?

### TIP 와인의 눈물

칼라에 의한 외관적 상태 외에 시각적으로 와인을 관찰할 수 있는 것이 있다면 와인을 글라스에 담고 흔들었을 때 글라스의 벽을 타고 내리는 '와인의 눈물(tears)' 또는 '다리(legs)'라고 하는 것이다.
이 와인의 눈물이라고 하는 것은 알코올 도수가 높거나 와인 속에 잔당이 많을수록 얇고 천천히 흐르는 모습을 일컫는다. 이는 알코올과 물이 글라스 벽에서 증발하는 증발률과 표면장력이 달라서 생기는 현상으로 대체로 풀바디 하고 좋은 와인일수록 더 많고 더 섬세하게 흐른다. 와인을 시음하기 위해 잔을 흔들 때 알코올과 물이 섞여 얇은 막을 형성하게 되는데 이 막 안에서 알코올이 물보다 빨리 증발하면서 나타나는 현상이다. 그러므로 당분과 알코올이 많을수록 막 표면과 막 내부의 농도 차이가 커져 이러한 현상이 잘 일어나고 흐르는 속도도 천천히 흐르게 되는 것이다.

### TIP 기포와 글라스

스파클링 와인은 기포(bubbles)를 시각적으로 즐기기 위해 볼이 좁고 길죽한 형태의 글라스를 사용한다. 좋은 스파클링 와인의 시각적 관점은 기포의 크기와 지속성이다. 즉, 좋은 스파클링 와인일수록 기포가 작고 지속성 또한 오래 간다. 이러한 기포에 영향을 주는 외부적 환경으로는 글라스의 청결상태다. 글라스가 청결하지 않으면 양질의 스파클링 와인도 기포의 크기와 지속성이 달라질 수 있다. 같은 테이블에서 같은 스파클링을 마시는데 어느 잔은 기포가 일직선으로 지속적으로 발생하는데 비해 어떤 글라스는 전혀 일지 않거나 글라스 전체에서 기포가 올라오는 현상이 그 예라 하겠다.

## 2) 후각에 의한 향

와인의 향을 파악한다는 것은 와인의 캐릭터나 질적 수준, 숙성 정도, 포도품종, 와인의 힘, 잠재력까지 알 수 있는 것으로 가장 중요한 판단 기준이 되는 시음절차이다.

향을 맡는 요령은 우선 글라스에 부어진 와인이 잔잔해지기를 기다려(경우에 따라 시간을 좀 더 경과하기도 함) 가볍게 향을 맡는다. 그런 다음 와인을 시계 반대 방향으로 빙글빙글 돌려준다. 이는 와인과 산소와의 접촉으로 짧은 시간 안에 산화 과정을 유도하여 움츠려 있던 와인이 기지개를 펴고 일어나게 하기 위함이다.

시음 전에 글라스를 돌리는 또 다른 이유는 향이 글라스 전체에 퍼져 가득 차도록 하기 위해서다. 향에도 무게가 있다. 알코올과 같은 가벼운 향, 과일과 같은 중간 정도의 향, 숙성 향과 같은 무거운 향이 있는데 글라스를 돌리면서 이 향들을 혼합하는 것이다. 이러한 현상을 알아보고자 하면 와인을 글라스에 부은 뒤 수 분 정도 기다린 후 글라스를 흔들지 않고 향을 맡아보면 단순한 알코올 향 등을 느낄 수 있고, 흔든 뒤 맡아보면 다양한 향이 복합적으로 올라오는 것을 느낄 수 있으며, 다 마신 후 빈 잔을 맡아보면 과실에서 나올 수 없는 묵직한 향을 느낄 것이다.

향에는 크게 아로마(Aroma)와 부케(Bouquet)로 나뉘는데 아로마는 과실이 가지고 있는 고유의 향으로 과일 등의 향을 말하며, 부케는 와인이 숙성되면서 생성되는 향으로 버섯, 덤불, 동물, 토스트, 가죽 향 등과 같은 특유의 향을 말한다. 와인은 숙성이 오래될수록 아로마보다 부케가 강해지며 향이 매우 복잡하고 다양해지는데 이를 통해 와인 숙성의 깊이를 알아볼 수 있다.

향을 통해 와인의 변질 유무를 확인할 수도 있다. 일반적으로 산화(Oxidation)된 경우와 코르키(Corky) 된 경우이다. 와인이 산화되면 우선 색상이 탁해지며 우유가 한 방울 떨어진 듯한 느낌이 난다. 향은 과실이 주는 산 맛이나 향이 아닌 식초가 미세하게 유입된 듯한 화학적 산미와 향이 난다. 이러한 와인은 변질을 의심해 봐야 한다.

코르키 된 상태는 와인에서 곰팡이 향, 과일 썩는 향, 짚이 물에 젖어 썩는 향 등이 나는 상태로 숙성과정에서 심한 온도변화를 겪은 와인에서 주로 나타난다. 이렇듯 병입한 와인을 잘 보관하는 것이 중요하다.

와인 보관온도는 어두운 곳에서 섭씨 14도 정도가 이상적이다. 또한, 흔하지는 않지만 와인 병 입구를 막는 코르크가 청결하지 못해 코르키 된 경우도 있다. 그래서 신세계 와인을 중심으로 경제적 이익도 고려하여 플라스틱이나 알루미늄 캡슐을 사용하는 경우가 늘고 있다.

와인을 시음할 때 많은 사람이 와인 향의 표현에 주저하거나 자신 없어 하는 경우가 많다. 이는 아마도 다양한 향들이 한꺼번에 나타나고 또, 많은 향이 섞여 있어 어느 향 하나를 딱 집어 표현하기가 어려워서일 것이다. 이럴 땐 큰 것에서 구체적인 방향으로 찾아가면 도움이 될 것이다. 예를 들어 꽃 향이 나면 꽃의 색상을 생각해보고 그것이

정리되면 해당 색의 구체적인 꽃을 생각하는 것이다. 과일 향이 난다면 열대과일인지 그렇지 않은지 붉은색 과일인지 녹색 과일인지, 또 동물과 식물로 구분해서, 큰 것이 구분되면 좀 더 구체적으로 찾아보면 도움이 된다. 향의 표현은 기억된 것에서 가능하니 여럿이 같이 표현해보면 서로 도움이 될 것이다.

와인에서 표현할 수 있는 향은 실로 우리가 알고 있는 것보다 훨씬 많다. 그래서 시음한 와인의 향을 표현할 때 알지도 못하는 여러 가지 향을 이해하려 애쓰기보다 내가 느끼는 향을 한두 가지만이라도 자신 있게 표현하는 것이 좋다.

### 3) 미각에 의한 맛

미각에 의한 맛 평가는 와인 테스팅의 결론이며 색상과 향에서 내린 결론을 확인하는 과정이라고도 할 수 있다.

티스푼 한두 스푼 정도의 와인을 혀에 고루 직셔 혀의 각 부위에 닿도록 한 다음 입안으로 외부 공기를 흡입하면서 탄닌, 당도, 산도, 균형감 등을 느껴본다. 혀의 앞쪽에서 느껴지는 단맛의 정도로 드라이(Dry)한지 스위트(Sweet)한지를 확인하고, 혀의 양끝에서 산에 의한 신맛의 정도 그리고 혀 전체를 통해 탄닌의 정도를 알아 볼 수 있다. 이러한 당도, 산도, 탄닌 등을 통해 와인의 무게감(Weight), 풍족함(Fullness), 균형감(Balance), 여운(Finish)의 정도를 찾아보고 이를 최종적으로 와인의 바디(Body)로 표현한다.

**(1) 당도(Sweetness)** : 혀의 끝에서 감지되기 때문에 가장 먼저 느끼는 맛으로 잔당에 의해 와인이 드라이(Dry)한지 스위트(Sweet)한지를 평가하는 것이다. 포도의 당을 농축시켜 스위트한 와인을 만들지 않는 이상 대부분의 와인은 드라이한 와인이다. 따라서 와인의 드라이 정도를 알아보면 된다. 일반적으로 햇빛이 강렬한 지역의 와인은 포도의 당이 풍부해 알코올 발효 이후에도 포도의 당이 잔당으로 남아 와인을 부드럽게 만들어 준다. 칠레나 캘리포니아 와인이 부드러운 이유도 여기에 있다.

**(2) 산도(Acidity)** : 산은 기후의 영향이 큰데 서늘한 기후에서 산이 많이 만들어진다. 맛 중에서도 다른 맛을 압도하는 경향이 있으며 혀의 양 끝에서 감지된다. 산도의 크기는 와인을 마셨을 때 입안에 침이 고이는 정도로 가늠할 수 있으며 와인에서 힘을 상징한다. 그래서 산이 부족한 와인은 라이트하고 미약하게 느껴진다. 특히 스위트 와인에서 산은 당도와 균형을 이루었을 때 힘차게 느껴지며 와인을 탄탄하게 한다.

산은 레드 와인에도 중요하지만 화이트 와인에서는 핵심적 성분이다. 시음할 때 산의 함량과 더불어 느낌이 거친지 부드러운지를 잘 관찰하는 것이 중요하다.

**(3) 탄닌(Tannin)** : 레드 와인의 떫은 맛이 나는 중심성분으로 포도의 씨, 줄기, 껍질에서 추출되며 오크 숙성 시 오크통에서도 일부 유입된다. 와인을 마셨을 때 입안이 수축되며 마르는 듯한 느낌이 나는 탄닌은 어린 와인에서는 거칠게 나타나지만 숙성이 진행됨에 따라 유연하고 깊은 무게감를 더해준다.

와인 속의 탄닌은 숙성기간 중에 자연적인 항산화 역할을 하여 와인의 보존력을 높여주는 역할과 와인의 거친 맛을 부드럽고 복잡 다양한 와인으로 변화시켜 주는 역할을 한다. 탄닌이 비교적 많이 함유된 까베르네 쏘비뇽 품종의 와인이 장기 숙성용 와인인 것은 탄닌 성분과 무관하지 않다. 그렇다고 탄닌이 무조건 많이 함유된 레드 와인이 좋은 것은 아니다. 다른 성분들과 균형을 이루었을 때가 가장 좋은 와인이라 할 수 있다.

**(4) 무게감(Weight)** : 와인에서 무게감은 와인을 머금었을 때 입안에 느껴지는 묵직한 느낌으로 주로 산, 당, 탄닌, 알코올 등의 성분이 충분할 때 무겁게 느껴지며 주로 와인의 바디감으로 표현한다.

**(5) 풍족함(Fullness)** : 와인에서 느껴지는 향과 맛의 범위가 얼마나 넓은지를 표현하는 것이다. 한두 가지 맛의 단조로운 와인이 있는가 하면 수십 종류의 향과 맛이 느껴지는 와인이 있다. 풍족하다, 풍만하다 또는 빈약하다, 부족하다 등으로 표현한다.

**(6) 균형감(Balance)** : 와인의 수준을 나타내는 중요한 지표로서 산, 당, 탄닌 등이 어느 한쪽으로 치우치지 않고 고르게 균형을 이루고 있는지를 알아보는 것이다. 와인의 맛이 균형을 이루면 혀의 느낌이 무척 편안하고 안정감을 느낀다. 좋은 와인이라 함은 균형이 잘 잡힌 와인이라 할 수 있다.

**(7) 여운(Finish)** : 와인을 다 마셨음에도 입에 남아있는 듯한 느낌을 여운이라고 하는데 잘 만들어진 와인일수록 여운이 길게 느껴진다. 와인을 목에 넘긴 후 하나, 둘, 셋 하고 숫자를 세어보면서 여운의 정도를 알아보는데  느낌이 길면 말 그대로 long finish, 짧으면 short finish라고 표현한다.

**(8) 바디(Body)** : 입안에서 느껴지는 무게감을 나타내는 말로서 와인 속의 알코올, 탄닌, 산도, 당분 등이 바디에 영향을 미친다. 무게감이 크면 '풀 바디드(Full bodied) 와인', 무게감이 약하면 '라이트 바디드(Light bodied) 와인'이라고 표현하며 품종에 따라 바디감이 달라지기도 하지만, 바디는 산지의 영향을 크게 받는다.

## TIP 와인 시음 온도

와인은 온도에 민감한 음료이다. 와인의 성분에 따라 차게 마시기도 하고 서늘하게 마시기도 하는데 일반적으로 화이트 와인은 6~8도로 차게 마시고 레드 와인은 19~21도로 서늘하게 마신다. 왜일까? 레도와인을 차게 마시고 화이트 와인을 서늘하게 마시면 안 될까? 결론은 화이트는 차게 레드는 서늘하게 마셔야 한다.

이는 두 와인의 성분이 다르기 때문으로 화이트 와인은 중심성분이 산이고 레드 와인은 탄닌이다. 이 때문에 시음 온도가 다른 것이다.

화이트 와인은 차게 함으로써 산을 억제해 다른 맛과 균형을 이루고자 하는 것인데, 만약 상온에서 화이트 와인을 마신다면 산이 활성화되어 다른 맛은 느끼지 못하고 신맛만 강조될 것이다. 스파클링 와인이나 샴페인을 아주 차갑게 마시는 이유도 여기에 있다.

산도가 높은 와인일수록 온도를 낮게 하고, 반대로 숙성을 통해 어느 정도 산이 억제된 화이트 와인이라면 좀 더 높은 온도에서 마시는 것이 좋다.

프랑스 부르고뉴의 뫼르소(Meursault)나 끄리오 바따르 몽라쉐(Criots Bartard Montrachet)와 같은 최고급 화이트 와인들은 오크 숙성을 통해 적절히 억제된 산과 풍부한 부케를 자랑하는데 이러한 와인들은 10~14도 정도로 일반적인 화이트 와인보다 높은 온도에서 좋은 맛을 낸다. 너무 차가우면 좋은 부케를 느낄 수 없기 때문이다.

레드 와인은 차가운 온도보다 적절한 상온에서 향이 많이 발산하기 때문에 상온에서 시음하는데, 와인이 차가우면 탄닌이 거칠어져 다른 성분들을 느끼지 못하며 와인의 깊은 맛이 사라지고 만다. 하지만 적당한 상온에서는 탄닌이 부드러워지며 아로마와 부케가 조화를 이루어 자신의 잠재력을 최대한 표현하기 때문이다.

그렇다고 모든 레드 와인이 비슷한 온도에서 시음하는 것은 아니다. 삐노 누아는 풍부한 산도 때문에 16도 정도에서 시음하고, 갸메 품종 같은 경우에는 레드이지만 과실향이 풍부하여 신선함을 즐기기 위해 10~12도 선에서 시음한다.

이렇듯 레드와 화이트는 그들이 가지고 있는 성분으로 인해 보관과 마시는 온도가 다르고 심지어 양조하는 방법도 다르다.

# 02

# 와인과 글라스

많은 와인 애호가들은 “와인의 맛은 글라스의 맛이다”라고 표현할 정도로 글라스의 중요성을 강조한다. 다소 과장된 표현처럼 느껴지지만 그만큼 글라스에 따라 향과 맛이 다르게 표현되기 때문이다. 매우 섬세하고 다양한 와인의 향은 숙성을 통해 스스로 변화를 이어가며 자신의 캐릭터를 지켜간다. 이러한 와인의 진면모를 느끼기 위해서는 향과 맛의 크기나 강도를 잘 담아낼 수 있는 글라스라야 가능하다

와인글라스는 와인의 성격과 스타일에 따라 그 크기와 모양을 달리하는데 이는 와인의 향이 퍼져나가는 강도에 따라 글라스 볼의 길이와 넓이를 정하고, 와인의 맛에 따라 볼 입구의 크기를 정하기 때문이다.

우리의 혀는 맛을 느끼는 세포가 부위별로 달라 혀의 앞쪽은 단맛, 가장자리는 신맛, 가운데는 짠맛, 안쪽에는 쓴맛을 느낄 수 있는 구조로 되어있다.

이러한 혀의 구조로 인해 스위트한 와인이나 산도가 강한 와인은 글라스의 입구(림)를 좁게 하여 와인이 혀의 앞쪽에 맨 먼저 떨어지게 하는 구조로 만든다. 스위트 와인은 첫맛을 달게 느끼게 하기 위함이고 산도가 높은 와인은 신맛을 덜 느끼게 하기 위함이다.

드라이하며 부케가 풍부한 와인은 글라스의 입구를 크게 하여 와인이 좀 더 혀 안쪽에 떨어지고 코가 글라스 안에 닿게 하여 다양한 맛과 향을 느낄 수 있게 제작한다.

와인글라스는 림의 크기, 볼의 크기와 깊이, 높이 등으로 와인이 혀의 어느 부위에 떨어지느냐가 중요하다.

실제 와인글라스에 따라 와인 맛이 어떻게 다른지 실험해보자. 우선 와인과 와인에 해당하는 글라스를 준비하고 또, 종이컵이나 이와 유사한 물 잔을 준비한다.

먼저 전용 와인 잔에 와인을 따른 뒤 그 향과 맛을 본다. 이때의 맛과 향을 기억한 다음 와인 잔에 있는 와인을 물 잔에 따른 뒤 맛과 향을 본다. 그리고 처음 와인 잔에서 났던 향과 맛의 차이를 비교해 본다. 그리고 다시 물 잔의 와인을 와인 잔에 따른 다음 시음을 한다. 와인 잔에서의 와인과 물 잔에서의 와인의 차이를 확연히 느낄 수 있을 것이다. 이렇게 실험을 해보면 "와인 맛은 글라스의 맛이다"라는 말을 실감할 수 있을 것이다.

와인의 향은 와인이 글라스에 어느 정도 담기느냐에도 영향을 받는다. 향이 담기는 공간의 크기가 달라지기 때문이다. 그렇다면 와인은 어느 정도 따르는 것이 적당할까?

많은 사람들이 글라스의 크기는 무시한 채 1/3 정도 따르라고 하는데 이는 옳지 못하다. 글라스의 크기는 보르도 레드와 같이 큰 글라스에서 스위트의 작은 글라스까지 매우 다양하기 때문이다.

적당한 와인 한 잔의 양은 3oz 전후 정도이다. 이는 750ml 한 병에 8~10잔 정도 나오는 양이며 글라스에 손가락을 대고 두 마디 정도의 양이다. 이 정도의 양이어야 글라스의 기능을 백분 발휘하여 와인 고유의 향을 만끽할 수 있다.

와인을 시음할 때 글라스를 흔들어 와인이 휘몰아치게 한 다음 시음을 한다. 왜 그럴까? 크게 두 가지 정도의 이유가 있다.

하나는 와인을 강제로 산화시키는 과정으로 와인이 많은 산소와 접촉하게 해 거칠던 맛을 유연하고 부드럽게 하기 위함이다. 다른 하나는 움츠린 향을 피어나게 하기 위함이다. 와인을 흔들어 주지 않고 향을 맡을 경우 와인 속의 과실 향 등은 나타나지 않고 알코올 향 등만 강하게 나는 것을 알 수 있다. 이는 향의 무게로 인해 알코올은 와인 윗부분으로 모이고 과실 향 등 다양한 향들은 와인 가운데 부분에 모여 생기는 현상이다. 글라스의 가운데에 모여 있는 깊고 다양한 향들을 끌어올리기 위해 글라스를 흔들어 주는 것이다. 글라스를 종류별로 살펴보자.

## 1. 보르도 레드(Bordeaux Red)

글라스가 전체적으로 볼이 넓고 깊고 크다. 와인의 성격이 그만큼 강하고 큰 것에 어울린다는 뜻이다. 주로 까베르네 쏘비뇽, 메를로, 쉬라 등 바디감이 강한 와인에 어울리는 글라스로서 탄닌과 바디가 묵직하고 향이 매우 힘차게 피어나는 와인에 어울린다.

만약 선이 굵고 큼직한 와인을 작은 와인글라스에 마신다면 그가 가진 향이나 맛을 다 즐길 수 없고 와인의 캐릭터를 놓치기 쉽다.

까베르네 쏘비뇽처럼 탄닌이 많은 와인은 혀의 좀 더 안쪽에 와인이 떨어질 수 있도록 글라스의 곡선은 완만하게 하고 길이는 길게 고안하여 제작한다.

## 2. 삐노 누아(Pinot Noir)

볼은 매우 넓으나 길이는 보르도 레드 와인글라스에 비해 짧아 삐노 누아(Pinot Noir)의 특징을 잘 표현한 글라스다.

넓은 볼은 다양한 향을 담기에 충분하고 낮은 깊이는 섬세함을 느끼기에 안성맞춤이다. 낮은 탄닌과 과일 캐릭터가 분명하고 우아함이 있는 섬세한 삐노 누아는 반드시 전용 글라스를 사용하는 것이 바람직하다.

삐노 누아는 디켄팅에 있어서도 매우 주의를 요한다. 디켄팅으로 인해 섬세함을 잃을 수도 있으니 가급적 필요시에만 디켄팅을 하고 오픈한 상태로 시간을 두어 마시는 것이 좋다. 라스베리, 체리, 라벤더, 크렌베리 향 등, 산도와의 균형을 위해 혀의 앞쪽에 와인이 떨어지도록 글라스 곡선을 크게 제작한다.

## 3. 쏘비뇽 블랑(Sauvignon Blanc)

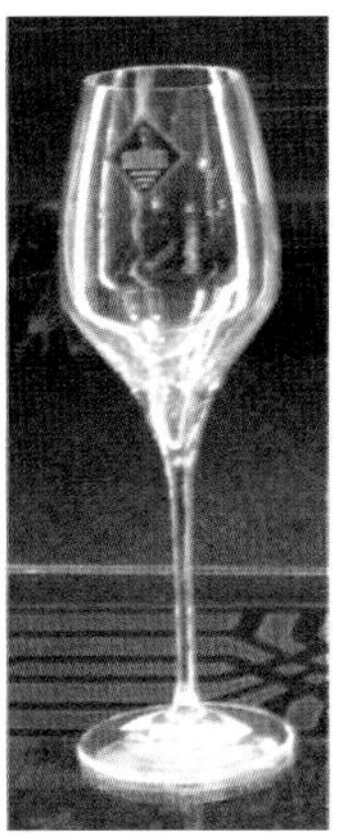

사진처럼 글라스가 전체적으로 작고 입구는 좁으며 약간 긴 편이다. 이는 그만큼 쏘비뇽 블랑이 산도가 강하기 때문이다.

림을 좁게 만들고 볼의 각을 완만하게 만드는 이유는 와인이 좁은 입구를 통해 혀의 앞쪽 단맛을 느끼는 부위에 떨어져 산미를 덜 느끼게 하기 위함이다.

## 4. 샤도네(Chardonnay)

샤도네는 전 세계적으로 가장 폭넓게 재배되는 화이트 품종이다.

크리미한 질감과 산과의 조화, 그리고 산지에 따라 다소 차이는 나지만 미네랄 느낌이 나는 와인이다. 이러한 특징을 나타내기 위해 쏘비뇽 블랑 글라스보다 볼이 넓고 둥글며 림도 약간 크다. 물론 레드 와인에 비해 전체적인 크기는 작다.

## 5. 스파클링(Sparkling)

스파클링 와인의 글라스는 좁고 긴 특징이 있다. 이는 와인 속의 기포가 위로 올라가는 것을 시각적으로 즐기기 위한 것으로, 와인을 담았을 때 기포가 글라스 중앙 밑에서 한 줄기로 지속적으로 오르는 것이 좋은 글라스다. 간혹 글라스 표면 여러 곳에서 기포가 일어나는 경우가 있는데 이는 글라스의 청결 상태가 좋지 않거나 글라스 표면이 일정하지 않을 경우에 이러한 현상이 나타난다.

이 외에도 몽라쉐, 에르미따쥬, 리슬링, 진판델, 알자스, 소떼른 등 품종별 지역별 특성을 잘 표현할 수 있는 글라스가 다양하게 제작되고 있다.

좋아하는 와인 한잔을 어울리는 글라스에 담아 사랑하는 사람들과 함께하는 행복은 우리 하나님이 주신 또 하나의 선물인 것 같다.

PART 3

# 와인 양조 및 포도품종

The WINE

# 01 와인의 분류

## 1. 색깔에 의한 분류

**1) Red Wine** : 적포도로 만들며 와인 양조 시 침용 과정에서 색상 및 탄닌 등 레드 와인의 주성분이 우러난다. 시음 온도는 섭씨 19~21도 정도가 적당하다.

**2) White Wine** : 청포도로 만들며 산을 주성분으로 하며 미네랄 등이 풍부하다. 시음 온도는 섭씨 6~8도 정도가 적당하다.

**3) Rose Wine** : 적포도로 양조하며 적당한 색상이 우러나면 포도 껍질 등을 걸어 내고 발효한다. 시음 온도는 섭씨 6~12도 정도가 적당하다.

## 2. 식사 용도에 따른 분류

**1) Aperitif Wine** : 식전에 마시는 와인으로서 산도가 강하고 드라이한 와인으로 샴페인, 드라이 화이트 와인, 드라이 쉐리와인 등이 있다.

**2) Table Wine** : 식사와 함께하는 모든 와인을 말하며 음식과의 궁합인 마리아쥬

(Mariage)가 가장 중요하다.

**3) Dessert Wine** : 식후 와인으로 달콤한 스위트 와인이 해당한다.

## 3. 탄산가스 유무에 따른 분류

**1) Still Wine** : 탄산이 함유되지 않은 모든 와인을 말한다.

**2) Sparkling Wine** : 2차 발효를 통해 탄산이 와인 속에 함유된 와인을 말한다.

## 4. 주정 강화 와인(Fortified Wine)

와인에 브랜디를 첨가하여 알코올 함유량을 증가시킨 와인으로 이탈리아의 벌무스, 스페인의 쉐리와인, 포르투갈의 포트와인 등이 이에 해당하며 일반적으로 알코올이 15~21% 정도 함유되어 있다.

# 02

# 포도 재배(Viticulture)

좋은 와인을 만들기 위해서는 재료 즉, 포도의 질이 좋아야 하는데 포도의 질은 땅의 성분과 관계되므로 결국, 좋은 땅에서 생산된 포도로 만든 와인이 좋은 와인이다. 여기에 기술력 좋은 양조자가 더해지면 최고의 와인이라 할 수 있다.

포도재배 지역은 북위 30~50도, 남위 20~40도에 배수가 잘되는 토양에 주로 분포하고 있고 연평균 기온은 10~20도가 적당하다. 일조시간은 포도나무의 성장기인 4월에서 10월까지 약 1,250시간에서 1,500시간 정도가 적정하며 연강수량은 500~800mm가 적당한 조건이다.

이러한 포도나무가 자랄 수 있는 환경들을 가리켜 '떼루아'라고 한다.

## 1. 떼루아(Terroir)가 와인에 미치는 영향

떼루아는 협의의 개념으로 토양을 의미하지만 광의의 개념은 포도나무가 자랄 수 있는 제반 여건을 총칭한다. 일조량, 기후, 강수량, 토양, 포도밭의 경사도 등등, 여기에 인위적 요소인 사람의 양조 기술까지도 포함한다. 떼루아가 와인에 미치는 영향에 대해 좀 더 자세히 알아보자(자료제공 : "프랑스 포도주와 오드비 세계로의 여행"-소펙사).

## 1) 토양

토양은 뿌리 나무의 환경 전체이고, 나무에 물과 영향을 공급하는 곳으로 최초에 큰 바위였다가 점점 변이되어가는 토양은 토질과 구조, 영향, 색깔로 정의될 수 있다.

### (1) 토질

토질은 포도나무의 정력에 관여한다. 토양이 너무 비옥하면 나무가 너무 과성장하여 포도 열매가 부실할 염려가 있고, 토양이 척박하면 자연적으로 포도 열매의 수확이 제한되어 포도송이가 충실하게 된다.

부르고뉴에서의 일등급 와인 산지들은 모두 척박하고 배수가 잘되는 언덕의 위쪽 부분에 위치하고 있음을 알 수 있다.

이는 포도나무가 척박한 조건 속에서도 생존을 위한 수분을 찾기 위해 뿌리를 깊이 내리기 때문인데, 이를 통해 많은 양분을 포도송이에 공급하게 된다.

### (2) 토양의 구조

토양 안에 있는 다른 요소들의 배치를 말하는데 자갈이 있는지, 땅이 진흙으로 촘촘한지를 의미한다. 이것은 포도나무의 뿌리 구조에 영향을 미친다. 자갈이 많으면 틈이 많이 생겨 뿌리가 밑으로 뻗어 나가는 데 유리하고 땅이 촘촘하면 그만큼 뿌리가 얕게 내린다. 이는 땅속의 양분을 흡수하는 범위가 달라져 결국 와인의 성격에도 영향을 미친다. 즉, 뿌리가 어느 정도 깊게 내릴 수 있는가 하는 것인데 뿌리가 깊게 내리면 다양한 양분을 포도로 보내 결국 훌륭한 와인을 만들고 뿌리가 깊게 내리지 못하면 제한된 지표면의 양분만을 포도로 보내기 때문에 낮은 수준의 와인이 생산된다. 척박한 토양이 좋은 이유는 뿌리가 지표면에 머무르지 않고 양분과 물을 찾아 뿌리를 깊게 내리기 때문이다.

### (3) 미네랄 성분

이는 지질학적 기원에서 유래한다. 대부분의 많은 떼루아가 석회성분이 풍부히 함유된 바위들 위에 형성되어 있다. 프랑스의 토양은 편암, 초크, 석회질, 자갈, 모래의

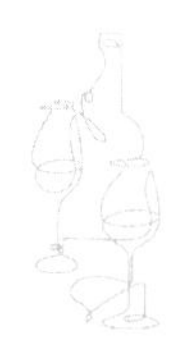

충적물뿐 아니라 화강암, 이회암, 진흙 등 매우 다양하기 때문에 우수한 와인이 생산된다.

#### (4) 색깔

이는 태양 빛에 대한 반응으로 붉은 토양은 밝은색 토양보다 더 빨리 데워진다. 이는 추운 지방에서 온도하락을 막아 줄 수 있다.

### 2) 기후(le Climat)

포도나무는 다양한 기후적 배경에 적응할 수 있으나 결빙, 서리에 약하며 온화한 기후대에서 좋은 와인을 얻을 수 있다. 포도밭이 형성되는 기후대는 크게 대서양 기후, 내륙성 기후, 지중해성 기후를 들 수 있다.

#### (1) 태양

태양은 포도주의 빛깔과 알코올의 정도를 결정한다. 포도에 당분을 형성시켜 알코올을 생성시키고 레드 와인의 경우 붉은 색소가 합성되기 위해서는 보다 많은 일조량이 필요하다.

#### (2) 물

물은 포도 수확의 양과 질에 지대한 영향을 미친다. 풍부한 강수량은 많은 포도송이를 열게 하여 와인의 질적 하락을 유도하며, 특히 수확시기의 비는 와인의 질에 결정적 변수가 되기도 한다. 수확을 앞둔 포도에 비가 온다면 포도송이의 과즙농도가 묽어져 양질의 와인을 기대할 수 없게 된다.

빈티지 와인의 중요한 잣대가 바로 수확시기의 비다.

#### (3) 기온

포도는 기온이 낮으면 산을 만들어 자신을 방어하는데 이러한 이유로 북쪽의 추운 지방에서는 화이트를 많이 생산하고 남쪽의 더운 지방에서는 레드 와인을 많이 생산한다.

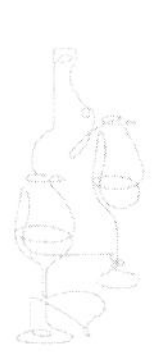

### (4) 방향

방향은 일조량과 관계가 있는데 남향이나 남동향이 이상적이다. 부르고뉴 포도원이 대부분 동향인 것은 아침에 햇빛을 받아 토양이 서서히 달궈지고 서쪽으로부터의 바람과 비를 피할 수 있기 때문이다.

### (5) 경사

일반적으로 가장 좋은 포도밭들은 언덕의 경사진 곳에 위치하고 있다. 이는 배수가 용이하고 포도송이가 햇볕을 잘 쬘 수 있는 이점이 있기 때문이다.

### (6) 고도

해발이 100m 올라갈 때 기온은 0.6도씩 내려간다. 고도가 높은 지역은 온도차에 의해 당도와 산도가 적절히 형성된 포도를 만들어 와인에 바디감을 높여 준다. 또 기온이 높은 캘리포니아나 칠레, 아르헨티나 등지에서는 고도가 높은 곳에 포도밭을 위치하여 포도가 재배될 수 있는 적정 기온을 보장 받고자 한다.

## 2. 포도의 번식

포도나무는 주로 씨로 번식하지 않고 꺾꽂이(Cuttage, 삽목) 방식에 의해 번식한다. 이는 단일 포도밭에 같은 성질을 지닌 포도나무를 재배하기 위함으로, 씨로 번식할 경우 같은 성질을 갖는 포도나무가 된다는 보장이 없기 때문이다. 예컨대 부모와 똑같은 자식이 태어나지 않듯이 씨로 인한 번식은 비슷한 성질일 수는 있으나 똑같지는 않다. 따라서 모계의 성질을 모든 나무로 이어주기 위한 방식으로 '복제(Clone)'라고도 할 수 있다.

수세대에 걸쳐 복제(Clone)하다 보면 돌연변이가 생기기도 하는데, 삐노 누아(Pinot noir)의 돌연변이인 삐노 그리(Pinot gris)가 그 예라 할 수 있다.

## 3. 접목(Grafting)

접붙이기라고도 하는 접목은 열매가 맺을 수 있는 나무 부위와 뿌리가 있는 나무 부위를 붙여 서로의 역할을 담당하게 하기 위함으로 현재 양조용 포도나무들은 거의 예외 없이 접목에 의해 재배되고 있다. 즉 원하는 품종의 포도나무와 병해충에 강한 뿌리목을 접붙여 건강하고 안전한 포도를 수확하고자 함이다.

필록세라와 같은 해충의 영향에서 벗어나고자 해서 시작된 이 방법은 관개 시설에 의한 선충류의 피해도 막을 수 있으며 또 열매 맺는 가지를 다른 종으로 접목하여 다른 품종의 열매를 맺을 수도 있다.

## 4. 포도나무 재배

와인의 품질을 결정짓는 데는 많은 요소가 있는데, 크게 토양과 기후의 자연적 요소와 포도재배와 와인 양조의 인위적 요소로 나누어 볼 수 있다.

자연적 요소인 토양이나 기후에 대해 인간이 할 수 있는 것은 적합한 품종을 선택하거나 개량하는 것 외에는 없다. 그러나 포도의 재배와 양조는 정성과 노력 여하에 따라 와인의 품질을 달리할 수 있다.

와인의 재료인 포도를 재배하는 것의 중요성은 와인의 품질을 결정짓는 중요한 과정이다. 면적당 포도나무의 숫자라든지, 인위적으로 수확량을 제한한다거나, 일조량의 조절을 위해 가지치기를 어느 시점에 한다거나, 수확 시기를 결정하는 등 모든 노력의 결과물이 와인의 품질로 나타나기 때문이다.

포도재배 과정 중 중요한 몇 가지를 설명하면 다음과 같다.

### 1) 가지치기(Pruning)

가지치기는 포도의 수확량을 조절할 목적으로 통상 한 해가 시작되는 1~2월에 시작한다. 원목만 두고 지난해에 자란 가지를 모두 잘라내는데 지나친 수확량은 제한된

양분의 분산으로 양질의 와인을 기대하기 힘들기 때문이다.

## 2) 트레이닝(Training)

가지치기가 끝나고 봄이 되면 잎과 가지가 자란다. 이때 잎과 가지를 고정하고 배치하는 작업을 트레이닝이라 한다. 이 작업을 통해 포도가 받을 햇볕의 양과 기후에 따른 온도 변화에 대응할 수 있는 스타일로 조성하는데, 햇볕을 충분히 받아야 색상 및 알코올 등이 풍족한 와인이 된다.

고도, 경사 등 지형의 특성이나 덥거나 서늘하거나 하는 기후조건에 맞게 가지를 배치하여 최상의 포도를 수확하고자 하는 것이다. 그 스타일은 기요(Guyot), 고블레(Goblet), 꼬르동(Cordon)의 세 가지로 구분 짓는다.

### (1) 기요(Guyot) 시스템

나무 원목에서 가지 하나만 누여놓은 것으로 싹눈 하나에서 새로운 가지가 자라 열매를 맺는다. 주로 서늘한 지역과 부르고뉴 지역에서 하는 스타일이며, 햇볕을 골고루 받는 장점이 있다.

가지가 땅에 가깝게 있어 추운 지역에서 지열에 의존할 수 있고 가지가 하나여서 햇볕을 고루 받는다. 가지를 양쪽으로 누여놓으면 더블 기요라 한다.

### (2) 고블레(Goblet) 시스템

포도나무 가지가 자라면 물잔 모양으로 생겼다고 하여 고블레라 한다. 이는 더운 지역에서 사용하는 스타일로 나무가 위로 향하기 때문에 지열을 피할 수 있고 바람길을 만들어 더운 열기를 식힐 수 있다. 주로 프랑스의 보졸레, 론 지방에서 많이 이용한다.

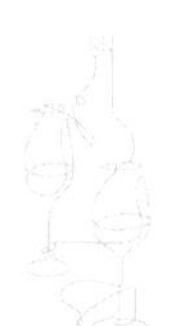

### (3) 꼬르동(Cordon) 시스템

원가지에서 싹눈 두세 개 남겨두고 가지치기하는 방법으로 샹파뉴 지방에서 주로 이용하고 있다. 밑둥에 가지를 누여놓아 밑둥에서 새싹이 돋고 가지마다 연생이 다르며 오래된 가지와 새 가지가 함께 자란다. 자칫 죽은 가지가 생길 우려도 있다.

## 3) 열매 솎기(Green Harvest)

5월쯤에 하는 작업으로, 생성되기 시작한 어린 포도를 잘라서 생산량을 조절하고 영양분을 선택된 몇 송이의 포도에 집중하고자 함이다. 통상 6~8송이를 제외하고 제거하는데 이때 불필요한 잎과 가지, 순도 같이 잘라 준다. 이렇게 땅속 깊은 다양한 떼루아의 특징들이 포도에 유입되어 결국 산지의 특징을 나타내는 와인이 된다.

## 4) 당도와 페놀 측정

당도와 페놀 측정은 수확 시기를 결정하기 위한 작업으로 포도의 수확이 임박했을 때 하는 작업이다. 포도 속의 당도와 페놀을 측정하여 자신들이 만들고자 하는 와인에 적합한 최적 상태의 포도를 수확하는 것으로 시기의 선택은 결정적으로 중요하다. 수확된 포도의 성격이 와인에 반영되기 때문이다. 따라서 포도 재배자와 와인 양조자는 포도의 상태를 종합적으로 판단하여 수확 시기를 결정한다.

당도는 알코올의 생성과 직접적인 연관이 있고 페놀은 레드 와인에 함유될 탄닌 함유량과 연관이 있는 것이다. 당도가 높아야 높은 알코올을 얻을 수 있고 적절한 탄닌이 있어야 와인의 바디를 높여주고 저장성을 강화해 준다.

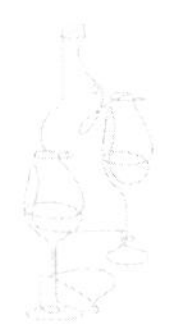

## 5) 수확

포도 재배의 마지막 단계로 수확과 함께 포도는 와인 양조장으로 옮기는데, 포도를 수확하는 데는 손 수확과 기계 수확이 있다.

손 수확은 포도의 상태에 따른 선별 수확이 가능하고 포도가 상할 염려 없이 수확하는 장점이 있는가 하면 기상변화에 유연한 대처가 곤란하고, 비용이 많이 들고 수확 속도가 느리며 인력확보가 어려운 단점이 있다. 고급 와인은 반드시 손 수확을 한다. 포도밭에서 일차 선별할 수 있고 상처에 의한 산화를 막을 수 있기 때문이다.

기계 수확은 적은 비용으로 빠르고 24시간 수확이 가능하다. 또 기상변화 등에 유연하게 대처할 수 있는 장점이 있지만, 포도에 손상을 입혀 산화가 진행될 수도 있고 상한 포도가 유입될 수 있는 단점도 있다.

수확 시기에 가장 민감하게 신경 쓰는 것이 비이다. 수확 시기를 결정해 놓고 비라도 내린다면 와인 품질에 매우 악영향을 미친다. 수확을 앞둔 포도의 수분농도가 높아져 좋은 와인을 기대할 수 없기 때문이다.

포도 재배자들은 수확 일에 비가 예상되면 포도가 덜 익었더라도 그 전에 수확하기를 원한다. 비 맞고 잘 익은 포도보다 비 맞지 않고 덜 익은 포도가 차라리 와인에 긍정적이기 때문이다. 그만큼 수확 시기의 선택은 중요하고 민감하다.

프랑스는 우리나라와 같이 아르바이트가 보편화된 나라가 아니다. 그런데 포도의 수확 시기에는 아르바이트가 크게 유행한다고 한다. 일시에 많은 포도를 수확해야 하기 때문인데 얼마나 효율적으로 인력을 확보할 수 있는가는 수확 시기의 와인 생산자에게 중요한 일이다. 일부 포도원에서는 수확 시기에만 고정된 사람을 고용하기도 한다. 인건비가 많이 들어가는 단점이 있지만, 인력을 안정적으로 확보할 수 있고 또, 노련하게 포도를 수확할 수 있기 때문이다. 포도 수확 시기가 되면 자신들이 살던 나라나 지역에서 포도원으로 모였다가 수확이 끝나면 되돌아간다고 한다.

03

# 와인 양조(Vinification)

이 땅에 와인이 양조되기 시작한 것은 아마도 포도나무가 심어지면서부터일 것이다. 대기 중의 효모는 포도 표피에 자생하고, 땅에 떨어진 포도가 으깨지기도 하며 자연스레 발효가 일어났을 것이기 때문이다.

인류는 효모가 당을 발효하여 알코올을 생성하는 현상을 우연히 발견한 후로 과학의 발전과 더불어 다양한 알코올성 음료를 생산하고 있는데, 원시적 양조 형태를 벗어나 양조의 틀을 갖추기 시작한 것은 로마 시대 이후이다. 로마 시대를 거치며 오크를 이용한 숙성과 유리병을 이용한 저장을 시작하였고, 9세기에는 지레를 이용한 착즙기가 도입되어 생산량이 획기적으로 늘어났다. 화이트와 레드 구분 없이 양조하던 와인은 15세기 이후 화이트 와인과 레드 와인으로 명확히 구분하며 이산화황도 훈증 형태로 사용되기 시작했다.

17세기 이후에는 코르크 사용과 유리병이 대중화되고 숙성, 유통, 품질 등에서 크게 향상된다. 특히 파스퇴르에 의한 효모의 발견은 발효산업에 큰 획을 긋게 된다. 1680년 네덜란드의 레벤후크가 맥주의 효모를 현미경으로 관찰했고, 이후 다양한 과학적 접근이 이루어지는데 1837년 프랑스 물리학자 샤를 카냐르는 효모가 살아있는 생명체임을 최초로 밝혔으며, 독일의 슈반은 1845년 발효 과정에서 당을 알코올과 탄산가스로 변환시키는 존재가 있다고 밝힌다. 이러한 연구를 기초로 1866년 알코올 발효에 효모의 역할을 확실하게 밝힌 사람이 루이 파스퇴르다. 이후 효모를 배양하는 기술이 발달하고 와인은 하나의 큰 산업으로 성장하게 된다.

와인 양조의 시작은 포도나무 재배에서부터 출발한다. 통상 1~2월 겨울에 가지치기를 시작으로 봄에 가지 배치 및 열매솎기, 가을의 수확으로 이어지며, 수확된 포도가 와인으로 변화하는 과정이 일 년 포도 농사의 마지막 하이라이트이다. 양조는 땅속의 양분과 뜨거운 햇빛에 의해 충분히 익은 포도의 당을 효모가 분해하며 알코올을 만들어 내는 과정으로, 자연적 발효 현상을 인위적으로 왕성하게 하거나 제어하면서 주어진 환경에서 표현할 수 있는 최고의 맛을 만들어 내는 과정이라 할 수 있다. 당, 알코올, 온도 등의 변화를 민감하게 관찰하며 효모 활동을 위한 온도는 적절히 유지되고 있는지, 당의 알코올 변화는 적절히 이루어지고 있는지, 또 발효 종료 시점은 언제로 할 것인지 등 와인의 변화 과정을 시시각각 세심하게 확인하고 그에 따른 조치들을 취해가며 포도주스를 와인으로 탄생시킨다.

와인 양조에서 중요한 요소는 효모와 포도 속의 당 함유량 그리고 온도로서 효모는 적당한 온도만 주어지면 당을 분해하여 알코올로 변화시킨다. 그러므로 당 함유량은 알코올 수준과 관계되고 온도는 효모의 활동성과 관계된다. 효모가 활동할 수 있는 온도는 섭씨 14~35도 사이이고 40도가 넘어가면 효모는 죽기 시작하여 60도 정도가 되면 완전히 사멸한다. 와인 발효 시 온도가 너무 낮으면 발효 속도가 느려져 탄닌 등 성분이 과다 추출될 수 있고, 너무 높으면 지나친 초산균의 번식으로 사과산에 의한 신맛이 강해질 수 있어 적절한 온도 유지에 집중해야 한다.

일조량 부족 등으로 포도 속의 당이 부족할 경우 적정한 알코올 보장을 위해 사탕수수의 설탕을 사용하기도 하나 이는 법의 한도에서 가능하고, 가당이 필요할 경우 질적 하락을 막기 위해 가능한 최소량을 사용한다. 효모의 사용도 포도에 자생하는 자연 효모만을 사용하거나 양조장에서 배양한 효모를 사용하기도 하나 이는 추구하는 맛의 표현을 위한 양조자의 판단이다.

레드 와인과 화이트 와인 양조의 가장 큰 차이는 침용 과정을 거치는지의 여부이다. 레드 와인은 색상과 탄닌 등의 성분을 얻기 위해 포도의 껍질, 씨 등과 함께 알코올 발효하는 침용 과정을 거치고, 화이트 와인은 수확하자마자 대체로 12시간 이내에 주스를 만들어 액체상태로 발효한다.

와인의 양조 과정을 구분지어 알아보자.

# 1 Red Wine

## 1) 수확

손 수확과 기계 수확을 할 수 있으나 고급와인을 만들 포도일수록 손 수확을 한다. 샹파뉴 지방과 보르도의 고급 와인들, 부르고뉴의 와인들이 대체로 손 수확한다.

### 2) 줄기제거

수확된 포도의 줄기를 기계로 제거한다. 줄기가 와인양조에 유입되면 생나무 냄새와 쓴맛이 유입될 수 있고 거친 탄닉함이 나타날 수 있다. 줄기를 제거한 포도 알맹이만을 선별대로 보낸다.

### 3) 포도 알맹이 선별

줄기가 제거된 포도 알맹이 중 상처가 났거나 불량한 알맹이를 골라낸다.

### 4) 파쇄

선별된 포도 알맹이는 발효통에 들어가면서 파쇄되어 알코올 발효로 이어진다. 영화 등에서 양조를 위해 사람들이 포도가 담긴 통에 들어가 발로 포도를 으깨는 장면을 볼 수 있는데 장비가 발달되기 전 포도송이 파쇄 모습이다.

### 5) 침용(Maceration, 마쎄라시용)

포도가 파쇄되면서부터 포도의 껍질과 씨가 제거되지 않은 상태에서 발효가 진행되는데 이 과정에서 와인에 붉은색과 탄닌 그리고 안토시안 등 각종 성분들을 와인에 녹아들게 하는 과정을 침용(Maceration)이라고 한다.

### 6) 알코올 발효(Alcholic Fermentation)

포도가 발효통에 들어가면 포도 주스와 포도씨, 포도 껍질 등은 효모와 뒤섞여 발효를 시작한다. 효모는 자연 효모를 사용하지만 와인의 스타일을 위해 양조장에서 배양한 배양 효모를 사용하기도 한다. 발효통은 시멘트, 오크, 스테인리스가 이용되는데, 이는 양조의 개성에 따른 것으로 어떤 것이 좋고 나쁨을 말할 수 없다. 양조자가 자신의 와인과 가장 잘 어울리는 효모를 선택하고 발효통을 설치하여 와인을 만들기

때문이다.

발효통으로 옮겨진 포도 주스는 대략 일주일 정도가 지나면 발효에 필요한 온도 20~35도가 되어 자연스레 발효가 이루어진다. 발효통의 온도 조절은 발효통 내부 또는 발효통 벽에 관을 설치하여 물이 흐를 수 있게 한 다음 물 온도를 조절함으로써 발효에 적정한 온도를 유지할 수 있다. 온도를 높여(고온 발효) 효모 활동을 왕성하게 하여 발효 시간을 짧게 할 수도 있고, 낮은 온도(저온 발효)에서 효모의 활동을 더디게 하여 발효 시간을 길게 할 수도 있다.

발효 시간은 와인 타입과 생산지역에 의해 달라질 수 있으며, 발효 시간이 적정 수준에 미달하면 와인의 바디감이 약하고, 지나치면 성분의 과다추출로 와인이 쓰고 거친 맛이 강해진다. 발효 온도와 시간은 산지와 포도의 품종이나 특성 그리고 와인의 스타일에 따라 양조자가 판단하고 결정하여 진행한다.

발효가 진행되는 동안 당과 알코올의 잔류량을 수시로 체크하여 발효가 어느 정도 진행되고 있는지를 지속적으로 관찰하고 알코올과 와인의 변화과정을 잘 체크하여 발효의 종료 시점을 결정한다. 처음의 포도주스가 효모와 만남으로 알코올이 생성되고, 맛은 복잡 다양하게 변해가며 향은 다소 역겨운 느낌을 주는데, 주스가 와인이 되는 새로운 생명으로 변해가는 산고일 것이다.

발효 과정은 일반적으로 4주 정도 걸린다(물론 보졸레와 같이 1~2주 정도의 짧은 과정을 거치는 와인도 있다). 첫 1주는 준비 기간이고, 이후 2주 정도 발효가 진행되며, 나머지 1주 정도 진정기간을 보낸다. 당이 알코올로 변하는 과정에서 다량의 탄산가스($CO_2$)가 생성되고 발효에 의한 온도가 상승하므로 온도 조절에 주의를 기울여야 한다.

과육이 액체가 되고 나면 껍질과 씨가 엉켜 상부로 떠 층을 이루게 된다. 이를 샤포(Chapeau)라고 하는데, 와인의 색상과 탄닌을 우러나게 하려면 이 샤포를 액체와 섞이게 하는 작업이 필요하다. 이 작업을 삐자쥬(Pigeage)라고 한다. 즉, 발효 과정에서 침용을 더욱 용이하게

Chapeau

하기 위해 발효통 표면으로 떠오르는 적 포도의 껍질, 씨 등을 밑으로 가라앉히는 작업을 말한다. 발효로 인해 푸르스름하던 포도의 과육(pulpe, 펄프)은 액체가 되며, 포도의 껍질로부터 색상을 얻어 붉은색으로 변한다. 이때 남은 껍질, 씨 등이 과육과 분리되어 발효통 위로 뜨는 것이다.

삐자쥬 방법으로는 기계가 발달하기 이전부터 해오던 전통방식으로 샤포를 위에서 기구를 통해 밀어 넣는 방식(Pumping down)과 기계를 이용해 발효통 밑의 와인을 호스를 사용하여 발효통 위의 샤포 위에 쏟아 부어 자연스레 침용이 이루어지게 하는 방법(Pumping up)이 있다.

### 7) 에꿀라즈(Ecoulage)

알코올 발효가 끝난 와인을 중력에 의해 발효통 밖으로 내리는 과정이며 침용(Maceration)의 마지막 단계이기도 하다. 발효를 마친 와인 통 속은 위에는 껍질 씨 등으로 이루어진 샤포가 뜨고 밑에는 맑은 와인이 가라앉는데, 맑은 와인만을 분리하는 과정을 에꿀라즈라 한다.

발효통 아랫부분에 호스를 장착하여 샤포가 유입되지 않게 와인을 분리하는데 이때

의 와인을 뱅 드 구뜨(Vin de Goutte)라 한다.

### 8) 압착과 찌꺼기(Marc, 마르) 제거

에꿀라즈(Ecoulage)가 끝난 발효통에는 샤포와 함께 약간의 와인이 섞여 있는데 이를 압착기나 원심분리기를 사용하여 추출한다. 이때의 와인을 뱅 드 프레스(Vin de Press)라 하며 향과 탄닌이 매우 거칠다. 탄닌을 보충하기 위해 뱅 드 구뜨(Vin de Goutt)에 포함하기도 하나 대부분 증류용으로 사용한다.

### 9) 젖산발효(Malolactique Fermentation)

알코올 발효가 끝난 와인을 다시 한번 발효하는 과정으로 젖산발효라고 한다. 젖산발효는 효모가 아닌 박테리아가 작용하는데 와인 속의 사과산을 젖산으로 변화시키는 과정이다.

젖산발효의 목적은 레드 와인의 산도를 저하시켜 좀 더 부드러운 와인을 만들고자 함이며, 젖산발효가 끝난 와인은 향과 맛이 다양하게 변화한다.

## 10) 블렌딩(Blending)

와인을 블렌딩하는 목적은 어느 한 품종이 갖는 부족함을 다른 품종으로 보완하여 서로의 장점을 살려 완벽한 조화를 이룬 와인을 만들기 위해서이다. 물론 부르고뉴 삐노 누아처럼 블렌딩하지 않고 단일 품종으로 와인을 양조하는 경우도 있으나 대부분의 와인은 두 가지 이상의 포도품종을 섞어 양조한다.

예를 들어 까베르네 쏘비뇽과 메를로를 블렌딩하는 것은 수확 시기의 차이에서 오는 기후적 위험 요소를 분산시킬 수 있고 또, 까베르네 쏘비뇽의 탄탄함과 메를로의 부드러움을 조화시켜 와인의 균형을 이루고자 함이다. 여기에 말벡이나 까베르네 프랑을 소량 섞어 바디감을 살리기도 한다.

또 쏘비뇽 블랑과 세미용의 경우라면 강한 산도의 쏘비뇽 블랑과 부드럽고 감미로운 세미용을 블렌딩하여 서로의 장점은 살리고 단점은 보완하여 궁극적으로 사람의 미각에 충실하겠다는 것이다.

이렇게 수많은 포도품종을, 만들고자 하는 와인의 특성에 맞게 각각 장단점을 고려하여 두 가지 이상을 블렌딩한다. 이러한 블렌딩을 통해 독특한 개성과 양조자가 만들고자 하는 스타일을 구현할 수 있으며 소비자의 트렌드에도 맞출 수 있다.

## 11) 숙성(Elevage or Aging)

숙성은 와인이 깊은 잠에 빠지는 시간으로, 포도가 발효라는 산고를 견디어 와인이라는 새 생명으로 태어나 깊은 휴식을 취하는 것이다. 이 시간을 통해 건강하고 풍요로운 와인으로 자신을 단장하고 의젓한 새 생명이 된다. 따라서 숙성실은 조용하고 어두워야 한다. 가장 이상적인 곳은 섭씨 14도 정도에서 온도 변화 없이 일정하게 유지되어야 하며 햇빛은 들지 않고 70~80% 정도의 습기가 있는 지하가 좋다.

숙성은 일반적으로 오크통을 이용한다. 새 오크를 사용할 수도 있고 사용한 오크통을 재사용할 수도 있다. 또 새 오크와 재사용 오크통을 섞어서 사용할 수도 있다. 이는 양조자가 와인의 바디감 정도와 스타일에 따라 결정하며 새 오크통을 사용할 때는 비용도 고려한다. 한 번에 대량의 와인을 숙성시키고자 할 때는 스테인리스 통 안에 오크를 장착하여 숙성하기도 하는데 고급의 와인보다는 중저급의 일상적인 와인에서 행해지기도 한다.

숙성 기간은 포도품종이나 산지 그리고 양조자가 만들고자 하는 스타일에 따라 차이가 난다. 산지마다 토질이나 기후여건이 달라 산지의 특성에 맞는 포도품종이 있으며, 그 품종에 따라 숙성 기간은 달라진다. 즉, 특정 지역은 특정 품종과 어울리기 때문에 특정 지역에서는 오래 숙성된 와인이 나오고 또 다른 지역에서는 그렇지 않다.

보르도 메독 와인들은 대체로 장기 숙성용 와인들이다. 반면에 보졸레 와인들은 단기 숙성을 해야 한다. 이는 메독의 주 품종은 까베르네 쏘비뇽이고 보졸레의 주 품종은 갸메로서 품종의 차이 때문이다.

일반적으로 오크 숙성은 지역에 따라 3개월에서 길게는 3~5년까지 하는 경우도있는데, 묵직한 고급 와인은 1년에서 2년 정도, 보졸레처럼 가벼운 와인은 몇 개월 정도 숙성한다. 스페인 리오하 와인 중에는 8년 넘게 숙성하는 와인도 있다.

중요한 것은 이러한 숙성을 통해 어리지만 와인이란 이름으로 탄생한다는 것이다.

## 12) 정제(Collage, 꼴라쥬)

발효 과정에서 생긴 죽은 효모 찌꺼기나 숙성과정에서 생긴 미세한 부유물을 제거하는 작업이다.

이 작업에 가장 많이 사용하는 물질이 달걀 흰자위다. 달걀 흰자위를 와인이 들어있는 오크통 속에 부어 두면 달걀 흰자위가 가라앉으면서 와인 속의 미세한 부유물들이 달걀 흰자위의 단백질에 흡착하여 서서히 가라앉게 된다. 그리하여 맑은 와인만을 남게 하는 것이다.

정제 기간은 보통 한 번 하는 데 보통 3~4개월 정도가 소요된다.

## 13) 여과

여과는 병입하기 전에 필터링을 하는 것으로 필터를 사용하여 한 번 더 여과하여 와인을 깨끗하게 하는 작업이다.

인위적인 필터를 사용하기 때문에 요즈음 양조에는 필터를 사용하지 않는 경우가 늘고 있다. 필터가 와인에 부정적 향을 낼까 우려하기 때문이다.

## 14) 병입

병입은 와인 양조의 마지막 과정이다. 병입 후에 양조장에서 좀 더 숙성시간을 갖기도 하고 곧바로 유통되기도 한다.

와인이 일단 병입되면 소비할 때까지 보관이 매우 중요하다. 한번 병입됐다고 하여

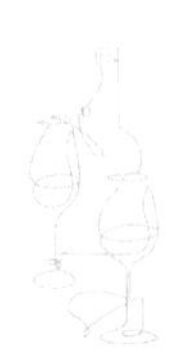

와인의 변화 과정이 끝나는 것은 아니며, 병입 후에도 숙성은 지속적으로 진행된다. 와인의 참맛은 병입 후의 숙성에 달려있으므로 14도 정도 온도의 빛이 들지 않는 곳에서 보관해야 한다.

와인의 보존력은 품종과 성분의 함량에 따라 달라지는데 탄닌이나 산 등을 많이 함유하고 있는 품종일수록 보존력이 강하다. 탄닌이나 산이 항산화 역할을 하기 때문이다. 그 예로 탄닌이 많은 보르도 메독 지방의 그랑 크뤼급 와인들은 10여 년이 지나야 맛이 최고조에 이르는가 하면 탄닌이 적은 보졸레의 와인들은 적게는 1~2년, 많게는 3~4년에서 절정의 맛을 낸다.

병입 숙성을 짧게 한 와인은 과일 향 등 아로마는 강하고 부케는 약한 '영 와인(young wine)'이라 하고, 숙성을 오래한 와인은 과일의 농익은 향과 숙성 중에 생성된 다양한 부케가 풍부해 '올드 와인(old wine)'이라 한다.

## 2. White Wine

### 1) 수확과 동시 압착

양조 과정 중 화이트와 레드 와인의 가장 다른 점이라면 레드는 수확하여 껍질과 씨를 함께 발효하지만, 화이트는 수확하자마자 압착하여 주스 상태로 발효한다는 것이다. 레드 와인은 색상과 탄닌 등을 얻기 위함이지만 화이트는 신선함을 얻기 위함이다.

산화를 막기 위해 가능한 수확 후 12시간 이내에 압착하는 것이 좋다.

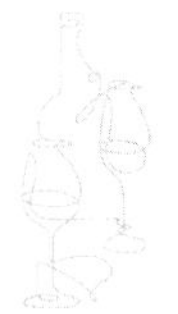

### 2) 포도즙의 준비

압착에 의해 청포도 주스가 만들어지면 좀 더 맑은 상태에서 발효하기 위해 불순물을 중력에 의해 가라앉히는데(원심분리기를 이용하기도 한다) 이때 온도를 낮추어 발효가 진행되지 않도록 주의를 요한다.

### 3) 알코올 발효

레드 와인과 마찬가지로 온도에 주의하여 알코올 발효를 하며 침용 과정은 없고 고급 화이트 와인에서 맛의 중후함을 위해 젖산발효 하는 경우도 있으나 일반적인 와인은 젖산발효 과정을 거치지 않는다.

### 4) 숙성

오크에서 숙성되는 경우도 있고, 신선함을 강조하기 위해 스테인리스에서 숙성하기도 한다.

### 5) 블렌딩

### 6) 정제

### 7) 여과

### 8) 병입

블렌딩에서 병입까지는 레드 와인과 유사하다.

### TIP 이산화황(Sulphur dioxide, $SO_2$)에 대하여

와인의 백 레이블을 보면 이산화황의 첨가를 알리는 문구가 있다. 각 나라마다 기준에 맞게 인체에 해가 없는 극소량이 첨가되는데 이산화황이 와인에서 하는 역할을 알아보자.

첫째, 빈 오크통 속에 이산화황을 태워서 향이 오크에 배게 하여 오크통을 소독한다. 오크통에 있을지 모를 세균을 제거하여 안전한 숙성을 목적으로 사용된다.

둘째, 액화된 이산화황을 와인에 첨가하여 부패방지와 살균 효과로 와인의 보존력을 높일 목적으로 사용된다.

와인 상태가 건강할수록 면역력이 강하기 때문에 이산화황을 적게 사용한다. 결국, 포도의 작황이 중요하다는 것을 알 수 있다. 또한, 탄닌 성분이 어느 정도의 이산화황 역할을 대신하기 때문에 화이트보다 레드에서 이산화황이 적게 사용될 수 있다.

인체에 해가 없을 정도의 미량이 첨가되기 때문에 이산화황 때문에 와인에 부정적 이미지를 가질 필요는 없다고 본다.

# 04

# 오크(OAK)와 코르크(CORK)

## 1. 오크(OAK)

오크란 와인을 양조하거나 숙성시킬 때 사용하는 참나무로서, 좁고 길게 절단하여 와인이 새어 나오지 않을 정도로 단단히 조여 타원형으로 만든 것이 오크통이다. 오크는 와인 숙성의 필수 재료로서 김치를 김장독에 담듯 와인을 오크통에 담아 와인이 익어갈 때 약간의 탄닌과 부케를 제공한다.

오크는 세계 여러 나라에서 생산하지만 프랑스산과 미국산이 주를 이룬다. 프랑스산 오크는 중부와 북동쪽인 느베르(Nevers), 알리에(Alliers), 리무쟁(Limousin), 보주(Vosges), 트롱쉐(Troncais) 지역에서 주로 생산하며 점토질과 규토질 토양, 더운 기후와 찬 기후가 적당히 분포된 척박한 주변 환경으로 인해 나무의 조밀도가 높고 단단하

다. 이러한 환경은 미국산보다 탄닌이 강하게 나타나고 와인의 맛과 향을 강화시키는 역할을 한다.

미국산 오크는 비옥한 토양에서 쑥쑥 잘 자란다. 프랑스산에 비해 조직이 넓고 나뭇결이 거칠며 크다. 이러한 오크에 숙성하는 와인은 자칫 거친 느낌과 나무 향이 강하게 날 수도 있다. 오크를 기계적으로 대량생산하여 값이 저렴하고, 내구성이 강해 와인 증발률이 적고 프랑스산에 비해 탄닌이 적게 나타나는 특징이 있다.

### 1) 오크의 효과

(1) 탄닌 성분이 높아진다. 이는 오크나무의 탄닌과 와인의 탄닌이 합쳐져 더 큰 탄닌을 형성하기 때문으로 첫해에 가장 많은 탄닌이 생기며 3년 정도 사용하면 거의 탄닌 성분은 우러나지 않는다.

(2) 색이 진해진다. 오크통을 통해 미세한 와인의 산화와 이 과정에서 나무색의 극미한 유입으로 색이 진해진다.

(3) 향을 더해준다. 이는 토스팅 정도, 오크 사용 정도, 오크 생산지 등에 변수가 있을 수 있으나 대체로 캐러멜 향, 초콜릿 향, 스모크 향, 버터 향, 토스트 향 등을 제공한다.

오크통을 만들 때 토스팅이라 하여 통 굽기를 하는데 오크통의 안쪽을 참나무 불에 그을리는 작업으로 와인에 향을 더해준다. 때론 오크에 의해 톱밥 냄새, 널빤지 냄새, 곰팡이 냄새를 유발할 수도 있다. 그래서 사용했던 오크를 재사용하기도 하고 새 오크

와 적당한 비율로 섞는가 하면 모두 새 오크를 사용하기도 한다.

## 2. 코르크(CORK)

와인 마개로 사용되는 코르크는 코르크나무의 껍질을 이용해서 만든다.

주로 이탈리아, 포르투갈, 스페인 등지에 많이 분포하는 코르크나무는 아무리 척박한 환경이라도 잘 적응하며 껍질을 모두 벗겨도 생장이 가능하다. 한번 벗겨낸 껍질은 20여 년이 지나면 다시 두껍게 재생하는 능력을 가졌다.

와인병 마개에 코르크를 사용하는 이유는 코르크가 와인과 닿아서 생기는 팽창력으로 산소 유입을 막아 와인의 산화를 방지하기 위함이다. 와인을 보관할 때 뉘여 보관하는 이유도 코르크를 마르지 않게 하기 위해서이다. 코르크 규격은 38mm, 44mm, 49mm, 53mm 네 종류가 있으며 장기 숙성용일수록 긴 코르크를 사용한다.

신세계 와인을 중심으로 스크류캡의 사용빈도가 높아가는데 이는 보관의 용이성과 손쉬운 오픈 등 편리함을 추구하는 추세를 반영한 것이라 할 수 있다.

# 포도품종

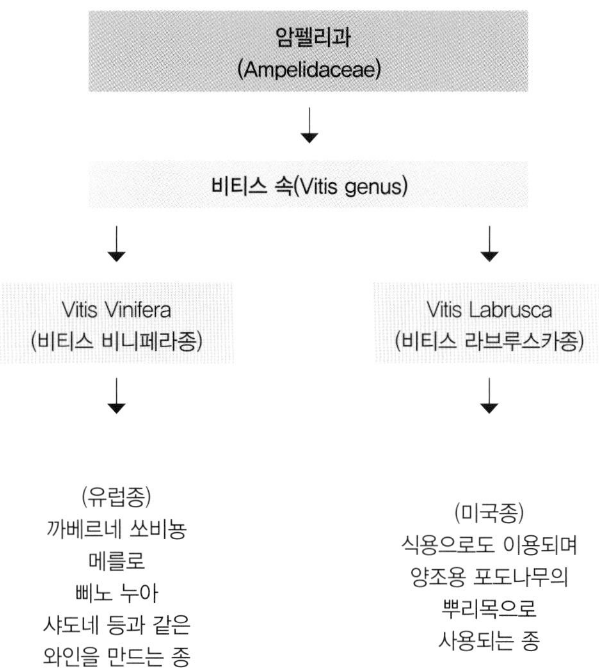


포도나무는 암펠리과(Ampelidaceae)에 속하는 넝쿨 식물이며, 이 중에서도 와인 양조에 사용되는 것이 비티스(Vitis genus) 속의 비티스 비니페라(Vitis Vinifera)종이다.

비티스 비니페라는 까베르네 쏘비뇽, 메를로, 샤도네, 삐노 누아 등 양조용 종이며, 비티스 라브루스카(Vitis Labrusca)는 미국종으로 주로 묘목의 뿌리목용으로 쓰이는 종이다.

좋은 와인은 토양, 품종, 기후, 포도재배, 양조 기술 등 다양한 요소들이 조화되었을 때 나타나는데, 품종은 와인의 성격을 표현하는 것으로 포도품종을 이해해야 와인의 특징을 바로 볼 수 있다.

어떤 식물이든 잘 어울리는 토양이 있듯이, 포도나무도 토양 기후 등이 잘 어울리는 떼루아에 가장 적합한 포도품종을 심는다. 유럽의 경우 특정 지역에는 특정 포도품종만 심을 수 있게 법으로 지정해두기도 한다. 이를테면 보르도는 까쏘, 메를로, 까베르네 프랑 등을 심어야 하고, 부르고뉴는 삐노 누아를 심는다. 그래서 특정 산지는 그 지역만의 독특한 와인이 생산되는 것이다. 포도품종은 고유 품종과 교배종으로 나눠 볼 수 있는데, 교배종은 같은 종 내에서 다른 품종 간을 교배한 이종 교배종(Crossing)과 전혀 다른 종끼리 결합하여 인위적인 종을 탄생시키는 잡종(Hybrid)으로 구분할 수 있다.

예를 들어 이종 교배종은 독일의 뮐러 트루가우(Muller Thurgau, Riesling과 Sylvaner의 교배종)처럼 비티스 비니페라종 내에서 교배한 품종이고, 잡종(Hybrid)은 비티스 비니페라종과 비티스 라브루스카종을 교배하거나, 비티스 라브루스카종과 비티스 루페스트리스종을 교배하여 면역력이 강한 뿌리목을 만들어 묘목으로 사용하기도 하고 와인 양조에도 일부 사용하지만, 노린내 등에 의해 상품 가치가 떨어져 일반적이진 않다.

이렇듯 와인을 만드는 양조용 품종은 식용과는 구분되며, 이의 일반적 특징은 다음과 같다.

첫째, 당도가 매우 높다. 일반적으로 20브릭스 이상의 당을 함유하고 있다. 식용 포도의 거봉이 10~12브릭스 정도라면 양조용 포도의 당 함유량이 가늠될 것이다. 포도의 당은 일조량과 관계되어 와인의 잔당과 알코올과 연관된다. 칠레나 캘리포니아와 같이 뜨거운 산지의 와인이 부드럽고 알코올 함유량이 높은 것은 이 때문이다. 양조용 포도는 당뿐만 아니라 산도도 비등하게 함유하고 있다.

둘째, 알이 작다. 식용품종과 비교해 알이 작은데, 이는 상대적으로 씨의 비율이 높아 레드 와인의 탄닌 함유량과 연관된다.

셋째, 수령이 높은 나무에서 좋은 와인이 생산된다. 나무의 나이와 좋은 와인의 상관관계는 뿌리에 있다. 오랜 시간 동안 뿌리를 내려 땅속의 다양한 양분을 포도로 보내주기 때문에 나이 많은 나무에서 좋은 와인이 생산된다.

포도품종은 기후조건이나 산지에 따라 당 함유량, 성분, 색소 등의 차이로 와인의 무게감과 균형감의 차이는 있지만, 기본적인 성격은 유지된다. 이를테면 김치를 담글 때 배추의 산지에 따라, 담그는 사람에 따라 김치맛이 달라지기는 하지만 배추김치에서 파김치 맛은 나지 않는다.

## 1. Red 품종

### 1) 까베르네 쏘비뇽(Cabernet Sauvignon)

까베르네 쏘비뇽(Cabernet Sauvignon)은 까쏘(Ca-Sau) 또는 캡(Cab)이라고도 줄여 부르는 세계 전역에서 광범위하게 재배되는 레드 와인 품종이다. 만생종으로서 덥고 온화한 기후를 좋아하며 메독 지방과 같이 자갈이 많아 배수가 잘되는 지역에서 주로 재배되는 품종이다. 이 포도의 4대 특징이라면 포도알이 작고, 색깔이 진하며, 껍질이 두껍고, 과육 대비 씨의 비율이 높다는 것이다.

포도알은 작고 상대적으로 씨의 비율이 높아 탄닌 함유량이 많은 묵직하고 장기 숙성용 와인이 만들어지고, 두꺼운 껍질과 풍부한 색소로 인해 진한 검붉은 색의 와인이 만들어진다. 와인 속의 탄닌은 항산화 역할을 하여 보존력을 높여주고 숙성되면서 생성되는 부케는 탄닌과 어울려 와인의 깊이를 더해준다. 다른 품종과도 잘 어울려 블렌딩 와인에 적합하며 카시스나 블랙 커런트 향이 특징이다. 내한성이 약한 까베르네 쏘비뇽은 재배하기는 쉽지만 늦게 성숙되는 특징으로 서늘한 지역에서는 적합하지 않고, 주로 더운 기후대인 프랑스 보르도, 칠레, 캘리포니아 등의 지역에서 재배된다.

까베르네 쏘비뇽하면 많은 사람들이 보르도의 메독을 떠올리는데 이는 메독이 세계 최고의 레드 와인 산지로 인식되기 시작한 것과 맥을 같이한다. 19세기 말에 나타난 필록세라는 대다수의 포도밭을 황폐하게 했고 이후 메독 지방에 폭넓게 재배된 품종이 까베르네 쏘비뇽이었다. 재배하기 쉽고 번식력 강한 이 품종은 보르도 전체로 이어지고 20세기를 지나면서 신세계의 많은 나라로 퍼져나갔다.

까베르네 쏘비뇽은 1997년 캘리포니아 주립 UC데이비스 대학의 유전자 연구팀의 DNA 검사를 통해 까베르네 프랑(Cabernet Franc)과 쏘비뇽 블랑(Sauvignon Blanc)의 교배(Cross)종임을 밝혀냈다. 17세기경 보르도의 다른 지역에서 자라던 서로 다른 두 품종이 우연히 일어난 교차수분에 의해 생겨난 품종이라는 추측이다. 까베르네 쏘비뇽의 탄닉한 야성적 성격은 아마도 쏘비뇽 블랑(Sauvignon Blanc)에서 유전되지 않았을까 생각한다. 쏘비뇽(Sauvignon)이란 어원은 야생을 의미하는 소바쥬(Sauvage)에서 유래되었기 때문이다.

### 2) 메를로(Merlot)

메를로는 조생종으로서 까베르네 쏘비뇽에 비해 약 2주 정도 일찍 수확하고, 탄닌과 산의 농도가 낮고 포도의 당도가 높아 부드러운 와인을 만드는 품종이다. 블렌딩 와인으로서 까베르네 쏘비뇽과 메를로는 매우 이상적으로 잘 어울린다. 만생종인 까베르네 쏘비뇽과 조생종인 메를로의 수확 시기 차이는 기후의 불확실성을 보완할 수 있고, 와인 맛에 있어 까베르네 쏘비뇽의 부족한 부드러움을 메를로가, 메를로의 부족한 구조감을 까베르네 쏘비뇽이 채워줌으로써 완성도 높은 와인을 만든다. 블렌딩 비율은 양조자가 만들고자 하는 스타일과 떼루아 등에 의해 달라지지만 부드러움을 추구하는 현대 와인 소비 트렌드에 맞춰 메를로의 재배면적이 넓어지는 추세이다. 메를로는 프랑스 보르도, 스페인, 칠레, 미국, 호주, 남아프리카 등지의 다양한 산지에서 재배되고 있다.

메를로(Merlot)의 어원은 프랑스어의 멜르(Merle)에서 유래했는데, 멜르란 티티새(또는 지빠귀)라고 하는 딱새과의 일종이며, 그 의미는 '가장 나쁜 적'이란 뜻이다. 이는 메를로의 당도가 풍부해 새들이 너무 쪼아 먹어 피해를 본 농부들에 의해 붙여진 이름이라고 전해진다.

### 3) 삐노 누아(Pinot Noir)

프랑스 부르고뉴(Bourgogne) 지방이 고향인 품종으로 주로 서늘한 기후대에서 재배되며, 색소와 탄닌은 낮고 산도와 과일 향이 풍부한 와인을 만든다. 껍질이 얇아 와인의 색상이 속이 훤히 들여다보일 정도로 엷지만, 산도에 의한 빛깔은 매우 초롱초롱하다. 이러한 품종의 특성을 살리기 위해 서늘한 기후대에서 주로 재배한다.

레드 와인을 시음할 때 일반적으로 탄닌을 중심에 두고 품질을 평가하는데, 삐노 누아는 산도를 그 중심에 두는 것도 특성 중 하나라 할 수 있다.

삐노 누아는 숙성되면서 사향의 부케와 농익은 과일 향이 어우러져 매우 섬세한 맛과 향을 제공한다. 어떤 품종보다 떼루아 영향이 잘 나타나는 우아하고 섬세한 와인을 만들며, 다른 품종과 블렌딩하지 않고 단일 품종으로 주로 양조한다(근래 들어 신세계 와인을 중심으로 블렌딩하는 경우도 있다).

### 4) 쉬라(Syrah 또는, 쉬라즈 Shiraz)

프랑스 북부론 지방이 고향으로 뜨겁거나 서늘하거나, 어느 기후대에도 잘 적응하는 품종이다. 프랑스에서는 쉬라(Syrah), 호주에서는 쉬라즈(Shiraz) 불리는 이 품종은 호주 와인에서 많은 인기를 누리고 있다. 품종의 특징은 까베르네 쏘비뇽처럼 탄닉하고 색이 진하지만 특유의 가죽 향과 스파이시한 향을 가지고 있다. 풍부한 탄닌으로 장기 숙성용 와인에 적합하며, 숙성이 깊어갈수록 다소 우직한 듯 온순한 매력이 있는

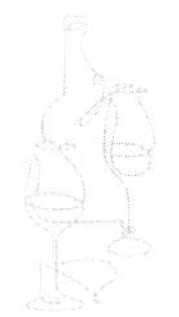

와인이 된다. 단일 품종으로 양조하기도 하지만 호주에서는 까베르네 쏘비뇽과 블렌딩해서 좋은 와인을 만들기도 하며 한국 소비자 입맛에도 잘 어울린다.

### 5) 까베르네 프랑(Cabernet Franc)

부드럽고 풍만한 느낌의 맛과 우아한 향을 지닌 품종으로 프랑스 르와르, 캐나다 등 많은 나라에서 재배되고 있다. 특히 보르도 좌안의 메독과 그라브에서는 블렌딩(Blending)용으로 사용하고, 우안의 쌩떼 밀리옹(Saint-Emilion)에서는 주력으로 사용하는 품종이다. 까베르네 쏘비뇽에 비해 부드럽고 탄닉함이 덜하며 약간의 초콜릿 느낌의 향도 나는 품종으로 자신보다 강한 품종과 블렌딩되어 균형감을 이루는 데 좋은 역할을 한다. 캐나다에서는 레드 품종인 까베르네 프랑으로 아이스 와인을 만들기도 한다.

### 6) 갸메(Gamay)

신선한 레드 와인을 만드는 품종으로 상큼하고 과일 향이 풍부한 와인을 만들며 특히, 보졸레(Beaujolais) 지방의 주력 품종이다. 장기 숙성보다는 단기 숙성이나 햇 포도주(누보)로 마셨을 때가 맛이 좋으며 과일 향과 산도가 어우러져 10~12도 사이의 온도로 약간 차게 마시면 더욱 맛이 좋다.

### 7) 말벡(Malbec)

말벡은 껍질이 두꺼워 와인 색이 진하고 탄닌이 부드러운 와인을 만들며 아르헨티나를 대표하는 품종이다. 보르도에서는 블렌딩용으로 사용하고 있지만, 보르도 아래 지방의 까오(Cahors)는 주력 품종으로 와인을 생산하고 있다. 전반적으로 진하고 부드러운 캐릭터의 와인으로 까베르네 쏘비뇽보다는 부드럽고 메를로보다는 다소 탄닉한 느낌의 품종이다.

### 8) 진판델(Zinfandel)

이탈리아에서 프리미토브라 불리던 품종으로 미국으로 건너가 진판델이 되었다.

현재 캘리포니아에서만 사용되는 품종으로 빛이 화려한 루비색을 띠며, 색상이 화사하고 선명하다. 과실 향이 풍부하여 와인을 처음 접하는 사람도 쉽게 접할 수 있다. 레드, 화이트, 로제 와인을 만들며 드라이, 스위트 등 다양한 장르의 와인을 만든다.

### 9) 네비올로(Nebbiolo)

적절한 산도와 부드러운 탄닌이 섬세한, 떼루아에 민감하고 익는 시기가 다소 늦는 품종이다. 이탈리아 북서부의 삐에몬테(Piemonte) 지방의 주 품종이며, 바롤로(Barolo)와 바르바레스코(Barbaresco)를 만든다.

장기 숙성용 와인으로도 제격이며, 숙성 후의 부케는 담배 향, 옅은 초코 향, 체리 향, 토스트 향 등 깊고 그윽한 와인 와인이 된다. 네비올로의 어원은 네비아(Nebbia)에서 유래했으며 네비아는 안개(Fog)를 의미한다.

### 10) 산지오베제(Sangiovese)

이탈리아 토착 품종으로 산도가 풍부해 어떤 음식과도 잘 어울리는 토스카나 지방의 주 품종이다. 체리 등의 붉은 과일 향이 풍부하고 생동감 있는 끼안띠(Chianti) 와인을 만든다.

### 11) 템프라뇨

스페인을 대표하는 품종으로 특히 리오하(Rioja) 지방과 잘 어울리는 품종이다. 풍부한 과일 향과 부드러운 탄닌이 매력인 품종으로, 까베르네 쏘비뇽의 강인함과 삐노 누아의 섬세함을 섞어 놓은 듯한 느낌의 와인을 만든다.

## 2. White 품종

### 1) 샤도네(Chardonnay)

프랑스 샤블리 지방이 고향인 샤도네(Chardonnay)는 적응력이 우수해 전 세계적으로 폭넓게 재배하는 품종이다. 기후에 따라 산도의 강도가 차이가 있으며 서늘한 지역일수록 산도가 강하게 나타난다. 일반적으로 신선할 때 마시면 좋은 와인으로 서늘한 기후에서는 사과, 라임, 파인애플 등 청과일 계통의 향이 나고 따뜻한 기후에서는 감귤류 등 시트러스 계열의 과일 향이 난다. 특히, 프랑스 샤블리 지방 샤도네는 미네랄 맛이 잘 표현되며, 신세계의 샤도네는 오크를 사용하는 경우가 많아 다소 오키한 느낌이 난다. 샴페인(Champagne) 와인을 만들 때 블렌딩용으로 중요한 품종이기도 하다.

### 2) 쏘비뇽 블랑(Sauvignon Blanc)

라임과 같은 강한 산도와 생기발랄한 신선한 캐릭터를 가지고 있는 쏘비뇽 블랑은 자몽, 아스파라거스, 스모키 등의 향과 어우러져 화이트 와인 애호가들의 사랑을 많이 받는 품종이다. 쏘비뇽의 어원인 소바쥬(Sauvage, 야생의)에서 알 수 있듯이 자연이 주는 다소 거친 듯한 높은 산도가 매력이다.

세계 각 산지에서 생산하고 있지만, 프랑스 르와르와 뉴질랜드에서 특히 좋은 품질의 와인을 많이 생산한다. 청아한 여름날 아침의 신선함이 느껴지며 르와르는 잔디밭에, 뉴질랜드는 풀밭에 누운 느낌이 나는 와인이다.

풍부한 산도는 음식의 장르를 가리지 않고 잘 어울리는데 특히 생선회와 한국 명절 음식에 제격이다. 거칠거나 느끼한 식감의 음식을 와인의 산도가 중화시켜 궁합을 잘 이루기 때문이다.

### 3) 리슬링(Riesling)

드라이 와인에서 스위트 와인까지 폭넓게 양조하는 품종으로 떼루아의 특징을 와인에 잘 반영하는 품종이다. 햇볕이 잘 드는 서늘한 기후대에서 주로 생산하는데 독일, 알자스, 호주 등의 리슬링이 유명하며, 독일은 스위트한 리슬링, 알자스는 드라이한 리슬링을 주로 생산한다. 샤도네에 비해 숙성시간이 지날수록 리슬링 특유의 과일 향, 꽃 향, 라임 향, 약간의 토스트 향 등이 살아난다. 장기 숙성에도 과일 캐릭터와 산도의 균형을 유지하며 특히 독일은 단맛과 신맛의 조화까지 더해 가장 리슬링다운 와인을 생산한다고 해도 과언이 아닐 것이다.

### 4) 세미용(Semillon)

부드러운 과일 향이 풍부한 프랑스 보르도, 호주, 칠레 등지에서 재배되는 품종이다.

보르도에서는 쏘비뇽 블랑과 블렌딩되어 세미용의 부드러움과 쏘비뇽 블랑의 상큼함을 조화시켜 균형감 있는 화이트 와인을 만든다.

세미용은 껍질이 얇아 귀부에 적합하며 소떼른(Sauternes) 지역의 스위트 와인을 만드는 데 안성맞춤이다. 안개에 의한 보트리스균 서식이 용이해 이를 이용해 귀부 와인을 생산한다. 귀부 와인이란 보트리스균이 포도의 껍질에 퍼져 포도 속의 수분만을 흡수함으로써 포도의 당도를 높여 만든 스위트 와인을 말한다.

### 5) 슈냉 블랑(Chenin Blanc)

높은 산도(Acidity)가 특징이며 프랑스 르와르(Loire) 지방에서 주로 재배되는 품종이다. 캘리포니아, 호주, 뉴질랜드, 남아프리카 등 신세계 지역에서도 재배되고 있다.

# 06

# 좋은 와인이란?

대홍수 이후 노아가 만들기 시작한 와인은 현재에 와서 그 종류를 이루 헤아리기 힘들 정도로 다양해졌다. 산지별, 품종별 또 양조자별 등 다양한 변수와 환경 차이에 의한 와인들은 같은 지역에서도 다른 와인이 생산되는 현실이다.

이렇게 다양한 와인들 중 좋은 와인이란 무엇일까? 어떤 것을 좋은 와인이라 하는가? 우선 좋은 와인을 말하기 전에 과연 나쁜 와인은 있을까? 결론적으로 나쁜 와인은 없다고 생각한다. 왜냐면 누구나 최고의 와인을 만들고자 하기 때문이다. 따라서 좋은 와인만 있다. 그럼 좋은 와인 중에 가장 좋은 와인이란 무엇일까?

그것은 가장 비싸거나 유명한 와인이 아니라 흔한 이야기로 자신의 취향과 입맛에 가장 잘 어울리는 것이 아닐까 생각한다. 여기에 다음과 같은 점들을 고려한다면 자신만의 최고의 와인을 만날 수 있지 않을까?

첫째, 과일 캐릭터(Fruits Character)가 와인 속에 충분히 녹아 있어야 한다. 와인은 포도라는 과일을 발효시켜 만든 알코올성 음료다. 따라서 와인 속에 과일 캐릭터가 살아 있어야 한다. 숙성이 부족한 영(Young)한 와

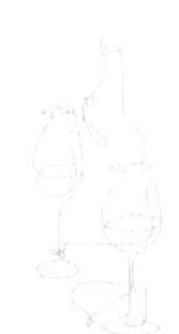

인은 풋과일이나 햇과일 캐릭터가 있을 것이고 숙성이 잘된 와인은 농익은 과일 캐릭터가 담겨 있을 것이다.

숙성이 오래된 와인에서 과일 캐릭터는 자칫 다른 부케에 의해 놓치기 쉬우나 분명 농익은 과일 향이 바탕에 깔려 있게 마련이다. 이러한 햇과일이든 농익은 과일이든 과일 캐릭터가 살아 있는 와인이 좋은 와인이라 할 수 있다.

둘째, 맛이 균형감을 유지하고 있어야 한다. 균형감은 떼루아와 밀접한 연관이 있는데 와인 산지의 영양분이 포도로 유입되기 때문이다.

화이트 와인의 경우는 산이 너무 치우치지 않고 잘 억제된 와인이 좋다. 산만 너무 강하게 나타나면 다른 성분이 표현되지 못하기 때문이다. 과일의 신맛과 향이 다른 성분들과 함께 잘 표현되는 것이 좋다. 예를 들면 복숭아나 사과, 파인애플 등의 향이 잘 나타나면서도 적당한 산도와 미네랄 맛이 살아 있는 와인 같은 것이다.

레드 와인의 경우 단맛과 신맛과 떫은맛의 균형이 이루어졌을 때가 가장 좋은 상태의 와인이다. 이 중 어느 맛이 우월하게 돋보여 치우친다면 균형감이 깨져 좋은 와인이라 할 수 없다. 와인을 마시기 한두 시간 전 오픈하는 이유도 탄닌이나 산이 산화되어 부드러워져서 결과적으로 전체적인 조화를 이루게 함이다. 이러한 와인은 시음할 때 혀가 무척 편안함을 느낀다.

셋째, 포도의 재배 지역이 구체적이고 세부적인 와인이 좋은 와인이다. 이러한 사항은 와인의 레이블에서 확인할 수 있는데, 프랑스의 보르도를 예로 들면 '보르도 와인'보다는 보르도의 작은 구역에서 생산된 '오메독 와인'이 좋고 오메독 와인보다는 오메독 내의 작은 마을에서 만든 '마고 와인'이 좋다는 것이다. 이러한 사항을 알기 위해서는 산지의 이해가 필요한데 이 책을 다 읽고 나면 이러한 사항들을 쉽게 이해하게 될 것이다.

넷째, 와인은 마시는 순간까지 지속적으로 변화하는 생명체 같은 음료다. 따라서 와인을 어떻게 보관했느냐는 매우 중요한 요소가 된다. 같은 양조장에서 같은 날 병입되어 나온 와인일지라도 보관을 어떻게 했느냐에 따라 맛이 달라질 수 있다.

알맞은 온도에서 고요하게 보관된 와인이 좋은 와인이다. 보통 섭씨 14도 정도의 어두운 곳에서 보관하는 것이 좋다.

PART 4

# 프랑스 와인

The WINE

01

# 프랑스 와인의 개요

프랑스 와인은 기원전 지중해 연안의 마르세유 부근에 그리스인들이 정착하여 포도를 재배하고 와인을 생산하면서 시작되었다고 한다. 당시 그리스인들은 와인 양조 기술력이 뛰어나고 무역업에도 매우 능했는데, 진흙 토기인 암포라(Amphorae)라는 용기를 이용해 와인을 저장 · 운송했다고 한다.

마르세유를 중심으로 분포했던 포도원들은 1세기경 로마인들의 정복활동으로 프랑스 남부지역으로 확대되었다. 수세기가 지나면서 포도원은 론 지방 등으로 북상하였으며 점차 부르고뉴 보르도 샹파뉴로 퍼져나가 오늘날 프랑스 와인의 틀을 만들었다.

프랑스 와인의 전성기는 15~16세기에 론과 부르고뉴에서 누리고 18~19세기는 보르드와 샹파뉴에서 최고를 누린다. 18세기 이후 영국을 중심으로 국제사회에 유명세

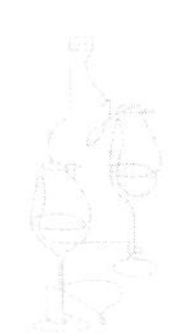

가 퍼지면서 국내외적으로 명실상부한 최고의 와인 생산국으로 자리매김하였다.

한편 이 시기는 18세기 프랑스 대혁명에 이어 19세기에 시행된 나폴레옹 법령에 의해 포도원의 소유구조가 급변하는 시기이기도 하다. 나폴레옹 법령이란 포도원을 포함한 모든 재산을 상속할 때 아들딸 구별 없이 모든 가족에게 똑같이 분배하는 것을 말한다. 이는 처음 대규모의 포도원이었던 것이 대를 이어가면서 계속되는 토지의 분할로 규모가 점점 영세화되는 결과를 가져오게 되었다. 현재 가장 실감하는 지역이 부르고뉴 지역으로, 부르고뉴는 밭 하나에 소유주가 여러 명인 경우가 허다하기 때문이다. 그렇다고 모든 프랑스 포도원이 영세하다는 것은 아니며 대규모 기업형태의 포도원도 수없이 많다. 아무튼 나폴레옹 상속법에 의한 토지의 분할은 대부분의 농가를 소규모 영세한 농가로 만들었고 이를 통해 새롭게 부상한 것이 협동조합과 네고시앙의 출현이다. 협동조합은 와인을 자가 생산하기 어려운 농가들이 모여 조합을 만든 것인데, 농가는 포도를 생산하고 조합은 양조와 판매를 맡아 수익구조를 만든 형태이다. 네고시앙이란 와인을 판매하는 회사로서 농가에서 포도나 와인을 구매해 유통시키는 회사를 일컫는다. 포도를 구매해서 양조한 후 판매하거나 양조된 와인을 구매해서 판매하는 것으로 모두 구매한 회사의 이름으로 유통시키는 형태다.

19세기 말 프랑스 와인은 필록세라에 의해 포도밭의 약 80%가 황폐화되는 시련을 겪지만, 이를 계기로 1935년 AOC법을 제정하여 와인의 생산과 유통을 안정시키고 신뢰와 품질을 발전시켜 제도적으로 성장을 뒷받침하게 된다. 그러나 또다시 제2차 세계대전의 시련을 겪게 되고, 이후 세계 경제의 성장과 더불어 그랑 크뤼 와인을 중심으로 최강의 와인 생산국 입지에 올랐다.

현재는 제2차 세계대전 이후 독립한 신세계 와인들의 시장 진입으로 치열한 경쟁을 하고 있는 실정이다. 신세계 와인의 급부상은 전통과 고급 와인 이미지의 프랑스 와인을 매우 어려운 상황에 놓이게 했다. 그랑 크뤼가 중심이 된 고급 와인들은 오히려 확실한 자리매김을 받는 계기가 되었지만, 중저가 와인들은 많은 부분 신세계 와인에 자리를 내주고 있는 실정이기 때문이다. 이러한 피할 수 없는 신세계 와인과의 경쟁을 위해 프랑스를 중심으로 한 EU는 AOC를 AOP로 개정하여 2009년 8월 1일부터 시행하고 있으며 프랑스도 이 법을 적용하고 있다.

# 1. 프랑스 와인의 특징

프랑스는 인구의 10%가 와인 산업에 종사할 정도로 와인이 산업으로서 잘 발달되어 있는 나라다. 또 세계 와인 시장에서 권위 있는 최고의 와인들을 가장 많이 생산하는 나라이기도 하다. 프랑스 와인의 특징은 모든 와인 산업의 모델이라 할 수 있을 정도로 제도 및 품질에서 세계 와인 시장의 선도적 위치에 있다 할 것이다. 이를 좀 더 구체적으로 살펴보기로 하자.

첫째, 여러 와인 생산국들은 자국의 전통적 포도품종이 있음에도 불구하고 프랑스 품종을 많이 사용하고 있다는 것이다. 특히 캘리포니아, 칠레 등은 프랑스 보르도의 주 품종인 까베르네 쏘비뇽, 메를로 등으로 소비자의 큰 사랑을 받고 있으며 와인도 보르도 스타일을 모방하고 있다.

호주의 쉬라나 뉴질랜드의 쏘비뇽 블랑, 미 오리건주의 삐노 누아 등에서도 알 수 있듯이 프랑스 품종을 사용한 와인이 많은 사랑을 받고 있으며, 이탈리아의 수퍼 토스카나 와인도 프랑스 보르도 타입의 와인을 말한다. 이처럼 프랑스 포도품종이 많은 나라에서 재배되는 것은 소비자의 선호도가 높고 고품격 와인을 생산할 수 있기 때문이라 본다.

둘째, 와인에 관한 규정을 가장 먼저 명확하게 법제화시켰다. 프랑스는 1935년 AOC법을 만들어 와인의 원산지를 명확히 정리했고, 산지의 토양이나 기후에 맞는 품종을 정착시키고 개성 있는 와인을 생산하기 위해 가장 먼저 제도적으로 와인 산업을 관리하기 시작했다. 이는 시장에서 품질에 대한 신뢰를 구축하는 계기를 마련했으며 이를 바탕으로 질적 성장을 이루었고 이 법은 EU 와인법의 모태가 되었다.

셋째, 지역별 캐릭터가 분명하다. 이는 산지별로 떼루아의 특징이 와인에 가장 잘 녹아난다고 할 수 있다. 떼루아라 하면 와인을 만들기 위한 포도나무의 생육 제반 조건을 말한다. 이를테면 토양이 비옥한지, 척박한지, 땅의 고도는 어느 정도인지, 비탈졌는지, 평지인지 등 토양의 성질, 일조량, 바람, 강수량 등의 기후조건과 양조방법까지도 포함한 조건들을 의미한다. 이러한 떼루아의 성격들이 와인에 잘 나타나 있는 것이다. 떼루아에 대한 설명은 부르고뉴 와인에서 상세히 하기로 하자.

넷째, 와인에서 사용하는 많은 용어 중 프랑스 용어가 전 세계적으로 통용되고 있다. 마리아쥬, 떼루아, 포도품종 이름, 와인 이름으로 사용하는 지명, 그 밖의 양조 용어 등 많은 용어들이 와인의 유통이나 소비에서 사용되는 실정이다.

다섯째, 유럽을 중심으로 국제 시장에 일찍부터 수출을 시작하여 국제 시장에 프랑스 와인의 우수성을 홍보함으로 고급스러움과 섬세한 이미지를 심어 놓았다.

여섯째, 프랑스 최대 최고의 산지인 보르도에서는 그랑 크뤼(Grand Cru)의 개별 포도원에 서열을 매겨 와인을 생산하는 법이 세계에서 유일하게 존재한다. 이러한 등급과 서열은 와인을 처음 공부하는 초보자들에게는 무척 어렵고 복잡하게 느껴지고 일반 소비자들에게도 프랑스 와인이 어렵다고 인식되는 부분이기도 하지만 프랑스 와인의 고급화 이미지에 크게 기여하고 있는 것은 사실이다.

## 2. 프랑스 와인법

프랑스 와인법은 제도적으로 잘 정비되어 있고 체계적으로 잘 갖추어져 와인의 품질관리에 크게 기여하고 있다. 이 법은 AOC(Apellation d'Orgine Controlee, 원산지 호칭 통제 제도)로서 와인의 산지를 국가가 법적으로 보증해주는 제도이다. 1935년에 제정되어 시행되어 오고 있다.

세계 와인시장은 1980년대를 기점으로 양적 · 질적 성장을 거듭하고 있으며 소비의 트렌드도 점점 일상의 대중적 음료로 변화해 왔다. 이러한 시장의 변화에 대응하고자 EU는 2009년 8월 1일을 기점으로 AOP법령을 시행했다. 기존의 AOC를 좀 더 경쟁력 있게 하고자 보완했으며, 생산자는 AOC나 AOP 중 선택하여 와인을 양조할 수 있다. 시대 변화에 따른 소비자의 요구가 달라지고 있고 소비의 패턴도 유럽와인에서 신세계 와인으로 급속히 이동하고 있는 시점에서 현실적 대안으로 와인법을 개정했다고 본다. 고급 와인은 더욱 고급화하고 일반 테이블급 와인은 규제를 완화하여 신세계 와인과 경쟁하기 위함이 주목적이라고 할 수 있다.

AOC/AOP란 시스템적으로 와인 생산의 보호와 규제를 동시에 하기 위함이며 생산

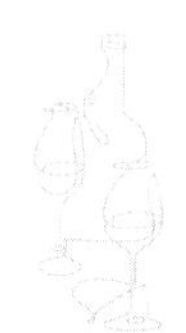

지를 레이블에 표기하여 소비자에게 알리고, 생산된 와인의 산지를 무엇으로 칭할 것인지를 법으로 제한하고 보호한다는 것이다. 예를 들어 서울을 와인 산지라 가정하고 명동성당에서 와인을 생산한다고 치자. 명동성당 와인의 산지명을 명동으로 할 것인지 중구로 할 것인지 서울시로 할 것인지를 법 규정에 의해 정한다는 뜻이다. 따라서 명동 안에서 와인을 생산하더라도 누군가는 명동으로 누군가는 서울시로 산지명을 쓸수 있다는 것이다. 이러한 AOC/AOP 와인을 생산하기 위해서는 반드시 지정된 지역에서 지정된 품종만을 사용해야 한다. 그러므로 AOC/AOP 등급을 받았다는 것은 와인의 품질을 유지하기 위해 관계 당국에 확인되고 통제되었음을 시사하는 것이다.

소비자들은 와인의 레이블만을 보고 구매한다. 이때 중요한 정보가 산지명으로서 특정 지역 와인은 특정 품종으로만 만들었기 때문에 시음하지 않고도 와인의 수준이나 캐릭터를 이해할 수 있는 것이다. 예를 들어 부르고뉴는 삐노 누아로만 레드 와인을 만들어야 하기 때문에 부르고뉴라는 지명만으로도 삐노 누아 와인을 연상하는 것이다.

AOC법이 제정되던 때의 배경과 AOC에 대해 구체적으로 알아보자.

처음 이 제도가 제정된 배경에는 1886년부터 프랑스를 비롯한 유럽을 시작으로 세계 와인 생산국의 포도원을 강타해 포도나무를 쓰러트린 '필록세라'라는 포도나무 전염병이 원인이 되었다. 포도나무의 괴사로 인한 공급 부족으로 질 나쁜 와인이 양조되고 유통되며 이러한 와인이 고급와인으로 둔갑하기도 하는 등 시장에 혼란이 야기되었다. 이러한 유통 질서를 바로잡기 위하여 1935년 최초로 AOC라는 법률적 규제를 도입하여 시행하였으며 AOC, VDQS, Vin de Pays, Vin de Table의 4개의 품질에 따른 계층으로 나누었다. AOC와 VDQS는 퀄리티(Quality) 와인으로 분류되고 Vin de Pays와 Vin de Table은 Table급 와인으로 분류되는데 VDQS는 2012년부터 생산되지 않고 있다.

Apellation d'Orgine Controlee의 d'Orgine의 위치에 와인 생산 지역명을 표기하는데, 마고(Margaux) 지역 와인이라면 Apellation Margaux Controlee라는 식으로 와인 레이블에 표기한다. AOC/AOP가 갖는 긍정적 효과와 부정적 효과를 알아보자.

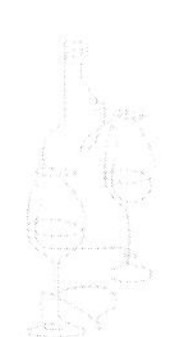

#### (1) AOC/AOP의 긍정적 효과

소비자와 생산자 모두를 보호하는 효과가 있다. 생산자는 자신의 명예와 품질을 유지하기 위해 연구 개발을 지속적으로 하고, 양질의 포도가 열릴 수 있도록 포도나무 관리와 포도의 선별 등 관리와 투자를 늘려 좀 더 좋은 와인을 생산한다. 이를 통해 소비자에게 자신의 브랜드 이미지를 정확하게 심어줄 수 있다. 이러한 노력으로 소비자는 양질의 와인을 소비할 수 있고 브랜드를 신뢰할 수 있으며, 생산자는 신뢰 구축으로 자신의 정통성과 지위를 안정되게 보장받을 수 있다.

#### (2) AOC/AOP의 부정적 효과

포도재배에서 양조에 이르기까지 다양한 규제는 양조자가 창의적 와인을 생산하는 데 제한적 요소로 작용한다. 이에 따라 AOC를 거부하고 Vin de Pays를 채택하여 자신만의 와인으로 시장에서 평가받겠다는 와이너리(랑그독 등)가 늘고 있다.

AOC의 등급 기준은 토양이다. 해당 토양의 수준이 법규에 합당하면 등급을 부여한다. 그렇기 때문에 AOC를 품질 수준의 잣대로만 평가해서는 오류를 범할 수 있다. 물론 좋은 땅에서 좋은 와인이 나오는 것은 맞지만, 와인의 품질 수준은 같은 토양일지라도 구성성분, 성질, 일조량 등 다양한 변수와 양조기술 등의 복합으로 정해지고 소비자의 선호도에 따라 시장에서 결정된다는 것을 염두에 두면 좋겠다.

## 3. AOC 등급

### 1) AOC

AOC(Apellation d'Orgine Controlee)는 원산지 명칭의 통제로 프랑스 와인의 약 35%를 차지하고 있는 품질 계층의 가장 상위계층이다. 이 등급을 받기 위해서는 다음과 같은 사항을 준수해야 한다.

첫째, 법이 지정한 지역 내에서 생산한 포도만을 사용해야 한다.

둘째, 반드시 허용된 포도품종만을 사용해야 한다.

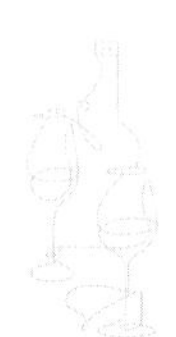

셋째, 면적당 생산 허용치를 초과하여 생산할 수 없다.

넷째, 보당 없이 얻을 수 있는 최소 알코올 도수를 법이 정한 수치만큼 만족시켜야 한다.

다섯째, 포도재배 시 포도 심기, 가지치기, 나무 간격 등 당국의 통제를 받아야 한다.

여섯째, 숙성을 포함한 양조기술을 인정받아야 한다.

이렇듯 AOC 와인은 정부의 통제가 엄격히 적용되는 등급이다.

대부분의 프랑스 와인은 지리적 명칭을 레이블에 표기하고 있다. 지역의 명칭이 구체적이고 작은 지역단위의 와인이 좀 더 높은 등급으로 인정받고 있으며, 고급 와인이 생산된다고 볼 수 있다. 예를 들어 보르도의 오메독 지구 마고마을에 있는 어느 포도원에서 받을 수 있는 AOC 등급은 포도원이 속한 땅의 수준에 따라 다음 중 하나를 받을 수 있다.

- Apellation Margaux Controlee : 가장 작은 단위의 "마고" 명칭을 쓸 수 있을 정도로 차별화된 포도원을 의미
- Apellation Haut-Medoc Controlee : 포도원의 땅이 오메독 수준이라는 의미
- Apellation Bordeaux Controlee : 포도원의 땅이 보르도 수준의 땅으로 별 차별화가 없다는 의미다.

AOC(Apellation d'Orgine Controlee, 원산지 명칭의 통제)를 이해해야 와인의 차이를 구분할 수 있으며 프랑스 와인을 이해하는 데 가장 기초적 사항이니 반드시 이해하고 넘어가기를 바란다. 이를 위해서는 어느 정도 산지의 이해가 필요하다.

## 2) VDQS

VDQS(Vin Delimite de Qualite Superieure)는 Vin(뱅, 와인), Delimite(들리미떼, 규제), Qualite(꽐리떼, 품질), Superieure(수뻬리어, 좋은)의 약자로서 정부의 통제가 적극적으로 개입되기 시작한 등급이다. 1949년 제정됐으나 생산량이 1% 내외로 극히 미미해서 2011년 12월 31일 폐기하고 2012년부터는 생산하지 않는다.

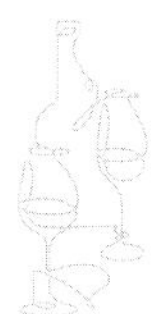

## 3) Vin de Pays

VdP(Vin de Pays)는 Vin de Table 중에서 조금 더 질이 좋은 와인에 대한 등급으로서 1979년 테이블 와인의 질을 높이고 가치를 부여하고자 제정된 법이다.

VdP는 포도품종은 강제하기보다 권장 사항으로 법적용이 관대하며 크게 3개의 Vin de Pays로 분류할 수 있다.

**(1) Multi-departmental Vin de Pays** : 6개의 권역으로 구분할 수 있다.

① Vin de Pays d'Oc : 랑그독 루시옹(Languedoc-Roussillon) 지역 와인으로 VdP의 약 80%를 생산한다

② Vin de Pays de la Loire : 르와르(Loire) 지역 전체에 적용되는 와인

③ Vin de Pays du Comté Tolosan : 프랑스 남서쪽의 와인

④ Vin de Pays de Méditerranée : 프랑스 남동쪽의 프로방스 및 코르시카 와인

⑤ Vin de Pays des Comtés Rhodaniens : 론 지방의 와인

⑥ Vin de Pays de l' Atlantique : 보르도와 꼬냑 지방 와인으로 2007년 승인받았다.

**(2) Departemental Vins de Pays** : 54개의 단일 지역 와인

**(3) Regional Vins de Pays** : 기타 지역의 와인

## 4) Vin de Table

뱅 드 따블(Vin de Table)은 특별한 규제 없이 프랑스 전역에서 생산되고 있다.

레이블에 생산지역, 포도품종, 빈티지는 표기하지 않아도 되며(표기해도 상관없음), 생산량의 규제 없이 자유롭게 와인을 생산할 수 있다.

다만 100hl/ha 이상을 생산할 경우 100hl/ha까지만 와인을 만들고 나머지는 증류주 만드는 데 사용해야 하는데, 이는 생산량을 줄여 질적인 하락을 막고자 함이다. 또한 보당(Chaptalisation)은 금지되어 낮은 알코올의 와인이 많이 생산된다.

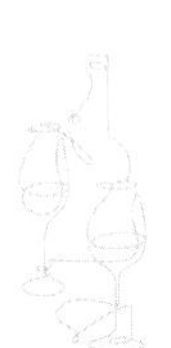

# 4. AOP 등급

## 1) AOP(Apellation d'Origen Ptrotegee)

고급 와인은 더욱 고급화하겠다는 의미로서 기존 AOC에 다음과 같은 조건을 추가해 생산 조건을 더욱 강화했다. 첫째, 와인 보관을 보장하기 위한 보관소의 최소 규모와 시설을 준수해야 한다. 둘째, 화이트 와인과 로제 와인의 발효 탱크의 냉각 조절 장치는 반드시 설치해야 한다. 이는 발효 온도를 관리하여 양질의 와인을 양조하기 위함이다.

셋째, 와인 품질을 무작위로 심사할 수 있다. 즉, 와이너리를 불시에 방문한다거나 와인숍이나 레스토랑 등지에서 와인을 주문하여 테스팅 심사를 할 수도 있다는 것이다. 문제가 발생하면 AOP 박탈도 가능하며 심사비용은 해당 와이너리에서 부담한다.

## 2) IGP(Indication Geographique Protegee/Protected Geographical Indication)

구체적 지역이 아닌 보다 넓은 범위의 생산지역이 표기되는 와인으로 포도 생산지구 이사회의 규정에 맞게 생산되어야 한다.

AOP처럼 생산조건을 강화했으며 15%의 다른 빈티지 와인을 블렌딩할 수 있다. Vin de Pays와 유사한 수준이다.

## 3) Sans Indication Geographique(Without Geographical Indication)

이는 지역을 표기하지 않는 것으로 레이블에 Vin de France 또는 VCE(Vin de la Communaute europeenne/Wine of European community) 로 표기 된다.

수확량, 품종, 재배법 등의 제한이 없으며 오크칩을 이용한 양조법도 허용한다. 품종, 빈티지 표시가 허용되며 15%의 다른 빈티지 와인 또는 다른 품종 블렌딩이 허용된다.

# 5. 와인 산지

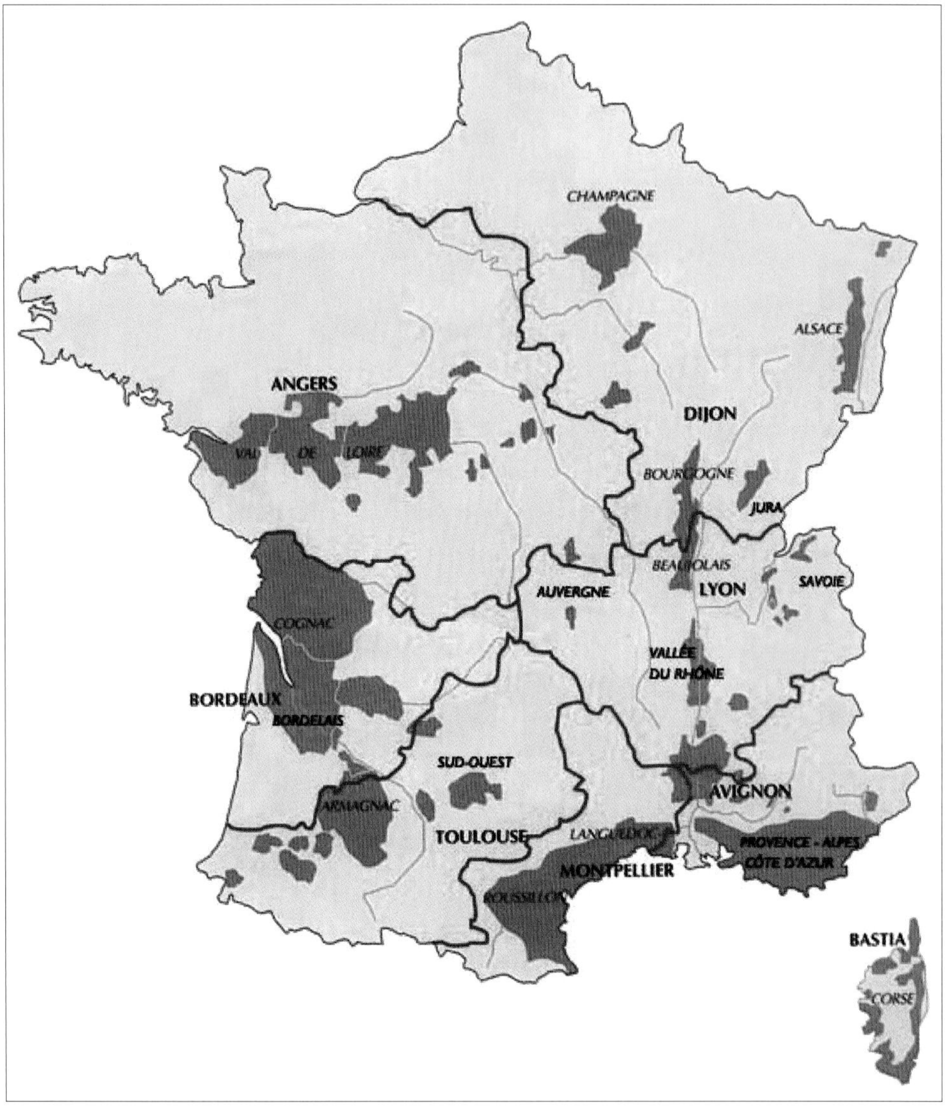

자료제공 : Sopexa

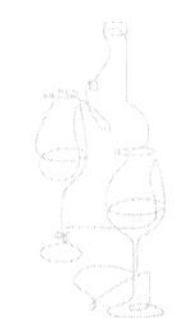

# 02

# 보르도(Bordeaux) 와인

보르도(Bordeaux)는 프랑스 남서쪽 북위 44~45도 사이의 대서양 연안에 위치한 와인 산지로서 행정도시인 보르도시(市)를 중심으로 메독(Medoc), 그라브(Grave), 쌩떼밀리옹(Saint-Emilion), 뽀므롤(Pomerol), 소떼른(Sauternes)과 바르샥(Barsac), 엉트르 드 메르(Entre-Deux-Mers), 프롱샥(Fronsac) 등을 포함한 와인 산지 전체를 말한다.

보르도의 와인 산지들은 대서양으로 흐르는 바다 가까운 큰 강에서부터 내륙의 작은 개천에 이르기까지 강을 끼고 드넓게 분포하고 있다. 모래자갈의 척박한 땅과 적당한 석회질이 섞인 땅 등 다양한 토질은 강이 주는 풍부한 영양과 맞물려 천혜의 세계적인 와인 산지로 인정받고 있다. 규모 면에서도 단일 산지로서는 세계에서 가장 크고 프랑스 와인의 25%를 생산할 정도로 굉장한 규모의 산지다.

산지는 지롱드강을 중심으로 왼쪽을 좌안, 오른쪽을 우안 그리고 지롱드강의 지류인 가론강과 도르도뉴강 사이의 지역으로 나누어 볼 수 있다. 좌안은 모래자갈 등이 많이 분포한 척박한 땅의 메독과 그라브 산지를 중심으로 산지가 분포해 있으며, 까베르네 쏘비뇽과 메를로를 중심으로 탄닉하고 묵직한 와인을 생산한다. 우안은 석회, 진흙점토, 모래 등이 섞인 토양의 쌩떼 밀리옹과 뽀므롤 산지를 중심으로 산지가 분포해 있으며, 메를로와 까베르네 프랑을 중심으로 깊고 부드러운 와인을 생산한다. 가론강과 도르도뉴강 사이의 내륙은 점토와 석회성분이 많은 토양으로 엉트르 드 메르 등의 산지에서 세미용과 쏘비뇽 블랑을 중심으로 화이트 와인을 주로 생산한다. 또한, 내륙의

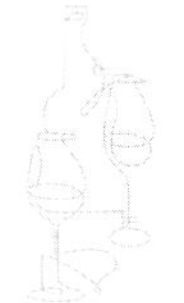

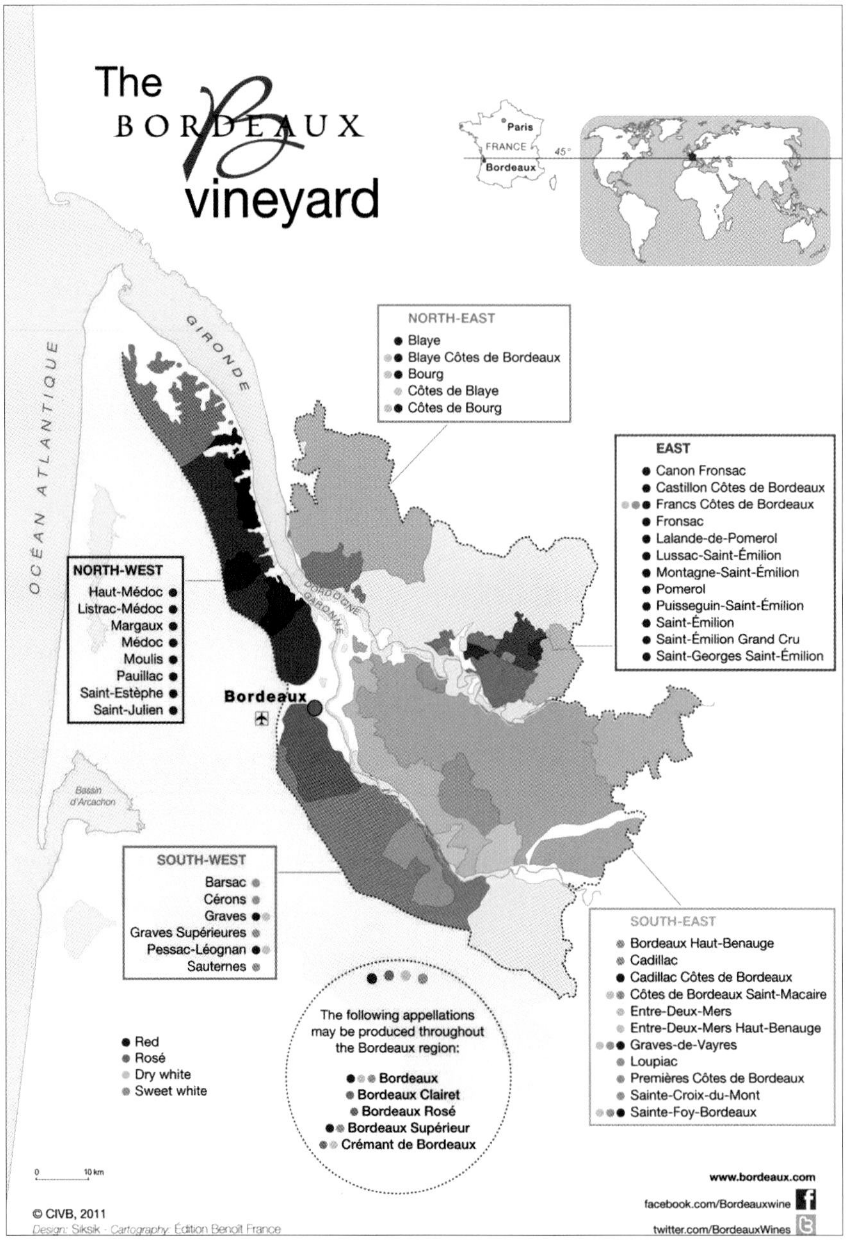

The BORDEAUX vineyard

Paris
FRANCE
Bordeaux
45°

OCÉAN ATLANTIQUE
GIRONDE
DORDOGNE
GARONNE
Bassin d'Arcachon

NORTH-EAST
Blaye
Blaye Côtes de Bordeaux
Bourg
Côtes de Blaye
Côtes de Bourg

EAST
Canon Fronsac
Castillon Côtes de Bordeaux
Francs Côtes de Bordeaux
Fronsac
Lalande-de-Pomerol
Lussac-Saint-Émilion
Montagne-Saint-Émilion
Pomerol
Puisseguin-Saint-Émilion
Saint-Émilion
Saint-Émilion Grand Cru
Saint-Georges Saint-Émilion

NORTH-WEST
Haut-Médoc
Listrac-Médoc
Margaux
Médoc
Moulis
Pauillac
Saint-Estèphe
Saint-Julien

Bordeaux

SOUTH-WEST
Barsac
Cérons
Graves
Graves Supérieures
Pessac-Léognan
Sauternes

SOUTH-EAST
Bordeaux Haut-Benauge
Cadillac
Cadillac Côtes de Bordeaux
Côtes de Bordeaux Saint-Macaire
Entre-Deux-Mers
Entre-Deux-Mers Haut-Benauge
Graves-de-Vayres
Loupiac
Premières Côtes de Bordeaux
Sainte-Croix-du-Mont
Sainte-Foy-Bordeaux

Red
Rosé
Dry white
Sweet white

The following appellations may be produced throughout the Bordeaux region:
Bordeaux
Bordeaux Clairet
Bordeaux Rosé
Bordeaux Supérieur
Crémant de Bordeaux

0 10 km

www.bordeaux.com
facebook.com/Bordeauxwine
twitter.com/BordeauxWines


Design: Siksik - Cartography: Édition Benoît France

자료제공 : Sopexa. www.bordeaux.com

소떼른과 바르샥은 귀부 와인을 생산하는 곳으로 꿀맛 같은 달콤한 와인을 생산한다. 이처럼 강을 중심으로 형성된 다양한 떼루아는 지역마다 개성 있는 와인을 생산할 수 있는 환경을 제공하고 있다.

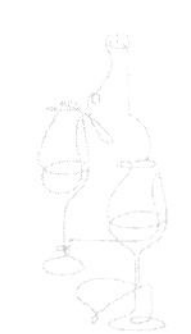

보르도 와인 스타일은 많은 와인 생산국에서 모방할 정도로 와인 산업에서 매우 중요한 지리적 품질적 위치에 있다고 할 수 있다. 전 세계 와인 산지의 2%를 차지하는 이곳에서 전 세계 와인 판매가의 약 10%를 차지하는 것은 생산량과 품질 수준을 짐작하게 한다.

보르도 와인은 하루 약 120만 병, 1초에 약 15병 정도가 해외로 판매되고 있으며, 생산되는 와인은 레드 와인이 약 82%, 드라이 화이트 와인이 약 14%, 스위트 와인이 약 2%, 로제 와인이 약 2%를 차지하고 있다.

## 1. 보르도 와인(Bordeaux Wine)의 특성(Bordeaux)

### 1) 보르도(Bordeaux)의 토양과 기후 특성

#### (1) 토양

보르도의 토양은 지롱드강을 중심으로 좌, 우 강 사이가 서로 다른 성격을 띠고 있다. 강의 왼쪽 메독과 그라브가 있는 좌안은 자갈이 많은 지역으로 땅의 깊은 곳은 이회토(석회성분이 적은 진흙질), 그 위로 크고 작은 자갈이 쌓여 있어 물이 잘 빠지는 구조로 되어 있다. 이러한 척박한 토양에는 까베르네 쏘비뇽과 메를로가 잘 어울리는데 좀 더 거칠고 척박한 토양은 까베르네 쏘비뇽을 중심으로, 이회토가 좀 더 많은 토양에는 메를로를 중심으로 와인을 생산한다.

강의 오른쪽은 심층부에 석회, 진흙 점토가 있고 그 위에 모래와 자갈이 있는 구조로서 쌩떼 밀리옹, 뽀므롤 등이 위치하고 있다. 이 지역은 메를로를 가장 아름답게 양조하는 지역으로 메를로와 까베르네 프랑이 중심 품종이다.

가론강과 도르도뉴강 사이의 토양은 점토와 석회가 많은 지역이다. 좌안과 우안은 주로 레드 와인 중심으로 생산되는 반면, 이곳의 엉트르 드 메르는 화이트와 레드를 고르게 생산하고 있어 보르도의 화이트 와인 산지로서도 중요한 역할을 하는 곳이다.

### (2) 기후

대서양을 낀 해양성 기후로서 겨울은 평균기온이 3~11도로 따뜻하고 여름은 평균 16~28도 정도이고 때론 34도까지 오르는 더운 기후조건을 가지고 있다. 이러한 기후와 척박한 토질로 인해 화이트보다 레드 와인을 많이 생산한다.

또 보르도는 해양과 강을 끼고 있어 전반적으로 기후가 습하다. 이는 포도에 곰팡이가 피어 귀부 와인을 만들 수 있는 조건이 형성되기도 한다. 또, 구름에 의한 일조량의 변화가 심한 지역이다. 이로 인해 빈티지가 중요하고, 단일 품종보다 두 품종 이상을 섞는 블렌딩 와인을 생산한다. 포도가 익어가는 7~9월은 대체로 비가 오지 않는 가뭄이 많은 날씨다. 수확 시기인 9월의 가뭄은 양질의 와인 생산에 매우 중요한 조건이다. 수확 시점의 포도 상태가 곧 와인의 상태로 연결되기 때문이다.

## 2) 보르도 와인(Bordeaux Wine)의 역사

보르도에서 와인 생산은 로마제국 당시 로마인들에 의해 시작되었지만, 와인 산지로서 유명세가 시작된 것은 12세기 전후부터라고 할 수 있다. 이전까지만 해도 보르도는 와인 산지로서보다는 와인을 수출하는 항구로서 그 이름이 더욱 알려져 있었다. 드넓은 지역에서 생산한 와인을 보르도 항을 통해 영국 등지로 수출하였기 때문이다.

12세기 보르도를 이야기하기 위해서는 영국 헨리 2세를 언급하지 않을 수 없다. 헨리 2세인 헨리 플랜테저넷(Henry Plantagenet)은 프랑스 혈통인 아버지 앙주 백작 조르푸아(제프리, Geoffrey)와 영국 혈통인 어머니 헨리 1세의 딸 마틸다 사이에서 난 아들이다. 헨리 플랜테저넷은 아버지 앙부 백작이 죽자 1151년 백작을 계승하고, 1152년 아끼뗀느(현 보르도) 공주인 엘레아노르와 결혼한다. 당시 엘레아노르는 프랑스 루이 7세와 이혼한 상태였다. 이 결혼으로 지금의 보르도인 아끼뗀느가 그의 지배하에 놓이게 되고, 이후 루이 7세와 싸워 프랑스 서부의 광활한 영토를 지배하게 된다.

이후 1154년 헨리 프랜테저넷은 헨리 2세로 왕위에 등극한다. 그의 나이 21세 때다. 왕이 되기까지 그의 어머니 마탈다의 역할이 컸다. 그녀는 1135년 영국의 헨리 1세가 사망하고 그의 누이 스테판(Stephen)이 권좌를 이어 갈 때, 자신의 아들인 헨리 프랜테

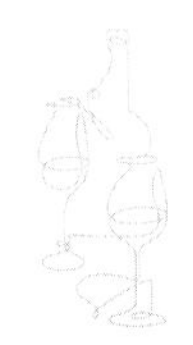

저넷이 후계가 되는 것에 담판을 짓는다. 예나 지금이나 자식을 향한 어머니의 사랑은 변함이 없는 듯하다. 12세기 보르도는 이렇게 하여 영국의 통치를 받게 된다.

영국령이 된 보르도는 영국의 와인 소비에 힘입어 와인 산지로서 입지가 높아졌고 와인이 산업으로서 발전할 수 있었다. 이런 역사는 훗날 1337년 발발한 백년전쟁의 불씨가 되기도 한다. 아무튼 보르도 와인은 12세기 이후 영국 시장을 중심으로 와인 산지로서 중요한 위치를 갖고 지속적인 성장 발전으로 이어진다.

18세기에 들면서 보르도 와인은 유명한 샤또(Chateau)들을 중심으로 오늘날과 같은 명성을 얻기 시작한다. 17세기까지만 해도 샤또라는 이름을 쓰지 않고 지역명을 사용해 와인을 생산했었다.

19세기는 보르도 와인이 최정상에 오르는 시기이다. 현재는 다양한 나라와 지역에서 우열을 가리기 힘들 정도로 정상급 와인이 출시되고 있지만, 19세기 보르도 와인은 고급와인의 대명사처럼 인식되던 시기였다.

이러한 고급와인 이미지에 힘입어 1855년 메독 와인을 중심으로 그랑 크뤼 클라세(Grand Cru Classe)라는 등급을 분류(Classification)하게 된다. 이 등급은 현재까지도 변함없이 최고의 보르도 와인으로 인정받고 있으며, 그랑 크뤼 클라세 각 샤또들에게는 부와 명예를 한꺼번에 안겨주고 있다.

이렇게 승승장구하던 보르도 와인은 19세기 후반 필록세라로 인해 크게 쇠퇴한다. 이를 미국산 뿌리목을 접목함으로 해결하지만 얼마 지나지 않아 제2차 세계대전과 1956년의 기습 한파(영하 20도)로 다시 한번 시련을 겪는다. 어렵게 재기한 포도나무의 15% 정도가 동사하게 된 것이다.

이를 계기로 자연 이변에 유연히 대처하기 위해 나무순 자르기와 같은 포도 재배와 수확에 기계화를 허용한다. 그렇다고 현재 모든 포도를 기계로 재배하고 수확하지는 않는다. 일반적인 와인을 생산하는 곳은 기계를 사용하지만 고급 와인을 생산하는 곳은 좋은 포도만을 선별하기 위해 손 수확을 하고 있다. 손이냐 기계냐는 양조자가 내려야 할 많은 결정 중 하나라고 할 수 있다.

1970년대 후반 보르도 와인은 로버트 파커라는 유명한 평론가에 의해 다시 한번 세계의 주목을 끄는데 그랑 크뤼 클라세 와인을 중심으로 수요와 가격이 급상승하

게 되는 계기가 된다. 1980~1990년대 이후 세계 와인 시장의 급속한 팽창으로 신세계 와인이 급부상했으며, 특히 21세기 이후 각국 간의 FTA(자유무역협정, Free Trade Agreement) 체결로 보르도 와인도 많은 도전과 경쟁에 직면하며 오늘에 이르고 있다.

### 3) 보르도 와인(Bordeaux Wine)의 등급제도(Classification)

그랑 크뤼 클라세(Grand Cru Classe)는 특정한 와이너리에 부여하는 등급제도로서 지역이 아닌 특정 샤또에 서열을 정하는 제도이다. 참고로 Cru는 경작지를 의미하고 Classe는 개별 단위의 와이너리(샤또) 단위의 등급이다.

이러한 등급제도는 보르도 자체적으로 운용하는 제도이며 AOC(AOP)급 와인만 해당된다. 1855년 처음으로 보르도의 메독(Medoc)과 소떼른에서 제정되어 그 명성이 공고해지자 이후 1955년 쌩떼 밀리옹, 1959년 그라브(Grave) 지방에서도 자체적으로 시행하고 있다.

그랑 크뤼 클라세의 시작은 나폴레옹 3세가 통치하던 1855년 파리에서 각종 농산물을 전시하는 세계 만국 박람회에 처음으로 와인이 출품되면서부터 생긴 것이다. 다양한 상품들이 전시되는 박람회에 보르도 와인은 출품되지 않고 있어

박람회를 주최하는 프랑스 정부는 보르도 상공회의소(Bordeaux Chamber of Commerce)측에 와인의 출품을 의뢰하고 당시 보르도 상공회의소가 출품할 와인을 선정한 것이 오늘날 그랑 크뤼 클라세로 이어지고 있다.

출품 제의를 받은 보르도 상공회의소는 와인에 등급을 정해 출품을 해야 하는데 자신들의 정보나 지식으로는 와인의 등급 결정에 한계를 느껴 소비자와 생산자 사이에서 중간 거래를 하는 유통업자와 조합에 등급 결정을 요청한다. 등급 결정을 와인을 생산하지 않는 중간 유통업자에게 맡긴 것은 생산자들에게 맡길 경우, 서로 상위등급을 받기 위해 불공정 결정이 우려됐을 것이고 아무래도 객관적 입장에서 거래하는 중간 거래 업자들이 정확한 등급 평가를 할 것이라고 여겼을 것이다.

이렇게 하여 유통업자 측에서 평가 위원회가 결성되고 결성된 평가 위원회는 보르도의 각 지역에 출품을 의뢰했고 이때 등급 결정에 참여한 지역이 메독과 소떼른 지역이었다. 1855년 그랑 크뤼 클라세로 결정된 와인이 메독의 61개 샤또(그라브-뻬샥레

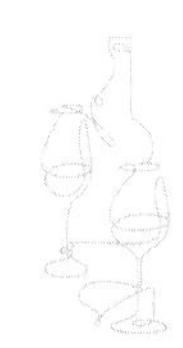

오낭 지방의 샤또 오브리옹(Ch. Haut Brion) 포함)와 소떼른의 27개 샤또의 와인이었다. 해당 와인들은 메독과 소떼른 와인을 소개할 때 다시 언급하기로 하자.

메독의 그랑 크뤼 클라세 61개 와인은 1등급에서 5등급으로 분류하고, 소떼른의 그랑 크뤼 클라세 27개 와인은 특등급, 1등급, 2등급으로 분류하여 현재까지 그 명예를 이어가고 있다. 1855년 제정된 이 등급은 165년이 지난 지금까지 유입도 방출도 없이 이어오고 있다. 다만 내부적으로 1973년 메독의 샤또 무똥 로쉴드(Chateau Mouton–Rothschild)가 2등급에서 1등급으로 승격한 것이 유일하다.

## 4) 보르도 와인(Bordeaux Wine)의 포도품종

### (1) Red 품종

#### ① 까베르네 쏘비뇽(Cabernet Sauvignon)

보르도의 좌안의 메독과 그라브에서 주로 재배되는 품종으로 특히 오메독의 마을 AOC에서 까베르네 쏘비뇽 사용 비율이 높다. 좀 더 자갈이나 모래가 많은 척박한 토양에 어울리며 탄닌이 풍부하고 장기 숙성에 어울리는 와인을 생산하는데, 보르도 좌안의 와인이 좀 더 탄닉한 것은 까베르네 쏘비뇽의 사용에서 기인하기 때문이다. 만생종인 까베르네 쏘비뇽은 조생종인 메를로와 블렌딩하여 맛과 향의 균형을 이루는데, 블렌딩을 통해 서로의 단점을 보완하기 때문이다.

#### ② 메를로(Merlot)

풍부한 과실 향과 부드러운 탄닌을 지녔고 과실의 당이 높아 알코올이 좀 더 높고 전체적으로 부드러운 와인을 표현하며, 까베르네 쏘비뇽에 비해 일찍 익는 품종이다.

보르도 전역에서 재배되고 있으며 특히 우안의 쌩떼 밀리옹과 뽀므롤의 주력 품종이다. 우안에서는 까베르네 프랑과 블렌딩되어 우아함과 과일 향을 더해 준다.

메를로는 생산량이 점점 늘어나는 추세로 보르도 전체에서 약 50% 이상이 메를로를 심고, 까베르네 쏘비뇽이 약 30% 전후로 재배되고 있다. 이는 빨리 마실 수 있고 부드러운 와인을 선호하는 소비패턴 때문이라 할 수 있다.

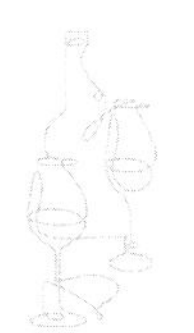

### ③ 까베르네 프랑(Cabernet Franc)

까베르네 쏘비뇽의 패밀리로서 서늘한 곳을 좋아하며 까베르네 쏘비뇽에 비해 일찍 익는 품종이다. 주로 쌩떼 밀리옹과 뽀므롤 지역에서 많이 재배되며 메독이나 그라브 등지에서는 약간의 블렌딩용으로만 재배되고 있다. 향이 풍부하고 부드러우면서 우아한 느낌을 주는 품종이다.

### ④ 말벡(Malbec)

말벡은 보르도 남쪽의 까오(Cahors) 지방이 원산지로서 색이 짙고 부드러운 탄닌 맛을 지닌 품종으로 혹자는 이 품종의 와인을 블랙와인이라고도 할 정도다. 까오(Cahors)에서는 주력 품종으로 사용되나 보르도에서는 블렌딩용으로 소량 생산되고 있으나 이마저도 열매를 맺지 못하는 꿀뤼르(Coullure) 현상이 자주 일어나 재배가 감소하는 추세에 있다. 메를로와 함께 지롱드강 우안 쪽에서 많이 재배되며, 아르헨티나 와인의 주력 품종이다.

### ⑤ 쁘띠 베르도(Petit Verdot)

보르도 와인의 블렌딩용 품종으로서 와인의 구조감을 보충하는 역할을 하며 대체로 5% 미만으로 소량 생산된다. 색이 진하고 강한 틴닌을 지닌 품종으로 부드러운 탄닌을 선호하는 소비 트렌드와 함께 그 역할이 줄어드는 추세이며 재배하기도 까다로운 품종이다.

### ⑥ 까르메네르(Carmenere)

어원이 까르메네(Carmene, 진홍색을 의미)로서 보르도가 원산지인 품종이다. 필록세라로 멸종된 줄 알았다 다시 찾은 품종으로, 색이 짙은 검붉은 색을 띠며 약간의 스피이시함이 특징이다. 칠레에서 가장 활발히 생산하고 있고, 보르도에서는 블렌딩용으로 소량 재배하고 있다.

## (2) White 품종

### ① 세미용(Semillon)

과일 향이 풍부하며 특히 복숭아 향이 잘 나타난다. 신맛이 강하지 않고 맑고 윤기

있는 와인을 만든다. 주로 쏘비뇽 블랑과 블렌딩하여 와인을 만드는데 부드러운 세미용에 상큼하고 풍부한 산도의 쏘비뇽 블랑을 섞어 맛과 향의 조화를 이루고자 함이다.

또한, 소떼른과 바르샥 지역에서는 세미용과 쏘비뇽 블랑으로 영롱한 황금색의 프랑스 최고의 꿀맛 같은 달콤한 와인을 만든다.

**② 쏘비뇽 블랑(Sauvignon Blanc)**

주로 보르도 지방과 르와르 지방에서 산뜻한 와인을 만드는 산도가 높은 품종이다. 각 지역에 따라 향이 근소하게 다르게 나타나지만 기본적으로 아스파라거스, 자몽, 훈제 향이 잘 나타난다. 보르도에서는 세미용과 블렌딩되어 양조하기도 하고 쏘비뇽 블랑 단일 품종으로 양조하기도 한다.

**③ 뮈스까델(Muscadelle)**

부드러운 산도 그리고 과실 향과 흰 꽃 향이 특징이며 보르도 화이트 와인의 블렌딩용으로 사용하는 품종이다. 르와르 등지에 생산하는 Muscat(Moscato, Moscatel)계열의 포도와는 다른 보르도에서 주로 재배되는 품종이다.

## 5) 보르도 와인(Bordeaux Wine)의 블렌딩(Blending)

보르도는 두 가지 이상의 품종을 블렌딩하여 와인을 양조한다. 이는 한 품종의 부족한 부분을 다른 품종으로 보완하여 완성도를 높이고자 함이다. 세상의 모든 것이 그렇듯이 완벽한 하나는 찾기 힘들다. 그래서 서로 다른 장점들을 연결하여 균형감 있는 와인을 만들기 위해 블렌딩을 한다. 레드 와인은 삐노 누아를 제외하고 보르도뿐만 아니라 대부분의 와인이 블렌딩을 한다. 신세계 일부 지역에서 삐노 누아도 블렌딩을 시도하기도 하지만 아직 일반적인 현상은 아니다.

보르도는 날씨의 기복이 심한 지역이다. 습도가 높고 매년 기후변화가 예측하기 어렵게 일어난다. 이런 지역적 특성을 극복하고자 고안된 것이 블렌딩에 의한 양조였다.

포도는 품종마다 날씨 변화에 따라 반응도 다르고 병해충에 대한 면역력, 익는 시기 등이 다르기 때문에 여러 품종을 심어 궁합이 맞는 품종끼리 블렌딩하여 리스크는 줄이고 맛의 완성도는 높여 궁극적 품질향상을 꾀한 것이다.

보르도 레드 품종의 주역인 메를로와 까베르네 쏘비뇽의 블렌딩이 좋은 예다. 메를로는 조생종으로서 일찍 수확하며 열매가 느슨하게 열리는 반면 까베르네 쏘비뇽은 만생종으로서 늦게 수확하고 열매도 오밀조밀하게 열린다. 따라서 메를로는 느슨하게 열리는 포도 덕분에 곰팡이로부터 좀 더 자유롭고 까베르네 쏘비뇽은 오밀조밀하게 열리는 포도알 때문에 곰팡이가 쉽게 피게 된다. 따라서 두 품종을 블렌딩함으로써 어느 한 품종의 피해를 다른 품종으로 극복할 수 있다.

블렌딩을 하는 또 다른 이유는 포도가 갖는 성분적 특성들을 조화시키는 것이다. 어느 한 품종의 장점은 살리고 단점은 다른 품종으로 보완하려는 것이다.

까베르네 쏘비뇽은 탄닌이 풍부해 장기 숙성에는 유리하지만 너무 무겁고 향이 다소 거칠며 마시기까지 너무 오랜 시간이 필요하다는 단점이 있다. 반면에 메를로는 과일 향이 풍부해 와인에 풍미를 더해 주고 까베르네 쏘비뇽에 비해 부드러움을 간직하고 있다. 이러한 품종 간 특성을 잘 살려 블렌딩함으로써 와인이 갖는 조화를 이루는 것이다. 이 밖에도 어떤 포도는 껍질이 두꺼워 부패가 잘 일어나지 않고, 또 어떤 품종은 껍질이 얇아 빨리 익으며, 서리에 강한 성격의 포도도 있고 습한 지역에 강한 성격을 지닌 포도도 있다. 이러한 성격들을 잘 조화시키는 것이 블렌딩이다.

블렌딩은 철저하게 상호 보완적이어야 하며 이러한 보완은 각자 맡은 역할이 있어 사람의 결혼에 비유할 수도 있다. 와인 속에서 남자의 역할을 하는 것은 와인의 구조감, 강한 생명력, 오랜 숙성력 등을 들 수 있고 여자의 역할은 와인의 산도, 바디감, 다양한 과일 향 등을 들 수 있다.

블렌딩할 포도는 품종별로 재배하여 품종별로 발효하고 같은 품종이라도 포도밭별로 발효한다. 알코올 발효가 끝난 와인은 숙성 직전에 블렌딩하는데, 최적의 맛을 찾기 위해 다양한 비율로 시음을 한 후 최종적 블렌딩 비율을 정한다. 블렌딩 비율은 해마다 약간의 차이를 보일 수 있으며 블렌딩 비율을 결정하기 위해서는 포도 재배 책임자와 양조 책임자, 포도밭과 양조장을 소유하고 있는 오너가 만나 정한다. 그해의 기후조건과 포도 성분을 분석하고 탄닌, 산도, 알코올 수준, 등 기타 다양한 요소를 종합하여 해당 브랜드가 표현하고자 하는 와인을 생산한다.

## 6) 보르도(Bordeaux)의 엉 프리뫼르(en Primeur)

엉 프리뫼르(en Primuer)란 보르도에서 시행되고 있는 와인 선물거래 제도로서 발효를 마쳤을 뿐 아직 완성되지 않은 와인을 미리 판매하는 것을 말한다. 즉, 대금을 미리 지불하고 구매를 예약하는 방식이며 일반적으로 3월경에 행해진다.

계약이 끝나고 와인이 완성되면 통상 18개월 전후의 숙성을 거쳐 납품한다. 예를 들어 2019년 빈티지의 와인이라면 알코올 발효와 젖산발효까지 마친 2020년 봄 구매 예약과 대금을 선불로 지불하고, 숙성 후 2022년 초쯤 납품하는 것이다.

엉 프리뫼르로 거래하는 와인은 숙성까지 마친 최종 제품이 아니어서 와인의 잠재력을 예측하고 평가하는 능력이 중요하다. 이러한 거래 방식은 생산자에게는 자금의 유동성을 확보할 수 있고 소비자는 낮은 가격에 원하는 와인을 확보할 수 있는 장점이 있다. 엉 프리뫼르는 투자적 성격이 강하기 때문에, 구매에 참여하고자 한다면 전문가 자문을 구한 후 구매하는 것이 좋은데, 숙성 후 와인의 품질에 따라 많은 이익을 얻을 수도 있고 또 그 반대일 수도 있다.

보르도에서 엉 프리뫼르는 주로 그랑 크뤼 클라세 급에서 많이 이루어지는데, 생산자는 와인이 완성되는 3년 가까운 시간 동안 자금이 묶이는 것을 방지할 수 있고 소비자는 그랑 크뤼 클라세의 유명세 때문에 리스크를 상대적으로 최소화할 수 있기 때문일 것이다.

이러한 엉 프리뫼르 방식은 부르고뉴나 이탈리아에서도 점차 도입하는 추세에 있다.

## 7) 보르도 와인(Bordeaux Wine)의 샤또(Chateau) 개념

보르도 와인을 접하다보면 와인 레이블에 샤또 딸보(Chateau Talbot)와 같이 샤또(Chateau)라는 이름을 흔하게 보게 된다. 이를 직역하면 성(城, Castle)이란 뜻이지만, 와이너리 개념으로 이해하면 좋겠다. 즉, 성과 함께 포도밭을 소유한 소유주가 와인의 이름을 자신의 성으로 한 것이다. 포도를 재배하고 와인까지 양조하여 유통하는 포도원(Winery)으로서 이를 와인의 이름으로 사용하는 것이다.

## 8) 보르도 와인(Bordeaux Wine)의 레이블(Lable)

❶ GRAND CRU CLASSE EN 1855

❷ **CHATEAU BRANE-CANTENAC**

❸ **MARGAUX**

❹ 2002

❺ APPELLATION MARGAUX CONTROLEE

❻ HENRI LURTON, S.C.E.A. CHATEAU BRANE-CANTENAC CANTENAC, BORDEAUX, FRANCE

❼ 13% ❽ 75CL

❾ MIS EN BOUTEILLE AU CHATEAU

❶ 와인 등급

❷ 와인이름

❸ 와인 생산지

❹ 빈티지(Vintage) : 포도의 수확연도

❺ AOC : 와인 생산지 호칭명(이 포도원은 '마고' 생산지명을 부여받음)

❻ 와인 생산자 주소

❼ 알코올 함량

❽ 와인 용량

❾ Chateau Brane–Cantenac 에서 병입했다는 의미

## 9) 보르도 와인과 부르고뉴 와인의 병 모양

왼쪽의 각진 병이 보르도 스타일이고 오른쪽의 유선형 병이 부르고뉴 스타일이다.

## 10) 세컨 와인(Second Wine)

세컨 와인이란 메인 와인(Main Wine)에 사용하기에 아직 부족한 포도로 만든 와인이다. 이를테면 포도나무를 교체하여 아직 어린 포도나무에서 생산된 포도나 포도밭의 가장자리에서 수확해 상태가 양호하지 않은 포도 등으로 만든다.

세컨 와인은 독립된 브랜드를 갖는데, 예를 들면 샤또 라뚜르(Château Latour)의 세컨 와인은 레 포르 드 라뚜르(Les Forts de Latour)라는 브랜드로 생산한다.

18세기에 처음 세컨 와인이란 개념이 생겨 와인을 생산하긴 했지만 크게 부각되거나 개발하는 단계는 아니었다. 1980년대 들어서면서 와인 시장의 붐과 함께 세컨 와인도 새롭게 인식되기 시작했다. 부족한 와인 이미지에서 독립된 브랜드로서 이미지가 강해지면서 품질향상을 위해 독립된 포도밭에서 생산한 포도를 사용하는 경우가 늘고 있다.

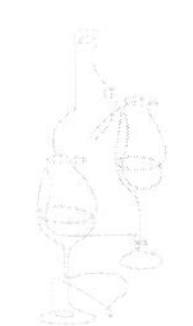

### ① 메독 그랑 크뤼 클라세 세컨 와인

• 1등급(Premiers Grand Cru Classe, 프리미에 그랑 크뤼 클라세)

Chateau Lafite–Rothschild(Pauillac) / Carruades de Lafite

Chateau Latour(Pauillac) / Les Forts de Latour

Chateau Mouton–Rothschild(Pauillac) / Le Petit Mouton de Mouton–Rothschild

Chateau Margaux(Margaux) / Pavillon Rouge

Chateau Haut–Brion(Graves–Pessac) / Le Clarence de Haut–Brion

• 2등급(Seconds Grand Cru Classe 쓰꽁 그랑 크뤼 클라세)

Chateau Cos d'Estournel(St–Estephe) / Les Pagodes de Cos

Chateau Montrose(St–Estephe) / La Dame de Montrose

Chateau Pichon–Longueville–Baron(Pauillac) / Les Tourelles de Longueville

Chateau Pichon–Longueville–Comtesse De Lalande(Pauillac)/Reserve de la Comtesse

Chateau Leoville–Las–Cases(St–Julien) / Le Petit Lion du Marquis de las Cases

Chateau Leoville–Poyferre(St–Julien) / Chateau Moulin Riche

Chateau Leoville–Barton(St–Julien) / La Reserve de Leoville Barton

Chateau Gruaud–Larose(St–Julien) / Sarget de Gruaud–Larose

Chateau Ducru–Beaucaillou(St–Julien) / La Croix de Beaucaillou

Chateau Rausan–Segla(Margaux) / SeglaChateau Rauzan–Gassies(Margaux) / Chevalier de Rauzan–Gassies

Chateau Durfort–Vivens(Margaux) / Vivens de Durfort–Vivens

Chateau Lascombes(Margaux) / Chevalier de Lascombes

Chateau Brane–Cantenac(Margaux) / Le Baron de Brane

• 3등급(Troisiemes Cru 뚜와지엠므 크뤼)

Chateau Kirwan(Margaux) / Les Charmes de Kirwan

Chateau d'Issan(Margaux) / Blason d'IssanChateau Lagrange(St–Julien) / Le Fiefs de Lagrange

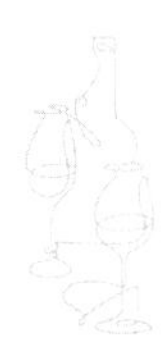

Chateau Langoa–Barton(St–Julien) / Lady Langoa

Chateau Giscours(Margaux) / La Sirene de Giscours

Chateau Malescot Saint–Exupery(Margaux) / La Dame de Malescot

Chateau Boyd–Cantenac(Margaux) / Jacques Boyd

Chateau Cantenac–Brown(Margaux) / Brio de Cantenac–Brown

Chateau Palmer(Margaux) / Alter Ego de Palmer

Chateau La Lagune(Haut–Medoc) / Moulin de la Lagune

Chateau Desmirail(Margaux) / Initial de Desmirail

Chateau Calon–Segur(St–Estephe) / Chateau Marquis de Calon

Chateau Ferriere(Margaux) / Les Remparts de Ferriere

Chateau Marquis d'Alesme–Becker(Margaux) / Marquise d'Alesme

• 4등급(Quatriemes Cru 까트르지엠므 크뤼)

Chateau Saint–Pierre(St–Julien) / 없음

Chateau Talbot(St–Julien) / Connetable de Talbot

Chateau Branaire–Ducru(St–Julien) / Duluc de Branaire–Ducru

Chateau Duhart–Milon(Pauillac) / Moulin de Duhart

Chateau Pouget(Margaux) / Antoine Pouget

Chateau La Tour–Carnet(Haut–Medoc) / Les Douves de Carnet

Chateau Lafon–Rochet(St–Estephe) / Les Pelerins de Lafon–Rochet

Chateau Beychevelle(St–Julien) / Amiral de Beychevelle

Chateau Prieure–Lichine(Margaux) / La Cloitre Prieure–Lichine

Chateau Marquis–de–Terme(Margaux) / Les Gondats de Marquis de Terme

• 5등급 (Cinquiemes Cru 쌩끄지엠므 크뤼)

Chateau Pontet–Canet(Pauillac) / Les Hauts de Pontet

Chateau Batailley(Pauillac) / 없음

Chateau Haut–Batailley(Pauillac) / Chateau La Tour l'Aspic

Chateau Grand–Puy–Lacoste(Pauillac) / Lacoste–Borie

Chateau Grand–Puy–Ducasse(Pauillac) / Prelude a Grand–Puy Ducasse

Chateau Lynch–Bages(Pauillac) / Chateau Haut–Bages Averous

Chateau Lynch–Moussas(Pauillac) / Les Hauts de Lynch–Moussas

Chateau Dauzac(Margaux) / La Bastide de Dauzac

Chateau d'Armailhac(Pauillac) / 없음

Chateau du Tertre(Margaux) / Les Hauts du Tertre

Chateau Haut–Bages–Liberal(Pauillac) / La Chapelle de Bages

Chateau Pedesclaux(Pauillac) / Sens de Pedesclaux

Chateau Belgrave(Haut–Medoc) / Diane de Belgrave

Chateau Camensac(Haut–Medoc) / La Closerie de Camensac

Chateau Cos–Ladory(St–Estephe) / Le Charme Labory

Chateau Clerc–Milon(Pauillac) / 없음

Chateau Croizet–Bages(Pauillac) / La Tourelle de Croizet–Bages

Chateau Cantemerle(Haut–Medoc) / Les Allees de Cantemerle

### ② 소떼른 그랑 크뤼 클라세 세컨 와인

• 특등급(Premier Cru Superieur)

Chateau d'Yquem / 없음

• 1등급(Premiers Grand crus)

Château La Tour–Blanche(Sauternes) / Les Charmilles de Tour–Blanche

Château Lafaurie–Peyraguey(Sauternes) / La Chapelle de Lafaurie–Peyraguey

Château Clos–Haut–Peyraguey(Sauternes) / La Gourmandise de Clos Haut–Peyraguey

Château de Rayne–Vigneau(Sauternes) / Madame de Rayne

Château Suduiraut(Sauternes) / Castelnau de Suduiraut

Château Coutet(Barsac) / Chartreuse de Coutet

Château Climens(Barsac) / Cypres de Climens

Château Guiraud(Sauternes) / Le Dauphin de Guiraud

Château Rieussec(Sauternes) / Carmes de Rieussec

Château Rabaud–Promis(Sauternes) / 없음

Château Sigalas–Rabaud(Sauternes) / Lieutenant de Sigalas

• 2등급(Seconds Grand Crus)

Château de Myrat(Barsac) / 없음

Château Doisy Daene(Barsac) / 없음

Château Doisy–Dubroca(Barsac) / La Demoiselle de Doisy

Château Doisy–Vedrines(Barsac) / Chateau Petit Vedrines

Château d'Arche(Sauternes) / Prieure d'Arche

Château Filhot(Sauternes) / Chateau Pneau de Rey

Château Broustet(Barsac) / 없음

Château Nairac(Barsac) / Esquisse de Nairac

Château Caillou(Barsac) / Les Erables de Caillou

Château Suau(Barsac) / 없음

Château de Malle(Sauternes) / Saint–Helene

Château Romer(Sauternes) / 없음

Château Romer du Hayot(Sauternes) / Chateau Andoyse du Hayot

Château Lamothe(Sauternes) / Les Tourelles de Lamothe

Château Lamothe –Guignard(Sauternes) / L'ouest de Lamothe–Guignard

### ③ 그라브 그랑 크뤼 클라세 세컨 와인

Château Bouscaut / Les Chenes de Bouscaut

Château Carbonnieux / La Tour–Leognan

Château Couhins / Couhins La Gravette

Château Couhins Lurton / 없음

Château Domaine de Chevalier / L'Espirit de Chevalier

Château Fieuzal / L'Abeille de Fieuzal

Château Haut–Bailly / Le Parde de Haut–Bailly

Château Haut–Brion / Le Clarence de Haut–Brion

Château La Mission Haut–Brion / La Chapelle de la Mission

Château Latour Haut–Brion / 없음

Château LaTour Martillac / Lagrave–Martillac

Château Laville Haut–Brion / 없음

Château Malartic–Lagraviere / Sillage de Malartic

Château Olivier / La Seigneurie d'Olivier du Chateau Olivier

Château Pape Clement / Le Clementin du Pape Clement

Château Smith–Haut–Lafitte / Les Hauts de Smith

**④ 쌩떼 밀리옹 프리미에 그랑 크뤼 클라세 세컨 와인**

Chateau Angelus(A) / Le Carillon de L'Angelus

Chateau Ausone(A) / Chapelle d'Ausone

Chateau Pavie(A) / Aromes de Pavie

Chateau Cheval Blanc(A) / Le Petit Cheval

Clos Fourtet / La Closerie de Fourtet

Chateau La Gaffeliere / Clos La Gaffeliere

Chateau Beausejour / Croix de Beausejour

Chateau Larcis Ducasse / murmure de Larcis Ducasse

Chateau Beau–Sejour Becot / Petit Becot

(2012년 이전에는 Tournelle de Beau–Séjour–Bécot)

La Mondotte / 없음

Chateau Belair–Monange / Annonce Belair–Monange

Chateau Canon / Clos de Canon

Chateau Pavie Macquin / Les Chenes de Macquin

Chateau Canon la Gaffeliere / Cote Mignon La Gaffeliere

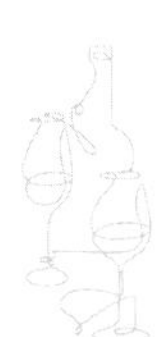

Chateau Troplong Mondot / Mondot

Chateau Trotte vieille / Vieille Dame de Trotte Vieille

Chateau Figeac / La Grange Neuve de Figeac

Chateau Valandraud / Virginie de Valandraud

## 2. 보르도 와인 산지(Bordeaux Wine Region)

### 1) 보르도(Bordeaux)

보르도 전 지역에서 생산된 와인으로, 마을 명칭을 받지 못한 와인이다. 화이트, 로제 와인, 레드 와인이 생산된다. 장기 숙성용 와인도 생산되지만 일상에서 쉽게 마실 수 있는 저렴한 와인이 대부분이다. 또, 약간씩 다른 미세기후로 인해 다양한 특징을 지닌 와인들이 생산된다.

칸 영화제의 공식 와인으로도 유명했던 무똥 까데(Mouton Cadet) 와인도 이 범주의 와인이다.

자료제공 : Sopexa, www.bordeaux.com

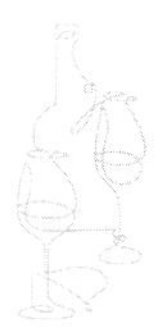

### 2) 보르도 수뻬리어(Bordeaux Supérieur)

보르도 전체 산지 중 조금 좋은 지역들이다. 보르도보다는 좋지만, 마을 이름을 쓰기에는 부족한 정도로 이해하면 좋겠다.

### 3) 보르도 꼬뜨(Les côtes de Bordeaux)

비탈진 언덕을 꼬뜨(côte)라 하는데 가론강과 도르도뉴강을 따라 언덕에 위치한 산지들을 말한다. 레드와 화이트를 주로 생산하며 영한 와인으로 마셔도 좋은 가벼운 와인이 많이 생산된다.

### 4) 메독(Médoc)

메독(Medoc)은 가론강과 지롱드강의 좌안(Left Bank)에 위치하여 자갈과 모래가 많이 함유된 토양으로 이루어졌으며, 대서양과 강을 끼고 있어 '물과 물 사이' 또는 '중간에 위치한 땅'이라는 의미를 갖고 있다.

메독은 모래자갈이 많은 토양으로 분포되어 있어 이와 잘 어울리는 까베르네 쏘비뇽과 메를로를 중심으로 짜임새 있고 활력 넘치는 와인을 생산하는 지역이며 보르도 최고의 레드 와인 산지이다.

메독의 산지는 크게 지롱드강의 상류는 지대가 높아 오메독(Haut– Médoc)이라 하고 지롱드강의 하류 대서양과 가까운 쪽은 지대가 낮아 바메독(Bas–Medoc)이라 했다. '오(Haut)'는 높다는 의미이고 '바(Bas)'는 낮다는 의미이다. 그런데 시간이 흐르면서 바메독 생산자들은 '바'라는 어감에 불만이 생겼다. 단순히 지대가 낮아 바메독이라 칭한 것인데 품질이 낮다는 뉘앙스가 풍기기 때문이다. 이에 산지명에서 바를 없애고 현재는 그냥 메독(Medoc)이라 칭한다. 따라서 산지는 크게 메독과 오메독으로 나누어진다. 와인 레이블에 표기된 메독은 모두가 지롱드강 하류의 낮은 메독을 의미한다.

메독 안에 있는 마을들은 자신의 명칭을 사용하는 곳은 하나도 없다. 모두 메독 아펠라시옹을 사용한다. 오메독에는 마을이 28개 정도가 있는데 자신의 마을 명칭을 가

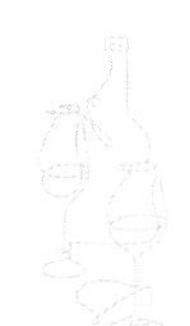

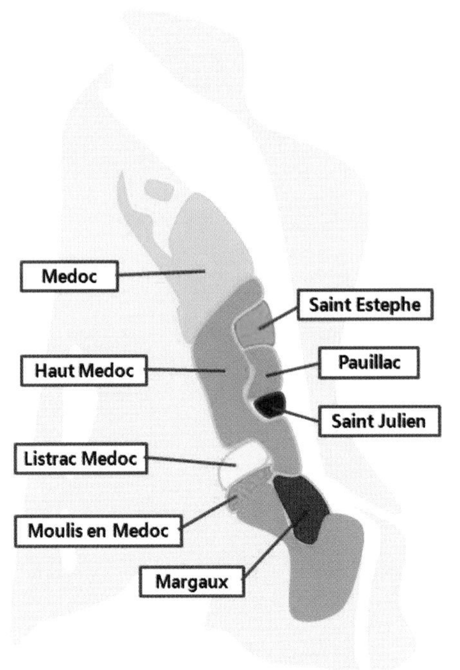


지고 있는 곳은 6군데밖에 없다. 쌩떼 스테프(St–Estephe), 쌩 쥘리앙(St–Julien), 뽀이약(Pauillac), 마고(Margaux), 리스트락 메독(Listrac–Médoc), 물리(Moulis)가 오메독의 6개 마을 아펠라시옹이다. 이 6개의 마을을 제외한 다른 마을은 자신의 이름을 사용하지 못하고 모두 오메독(Haut– Médoc)이라 해야 한다.

### (1) 1855, 그랑 크뤼 클라세(Grand Cru Classe)

1855년 분류된 그랑 크뤼 클라세는 1등급에서 5등급으로 세분화되며 1등급은 프리미에 그랑 크뤼 클라세(Premiers Grand Cru Classe), 2등급에서 5등급까지는 그랑 크뤼 클라세(Grand Cru Classe)라고 표기한다. 여기서 Cru란 땅의 개념으로 경작지의 의미이고, Classe란 개별 포도원에 부여하는 등급을 말한다. 총 61개의 포도원(Chateau)이 있다.

**① 1등급 (Premiers Grand Cru Classe, 프리미에 그랑 크뤼 클라세) – 5개**

Chateau Lafite–Rothschild(Pauillac)

Chateau Latour(Pauillac)

Chateau Mouton–Rothschild(Pauillac / 1973년 2등급에서 1등급으로 조정된 와인)

Chateau Margaux(Margaux)

Chateau Haut–Brion(Pessac)

**② 2등급(Seconds Grand Cru Classe, 쓰꽁 그랑 크뤼 클라세) – 14개**

Chateau Cos d'Estournel(St–Estephe)

Chateau Montrose(St–Estephe)

Chateau Pichon–Longueville–Baron(Pauillac)

Chateau Pichon–Longueville–Comtesse De Lalande(Pauillac)

Chateau Leoville–Las–Cases(St–Julien)

Chateau Leoville–Poyferre (St–Julien) Chateau Leoville–Barton(St–Julien)

Chateau Gruaud–Larose(St–Julien)

Chateau Ducru–Beaucaillou(St–Julien)

Chateau Rausan–Segla(Margaux) Chateau Rauzan–Gassies(Margaux)

Chateau Durfort–Vivens(Margaux) Chateau Lascombes(Margaux)

Chateau Brane–Cantenac(Margaux)

③ 3등급 (Troisiemes Cru 뚜와지엠므 크뤼) – 14개

Chateau Kirwan(Margaux) Chateau d'Issan(Margaux)

Chateau Lagrange(St–Julien) Chateau Langoa–Barton(St–Julien)

Chateau Giscours(Margaux)

Chateau Malescot Saint–Exupery(Margaux)

Chateau Boyd–Cantenac(Margaux)

Chateau Cantenac–Brown(Margaux)

Chateau Palmer(Margaux)

Chateau La Lagune(Haut–Medoc)

Chateau Desmirail(Margaux)

Chateau Calon–Segur(St–Estephe)

Chateau Ferriere(Margaux)

Chateau Marquis d'Alesme–Becker(Margaux)

④ 4등급 (Quatriemes Cru 까트르지엠므 크뤼) – 10개

Chateau Saint–Pierre(St–Julien) Chateau Talbot(St–Julien)

Chateau Branaire–Ducru(St–Julien)

Chateau Duhart–Milon(Pauillac)

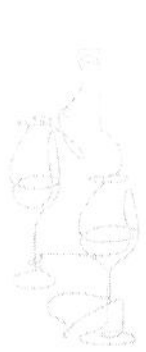

Chateau Pouget(Margaux)

Chateau La Tour-Carnet(Haut-Medoc)

Chateau Lafon-Rochet(St-Estephe)

Chateau Beychevelle(St-Julien)

Chateau Prieure-Lichine(Margaux)

Chateau Marquis-de-Terme(Margaux)

### ⑤ 5등급 (Cinquiemes Cru 쌩끄지엠므 크뤼) - 18개

Chateau Pontet-Canet(Pauillac)

Chateau Batailley(Pauillac)

Chateau Haut-Batailley(Pauillac)

Chateau Grand-Puy-Lacoste(Pauillac)

Chateau Grand-Puy-Ducasse(Pauillac)

Chateau Lynch-Bages(Pauillac)

Chateau Lynch-Moussas(Pauillac)

Chateau Dauzac(Margaux)

Chateau d'Armailhac(Pauillac)

* 1988년 Ch. Mouton-Baronne-Philippe에서 Chateau d'Armailhac로 개명

Chateau du Tertre(Margaux)

Chateau Haut-Bages-Liberal(Pauillac)

Chateau Pedesclaux(Pauillac)

Chateau Belgrave(Haut-Medoc)

Chateau Camensac(Haut-Medoc)

Chateau Cos-Ladory(St-Estephe)

Chateau Clerc-Milon(Pauillac)

Chateau Croizet-Bages(Pauillac)

Chateau Cantemerle(Haut-Medoc)

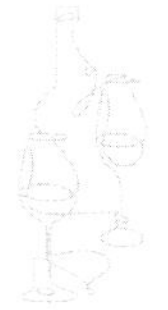

### (2) 크뤼 부르주아(Cru Bourgeois)

크뤼 부르주아는 메독의 자체 등급체계로서 1932년 시작으로 우여곡절 끝에 2009년 현재의 체계로 정착되었다. 1855년 제정된 그랑 크뤼 클라세의 브랜딩 파워를 지켜본 많은 메독의 생산자들은 아마도 자체 등급을 통한 브랜딩의 필요를 느꼈을 법하다. 그래서 1932년 메독의 400여 생산자들이 연합하여 "크뤼 부르주아(Cru Bourgeois)"라는 자체 등급을 만들었다.

크뤼 부르주아는 제정 이후 현재와 같은 등급으로 정착되기까지 여러 가지 상황에 직면했는데, 그 시작은 제도가 정착되어가던 1939년 발발한 제2차 세계대전이었다. 인류 역사상 가장 많은 인명과 재산피해가 난 전쟁으로 와인 산업 또한 예외일 수는 없었다. 이어 1956년 한파 서리로 인해 보르도의 수많은 포도원이 피해를 보았는데, 이 시기 크뤼 부르주아에 가입된 포도원이 400여 개에서 94개로까지 떨어졌다. 1980년대 들어 와인 시장은 신세계 와인의 진입과 함께 급속한 성장을 이루었고, 더불어 크뤼 부르주아 포도원도 지속적으로 증가해 2000년대에는 300개 이상으로 늘어났다.

이처럼 21세기가 시작되면서 크뤼 부르주아는 양적 · 질적 성장을 하면서 한편으로 큰 전환점을 맞았다. 자체 등급이었던 크뤼 부르주아가 법적으로 공식 등급화가 된 것이다.

국제 와인시장 환경이 대외적으로는 신세계 와인의 성장과 함께 급속히 확장되고 있고, 보르도 내에서는 메독 자체 등급인 크뤼 부르주아를 공식 등급화해야 한다는 여론이 강해 이에 힘입어 2003년 정식으로 법적 등급화가 이루어졌다.

2003년 법적 등급화가 되고 이에 따른 등급 재조정을 할 때 신청자 수가 무려 490여 개에 달했으며 심사를 거쳐 247개의 포도원만 "크뤼 부르주아(Cru Bourgeois)" 등급을 받을 수 있었다. 당시 등급과 샤또 수는 상위 등급부터 다음과 같다.

– 크뤼 부르주아 엑셉씨요넬(Cru Bourgeois Exceptionnel) – 9 Chateau

• Chateau de Pez • Chateau Chasse Spleen • Chateau Haut Marbuzet

• Chateau Labegorcezede • Chateau Ormes de Pez • Chateau Phelan Segur

• Chateau Poujeany • Chateau Siran • Chateau Potensac

–크뤼 부르주아 수페리외(Cru Bourgeois Superieur) – 87 Chateau

–크뤼 부르주아(Cru Bourgeois) – 151 Chateau

이렇게 크뤼 부르주아 등급이 정착하는가 했지만, 또 다른 문제에 직면했다.

2003년 등급 재조정에 대한 공정성 문제가 당시 탈락한 포도원들에 의해 제기되어 소송으로까지 번지게 되었다. 오랜 재판과정 끝에 등급제정의 무효판결을 맞는 상황까지 이르렀다. 이로 인해 2007년 빈티지는 크뤼 부르주아가 전혀 표기되지 못하는 일도 발생했다.

소송 이후 크뤼 부르주아를 새롭게 인정받기 위한 와인 산업 관계자와 생산자들의 노력 끝에 2009년 프랑스 농림부로부터 새로운 등급체계로 승인되었다. 블라인드 테스팅을 통해 크뤼 부르주아를 결정하는 방식으로, 2008년 빈티지부터 새로운 체계에 의한 크뤼 부르주아를 표기하고 있다.

크뤼 부르주아 등급을 원하는 포도원은 뷰로 베리타스(Bureau Veritas-검사와 인증기관)로부터 블라인드 테스팅을 거쳐 확인을 받아야 하며, 수확 후 2년이 경과된 와인을 대상으로 한다. 메독의 어떤 와인도 심사에 참여할 수 있으며 매년 테스팅을 통해 새로운 크뤼 부르주아 리스트를 만들어 9월에 발표한다.

### (3) 오메독의 6개 마을 AOC (Haut- Medoc의 6 Appellation)

#### ① 쌩떼 스테프(St-Estephe)

오메독 6개 아펠라시옹(Appellation) 중 가장 북쪽에 있는 마을로서 여러 층의 충적토가 쌓여 지표면은 모래와 자갈이 많고 하부로 내려갈수록 점토질이 많은 토질로 이루어졌다. 오메독의 다른 마을에 비해 약간의 찰흙과 작은 자갈이 많은 약 1,250헥타르, 메독 지구의 7.5%에 해당하는 포도밭에서 연간 약 870만 병의 와인을 생산한다. 좀 더 탄닉하고 숙성이 천천히 이루어지는 선이 굵은 힘찬 와인을 생산하는 지역이지만, 소비 트렌드에 맞춰 부드럽고 시음 시기를 앞당기는 스타일로 바뀌어 가는 추세에 있다.

- Chateau Calon-Segur : 레이블의 하트 모양 때문에 연인들 사이에 선물로도 자주 사용되는 깔롱 세귀르는 1800년대 그랑 크뤼 등급이 결정되기 전 세귀르 후작이 소유하게 된다. 샤또 라피트와 샤또 라뚜르까지 소유하고 있던 세귀르 후작은 자신의 마음은 항상 깔롱에 있다고 하여 깔롱에 대한 애정을 표했으며,

www.calon-segur.fr

그의 마음을 표현한 것이 하트 모양의 레이블이다.

- Chateau–Montrose : 직사각형의 포도밭들이 인상적이며 현재 95헥타르의 포도밭에서 와인을 생산하고 있는 샤또 몽로즈는 1815년 에티엔 테오도 두물랑(Etienne Theodore Dumoulin)에 의해 포도원이 만들어지고, 그의 노력과 타고난 토양에 힘입어 40년 후인 1855년 그랑 크뤼 클라스 2등급에 오른다. 1866년 매튜 돌푸(Mathieu Dolffus)가 인수하고, 그의 사망으로 1896년 장 루이 샤르물뤼(Jean–Louis Charmolue)가 인수하여 현재까지 샤르물뤼(Charmolue) 가문에 의해 운영되고 있다.

www.chateau–montrose.com

**② 뽀이약(Pauillac)**

뽀이약은 오메독의 여러 마을 중에서도 그랑 크뤼 클라세를 18개나 가진 가장 권위 있는 생산지라고 할 수 있다. 가론강의 자갈 토양으로 구성된 뽀이약은 메마르고 척박하며 배수가 효율적인 모래 자갈 토양으로, 까베르네 쏘비뇽을 중심으로 풍성한 과일, 아로마와 향신료, 담배, 가죽 향 등의 부케가 풍부한 바디감 높은 와인을 생산한다.

생산면적은 1,213헥타르에서 연간 7백2십만 병을 생산한다(출처 : www.medoc–bordeaux. com). 또한 프리미에 그랑 크뤼 클라세 와인 5개 중 샤또 라뚜르(Château Latour), 샤또 라피트 로쉴드(Château Lafite Rothschild), 샤또 무똥 로쉴드(Château Mouton Rothschild) 3개가 뽀이약에 있을 정도로 훌륭한 떼루아를 가지고 있어 혹자들은 뽀이약(Pauillac)을 메독의 왕이라고도 표현한다.

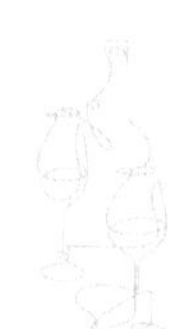

• Château Latour

www.chateau-latour.com/fr

샤또 라뚜르(Château Latour)의 여러 포도밭 중 중앙 부분 밭에 14세기 중엽 세워진 탑이 있으며, 이를 와인 레이블의 상징으로 사용하고 있다. 매우 강건하고 풍미가 깊은 와인으로 세련미까지 겸비하고 있다. 강하면서 섬세한 와인을 위해 알코올 발효 방식을 전통 방식인 오크에서 1960년대 스테인리스로 교체했는데, 영국 재벌 피어슨 가문이 인수(1963년)하면서부터다. 스테인리스 발효 탱크는 내부에 온도조절 장치를 할 수 있어 좀 더 과학적으로 양조할 수 있는 장점이 있다. 50년이 지나도 강건함을 잃지 않는 매우 힘차고 향과 맛의 폭이 넓은 와인이다.

세컨 와인으로는 레 포드 드 라뚜르(Les Forts de Latour)가 있다. 2000년 김대중 대통령과 김정일 국방위원장의 남북 정상회담 때 1993년 빈티지 샤또 라뚜르를 만찬용으로 사용해서 국내에도 많이 알려진 프리미에 그랑 크뤼 클라세 와인이다.

• Château Lafite Rothschild

샤또 라피트 로쉴드(Château Lafite Rothschild)의 처음 이름은 '샤또 라피트'였는데, 1868년 제임스 마이어 로쉴드 남작이 인수하면서 현재와 같은 '샤또 라피트 로쉴드'가 되었다, 라피트(Lafite)의 어원은 la hite(작은 언덕)에서 유래하는데, 언덕에 위치한 좋

www.lafite.com/fr

은 테루아라는 의미를 내포한다고 할 수 있다. 레이블의 성(城)은 무려 17년에 걸쳐 독일 루드비히 11세가 완공했다고 한다.

와인병 윗부분의 5개의 화살은 탈무드에 나오는 한 개의 화살은 쉽게 꺾이지만 여러 개가 합치면 꺾이지 않는다는 로쉴드의 유언을 기리기 위함이라고 한다.

포도밭 토양이 4~5m의 석회암과 자갈로 이루어져 까베르네 쏘비뇽을 재배하기에 적합한 구조이며 매우 권위 있는 와인이라 할 수 있다. 20~50년까지 장기 숙성이 가능한 와인이며, 세컨 와인으로는 카뤼아드 드 라피트 로쉴드(Carruades de Lafite Rothschild)가 있다.

• Château Mouton Rothschild

www.chateau-mouton-rothschild.com

그랑 크뤼 1등급 클라세인 샤또 무똥 로쉴드(Château Mouton Rothschild) 와인은 해마다 와인 레이블을 유명 화가에 의해 달리하는 특징을 가지고 있다. 1945년은 제2차 세계대전 종전을 기념하여 Victory의 V를 레이블로 삼았고, 1973년은 피카소의 그림이 레이블의 주인공이다. 1973년은 무똥 로쉴드가 그랑 크뤼 클라세 2등급에서 1등급으로 승격된 해이고, 피카소는 같은 해 4월에 세상을 떠났다. 2013년 빈티지 레이블은 우리나라 이우환 화백의 그림이 사용되었는데, 1960~1970년대 일본에서 발생한 현대 미술 모노(物)의 거장이다. 사물의 상태를 있는 그대로 표현하는 방식을 모노파라 한다.

정제된 과실 향과 꽃 향, 농익은 베리류의 향이 조화로운 균형감과 우아함이 매우 탁월하다. 숙성이 진행되면서 느껴지는 시가 향과 스파이시함이 어울려 부드러운 섬세함까지 더해진다. 세컨 와인으로는 르 쁘띠 무똥 드 로쉴드(Le Petit Mouton de Mouton Rothschild)가 있다.

### ③ 쌩 쥘리앙(St-Julien)

쌩 쥘리앙은 지롱드강을 따라 오메독의 중앙에 위치하고 있으며, 910헥타르의 포도원에서 연간 620만 병의 와인을 생산하는 비교적 작은 지역이다. 자갈 섞인 약간의 점토 및 석회암 토양으로 이루어져 있으며, 까베르네 쏘비뇽을 중심으로 메를로와 까베르네 프랑을 주로 블렌딩해서 와인을 생산한다. 오메독의 다른 마을에 비해 전통을 지키면서도 현대적 발랄한 감각이 살아있는 스타일의 와인을 생산하는 곳이라 하고 싶다.

쌩 쥘리앙(St-Julien) 와인 중 한국 시장에서 가장 사랑받는 와인은 단연 샤또 딸보(Chateau Talbot) 와인이다. 발음하기도 편하고 또, 그랑 크뤼 클라세 와인으로 품질도 좋아 선물용으로 많이 애용한다. 2002년 히딩크가 즐겨 마셔 히딩크 와인이라 하기도 했다.

### TIP Chateau Talbot 이야기

딸보(Talbot)는 백년전쟁 당시 영국군 장수의 이름이다. 영국의 패전으로 전쟁이 마감할 당시, 딸보 장군의 용맹함이 영국의 적국이었던 프랑스마저도 존중할 정도였다고 한다. 그의 비범함과 용맹함을 기려 비록 패전국의 장수였지만, 포도원 이름을 딸보라 명명하였다고 한다.

### ④ 마고(Margaux)

가론(Garonne)강과 도르도뉴(Dordogne)강이 만나 지롱드(Gironde)강을 이루는 길목에 자리하고 있는 1,530헥타르의 포도원을 가진 오메독 중 가장 큰 마을이다. 석회암층의 자갈과 퇴적에 의한 가는 모래와 점토로 이루어진 마고는 오메독 지역에서도 비단 같은 섬세함과 우아함이 묻어나는 와인을 생산한다. 마고 와인을 흔히들 여왕에 비유하고 뽀이약을 제왕에 비유하는데 마고의 부드러운 카리스마를 표현한 것이다.

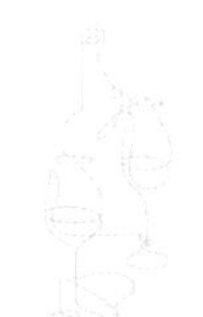

그랑 크뤼 클라세의 약 1/3인 21개가 이 마을에 있다는 것은 마고의 떼루아를 상징적으로 암시한다고 할 수 있다.

• Château Margaux

샤또 마고를 "와인의 여왕"으로 묘사는 경우가 많다. 마고마을에서도 그랑 크뤼 1등급인 샤또 마고는 이 마을을 대표한다고 해도 과언이 아니다. 마을 이름을 개인의 샤또에 쓰고 있는 유일한 샤또로서, 헤밍웨이가 이 와인을 너무도 좋아한 나머지 자신의 손녀딸을 마고 헤밍웨이로 이름 지었을 정도라고 하니, 샤또 마고가 얼마나 위대한 와인인지 가늠해볼 수 있는 예화가 아닐까 생각된다. 한때 경영난으로 미국인에 매각될 위기에서도 정부의 만류로 극복했을 정도로 샤또 마고는 수많은 사람의 사랑을 듬뿍 받는 와인이다. 놀라울 정도로 균형감과 무게감이 좋으며 농익은 과일 향이 살아 숨쉬는 듯 섬세한 질감을 선사한다. 세컨 와인으로 빠비옹 루즈(Pavillon Rouge)를 생산하고 있다.

www.chateau-margaux.com/fr

⑤ **리스트락**(Listrac-Médoc)

⑥ **물리**(Moulis en Medoc)

리스트락과 물리는 샤또마다 편차는 있겠지만 자갈이 많지 않다. 석회질과 점토가 많은 토양으로, 메를로의 비중이 상대적으로 많아 편안한 바디감을 느끼는 와인이 생산된다.

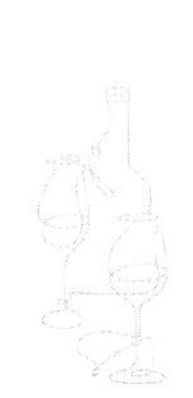

## 5) 그라브(Grave)

그라브(Grave)는 자갈이 매우 많은 지역이다. 강물에 깎인 자갈과 조약돌이 두껍게 쌓여 있으며 일부 지역은 자갈층의 두께가 3m에 이르기도 하며, 자갈층 아래로는 모래와 점토층으로 구성되어 배수가 원활한 토질을 가지고 있다. 그라브가 자갈을 의미하는 단어임을 보면 이 지역의 환경을 짐작할 수 있을 것이다. 산지의 크기는 보르도 서남쪽 길이 약 55km, 폭 5km 정도로 메독 지구의 1/3 정도 된다.

그라브는 36개의 마을이 있다. 그중 그라브 북쪽의 뻬삭(Pessac)과 레오낭(Leognan) 마을만 1987년 독립된 마을 AOC로 지정받아 뻬삭-레오낭(Pessac-Leognan)이라 한다. 즉, 뻬삭-레오낭이 일반적 그라브의 여느 마을보다는 떼루아가 훌륭하다는 의미이다. 실제로 그랑 크뤼 클라세 1등급인 샤또 오브리옹(Château Haut-Brion)이 생산되는 지역이기도 하다. 훌륭한 레드 와인을 많이 생산하지만, 엉트르 드 메르(Entre-Deux-Mers)와 함께 드라이(Dry) 화이트 와인 산지이기도 하다.

그라브는 1959년 자체적으로 그랑 크뤼 클라세 제도를 도입하였다. 16개 샤또가 그 대상이며, 레이블에는 크뤼(Cru) 간 차이 없이 동일하게 Grand Cru Classe로 표기된다. 16개 샤또는 다음과 같다.

Château Bouscaut(Red & White)
Château Carbonnieux(Red & White)
Château Couhins(White)
Château Couhins Lurton(White)
Château Domaine de Chevalier(Red & White)
Château Fieuzal(Red)
Château Haut-Bailly(Red)
Château Haut-Brion(Red)
Château La Mission Haut-Brion(Red)
Château La Tour Haut-Brion(Red)
Château Latour Martillac(Red & White)

Château Laville Haut–Brion(White)

Château Malartic–Lagraviere(Red & White)

Château Olivier(Red & White)

Château Pape Clement(Red)

Château Smith–Haut–Lafitte(Red & White)

• Château Haut–Brion

그라브에서 가장 자랑스러운 와인이라면 샤또 오–브리옹(Château Haut–Brion)일 것이다. 영국의 사교계나 나폴레옹과 같은 와인 애호가들이 칭송을 아끼지 않았던 와인이다. "그라브는 유명하지 않아도 샤또 오브리옹은 위대하다"라는 말이 있을 정도로 샤또 오브리옹은 인기 있는 고급 와인이었다. 이러한 유명세만큼이나 그 소유주들도 정치 경제의 사회 지도층들이 주를 이루다가 현재는 미국 딜런(Dillon) 가문이 1935년 인수해 운영하고 있다. 1855년 파리 세계박람회 때 메독의 1등급 그랑 크뤼 클라세 와인에 합류된 것만 보아도 샤또 오브리옹의 수준을 가늠할 수 있을 것이다.

샤또 오 브리옹은 51헥타르의 포도밭에서 까베르네 쏘비뇽(약 44%)과 메를로(45%)를 중심으로 부드럽고 유연한 탄닌과 매혹적인 과일 향이 풍족함을 더해준다. 장기 보관용 와인으로 숙성하는데 상당한 시간(7~10년)을 요하지만 훌륭한 바디감은 사람을 매료시키기에 충분하다. 1961년부터 프리미에 그랑 크뤼 클라세 중에서는 처음으로 스테인리스 스틸통에서 발효를 시작하였으며, 뻬삭–레오낭(Pessac–Leognan)에서 생산된다.

## 6) 소떼른, 바르샥(Sauternes, Barsac)

소떼른, 바르샥(Sauternes, Barsac)은 달콤하고 매혹적인 스위트 와인을 생산하는 지역으로, 가론(Garonne)강의 지류인 씨롱(Ciron)강과 인접하고 있어 포도가 무르익어 갈 무렵 안개가 많이 피는 지역이다. 씨롱강에 의한 안개는 이 지역에서 스위트 와인

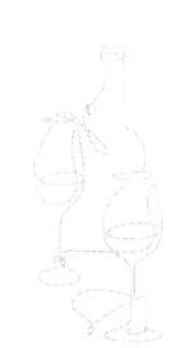

을 생산할 수 있게 환경을 조성해 준다.

포도가 익어가는 9월은 밤낮의 기온 차 등에 의해 하루 중에도 안개에 의한 습한 날씨와 한낮의 건조한 날씨가 교차하게 된다. 이러한 기후는 포도알에 보트리티스 씨네레아(Botrytis Cinerea)라는 곰팡이의 서식을 용이하게 해준다. 이 곰팡이가 포도알에 번식하여 포도 표피를 통해 포도 속의 수분을 흡수하고, 이로 인해 포도는 건포도처럼 쭈글쭈글하게 변형되고, 당도는 고농도로 농축되게 된다. 이러한 현상 즉, 보트리티스 씨네레아라는 곰팡이에 의해 당이 농축되는 것을 귀부(Noble Rot) 현상이라 하고, 귀부 현상에 의해 만들어진 달콤한 와인을 "귀부 와인"이라 한다.

보트리티스 씨네레아(Botrytis Cinerea)균에 의한 포도알의 질적인 변형은 포도송이의 모든 알이 한꺼번에 일어나지는 않는다. 따라서 보트리스균에 의해 변형된 포도알만을 선별하여 손으로 수확하며, 같은 포도밭이라도 보통 6회에서 12회 정도 수확하여 와인을 양조한다.

포도품종은 세미용(Semillon)과 쏘비뇽 블랑(Sauvignon Blanc)을 사용하는데, 세미용은 당도를 쏘비뇽 블랑은 산도를 담당하여 달콤하면서도 새콤함까지 제공한다. 스위트 와인은 당도에 비례한 산도가 보장되어야 좋은 와인이라 할 수 있다. 산이 와인의 골격을 이루어 바디감을 높여주기 때문이다.

① Sauternes, Barsac 와인 등급

1855년 제정된 등급으로 27개의 크뤼가 있다.

• Premier Cru Superieur(특등급, 1개 Cru)

Chateau d'Yquem

• Premiers Grand crus(1등급, 11개 Cru)

Château La Tour–Blanche / Sauternes

Château Lafaurie–Peyraguey / Sauternes

Château Clos–Haut–Peyraguey / Sauternes

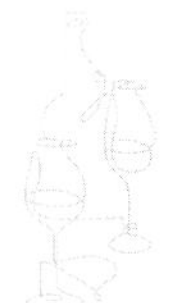

Château de Rayne–Vigneau / Sauternes

Château Suduiraut /Preignac, Sauternes

Château Coutet / Barsac

Château Climens / Barsac

Château Guiraud / Sauternes

Château Rieussec / Sauternes

Château Rabaud–Promis / Sauternes

Château Sigalas–Rabaud / Sauternes

• Seconds Grand Crus(2등급, 15개 Cru)

Château de Myrat / Barsac

Château Doisy Daene / Barsac

Château Doisy–Dubroca / Barsac

Château Doisy–Vedrines / Barsac

Château d'Arche / Sauternes

Château Filhot / Sauternes

Château Broustet / Barsac

Château Nairac / Barsac

Château Caillou / Barsac

Château Suau / Barsac

Château de Malle / Sauternes

Château Romer / Sauternes

Château Romer du Hayot / Sauternes

Château Lamothe / Sauternes

Château Lamothe –Guignard / Sauternes

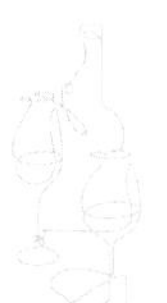

## 7) 쌩떼 밀리옹(Saint-Emilion)

쌩떼 밀리옹은 도르도뉴(Dordogne)강 위쪽에 위치하며, 1999년 유네스코 세계문화유산으로 지정된 중세의 문화와 역사가 공존하는 지역이다. 지역명으로서 쌩떼 밀리옹(Saint-Emilion)이 생긴 유래는 – 로마제국의 멸망으로 이곳에 기독교가 전파되고 종교의식 등에 사용하기 위한 와인 양조가 발전하게 된다. 8세기에 에밀리옹(Emilion)이라는 성직자가 살았고, 그의 사후 그를 기려 성자 에밀리옹(Saint-Emilion)이라는 말로 지역명이 생기게 되었다.

토양은 점토와 석회질 그리고 약간의 자갈과 모래 등이 퇴적된 토양으로 이루어져 있다. 이러한 토양층을 몰라세(Molasse)층이라 한다. 이러한 떼루아의 특성으로 쌩떼 밀리옹은 메를로(Merlot)와 까베르네 프랑(Cabernet Franc)을 중심으로, 보르도 좌안에 비해 좀 더 부드럽고 마일드한 와인을 생산한다.

쌩떼 밀리옹(Saint-Emilion) 와인 산지는 크게 쌩떼 밀리옹과 쌩떼 밀리옹 그랑 크뤼로 나뉘고 또, 쌩떼 밀리옹 주변에 4개의 위성 산지가 있다. 정리하면 다음과 같다.

- 쌩떼 밀리옹(Saint-Emilion)
- 쌩떼 밀리옹 그랑 크뤼(Saint-Emilion Grand Cru)
- 뤼싹-쌩떼 밀리옹(Lussac Saint-Emilion)
- 몽딴뉴 쌩떼 밀리옹(Montagne Saint-Emilion)
- 퓌스겡 쌩떼 밀리옹(Puisseguin Saint-Emilion)
- 생 죠르쥬 쌩떼 밀리옹(Saint-Georges Saint-Emilion)

### (1) 쌩떼 밀리옹 와인 등급(Saint-Emillion Classification)

쌩떼 밀리옹 와인 등급은 1955년 제정됐으며, 10여 년을 전후로 재조정되는데 현재의 등급체계는 2012년 정해졌다. 등급은 4단계로 나누어지며, 각 AOC 체계로 등급을 나눈다.

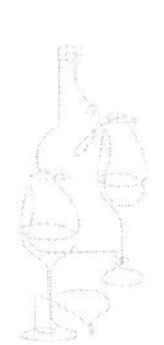

① Saint Emilion

② Saint Emilion Grand Cru

Saint Emilion보다 입지 조건이 좋은 지역에 지정한 등급으로, 이 지역에는 약 600여 개 샤또가 있다.

③ Saint Emilion Grand Cru Classe

Saint Emilion Grand Cru 지역 내에 있는 개별 샤또에 등급을 지정했으며 64개 샤또가 해당한다. Classe라는 단어는 개별 포도원에 등급을 부여했음을 의미한다.

④ Saint Emilion Premier Grand Cru Classe

Saint Emilion Grand Cru 지역 내에 있는 개별 샤또에 등급을 지정했으며 18개 샤또가 이 등급에 해당한다. 18개 샤또 중 4개는 Saint Emilion Premier Grand Cru Classe(A)로 다시 분류한다.

• PREMIERS GRANDS CRUS CLASSÉS(18 Cru)

Château Angélus(A)

Château Ausone(A)

Château Cheval Blanc(A)

Château Pavie(A)

Château Beau−Séjour(héritiers Duffau−Lagarrosse)

Château Beau−Séjour−Bécot

Château Bél Air−Monange

Château Canon

Château Canon la Gaffelière

Château Figeac

Clos Fourtet

Château la Gaffelière

Château Larcis Ducasse

La Mondotte

Château Pavie Macquin

Château Troplong Mondot

Château Trottevieille

Château Valandraud

• GRANDS CRUS CLASSÉS(64 Cru)

Château l'Arrosée

Château Balestard la Tonnelle

Château Barde-Haut

Château Bellefont-Belcier

Château Bellevue

Château Berliquet

Château Cadet-Bon

Château Cap de Mourlin

Château le Chatelet

Château Chauvin

Château Clos de Sarpe

Château la Clotte

Château la Commanderie

Château Corbin

Château Côte de Baleau

Château la Couspaude

Château Dassault

Château Destieux

Château la Dominique

Château Faugères

Château Faurie de Souchard

Château de Ferrand

Château Fleur Cardinale

Château La Fleur Morange Mathilde

Château Fombrauge

Château Fonplégade

Château Fonroque

Château Franc Mayne

Château Grand Corbin

Château Grand Corbin–Despagne

Château Grand Mayne

Château les Grandes Murailles

Château Grand–Pontet

Château Guadet

Château Haut Sarpe

Clos des Jacobins

Couvent des Jacobins

Château Jean Faure

Château Laniote

Château Larmande

Château Laroque

Château Laroze

Clos la Madeleine

Château la Marzelle

Château Monbousquet

Château Moulin du Cadet

Clos de l'Oratoire

Château Pavie Decesse

Château Peby Faugères

Château Petit Faurie de Soutard

Château de Pressac

Château le Prieuré

Château Quinault l'Enclos

Château Ripeau

Château Rochebelle

Château Saint-Georges(Cote-Pavie)

Clos Saint-Martin

Château Sansonnet

Château la Serre

Château Soutard

Château Tertre Daugay

Château la Tour Figeac

Château Villemaurine

Château Yon-Figeac

## 8) 뽀므롤(Pomerol)

뽀므롤은 쌩떼 밀리옹의 서북쪽에 위치한 보르도에서 가장 작은 규모의 와인 산지로서, 1868년에야 단독 지명을 가질 정도로 잘 알려지지 않은 지역이었다. 20세기 초까지만 해도 쌩떼 밀리옹의 위성 지역으로 취급받았고, 1960년대까지도 세상에 그리 알려지지 않은 지역이었으나 지금은 이름만으로도 등급 이상의 찬사를 받는 세계 최고의 와인 뻬뚜르스(Petrus)를 생산하는 지역이다. 뻬뚜르스는 예수의 제자 베드로의 이름이기도 하며 와인 레이블에 그의 초상이 그려져 있다. 메를로 100%로 와인을 생산한다.

www.vins-pomerol.fr

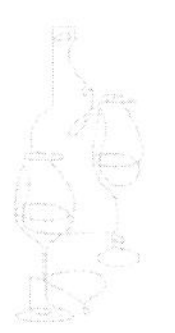

뽀므롤의 토양은 쇠찌꺼기란 별칭이 있을 정도로 산화철이 섞인 자갈, 점토, 모래 등으로 이루어져 있어 메를로와 까베르네 프랑을 주 품종으로 와인을 생산한다.

정해진 등급은 없으며, 산지는 라랑드 뽀므롤(Lalande de Pomerol)과 뽀므롤(Pomerol) 두 곳으로 구분되어 있다.

www.wine-searcher.com

## TIP 와인과 인생

보르도 소떼른 지방은 스위트 와인으로 세계적으로 유명한 지역이다.
꿀과 같이 매우 달콤한 와인을 접하다 보면 우리네 인생과 매우 흡사함을 느낀다.
스위트 와인에서 와인 속의 당분은 매우 중요하다. 그 당도가 높을수록 좋은 와인이다. 그런데 만약 와인 속에 당분만 높다면 어떻게 될까? 달콤한 와인일 수는 있지만 훌륭한 와인은 될 수 없다. 왜냐면 와인 속에 당과 상반되는 산도가 적절하게 보장되어야 비로소 훌륭한 스위트 와인이 되기 때문이다.
적절한 산도가 와인 속에 있어야 보관도 오래할 수 있고 와인에 구조감이 형성되기 때문이다.
와인을 공부하면서 가장 보람된 것은 삶을 배운다는 것이다.
우리 삶에 달콤한 일만 일어난다면 행복한 삶은 되겠지만 결코 훌륭한 삶은 되지 못할 것 같다. 힘듦을 굳이 찾아 할 필요야 없겠지만 직면해서 넘어선다면 좀 더 넓은 삶이 될 것이다. 삶의 목적이 행복이 아니라 거룩이라 했다. 어려움은 결코 우리 삶을 무너지게 하기 위함이 아니라 한 계단 높아지기 위함이란 것을 한 잔의 와인을 통해 깨우쳐 본다. 고난이 축복이라는 말씀이 가슴에 새겨진다.
참으로 감사하다.

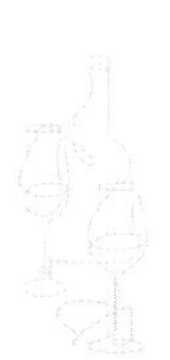

# 03

# 부르고뉴(Bourgogne) 와인

## 1. 부르고뉴 와인의 특성

부르고뉴(Bourgogne)는 북위 45~47도 사이에 위치한 지역으로 겨울이 춥고 봄에 서리가 내리기도 하는 대륙성 기후대를 가지고 있다. 완만한 언덕에 펼쳐진 코고 작은 포도밭들이 남향 또는 남동향으로 230km에 이르게 바둑판처럼 길게 이어져 있으며, 그 면적은 2만 7천6백 헥타르 정도이다. 이는 프랑스 전체 AOC의 3% 정도에 해당하는 산지로서 연간 약 2억 병을 생산하며 이는 전 세계 생산량의 약 0.3%에 해당된다.

0.3%라는 생산량은 전 세계적으로 보면 매우 적은 양이지만 전 세계 고가 와인의 약 5%가 이곳에서 생산됨을 보면 부르고뉴 와인의 위상을 알 수 있다. 세계 어느 산지에서도 흉내 낼 수 없는 섬세함과 부드러움은 와인의 최고봉이라 해도 과언이 아닐 것이다. 오늘날 부르고뉴 와인이 전 세계 와인 애호가들의 칭송을 받는 데는 2000년에 걸친 떼루아 형성과 그들의 노력의 결과물이라 할 수 있다. 부르고뉴 사람들은 와인을 이야기할 때 땅에 대해 많은 시간을 할애한다. 그도 그럴 것이 같은 품종, 같은 마을일지라도 포도밭에 따라 그 품질이 달라짐은 토양을 빼고는 설명할 길이 없다. 물론 장인 정신으로 와인을 양조하는 그들의 노력도 포함된다. 와인은 상품이지만 부르고뉴 와인은 작품이라고 저자는 표현하고 싶을 정도다. 부르고뉴 사람들의 땅에 대한 애착은, 자신들의 땅은 조상에게 물려 받은 게 아니라 자식에게 빌린 것이라고 생각할 정

도로 애정이 깊다. 땅을 함부로 하지 않고 소중히 사용하다 자식에게 더 좋게 물려주고 싶어함을 알 수 있다.

부르고뉴(Bourgogne)를 영어권에서는 버건디(Burgundy)라고 표현한다. 이는 5세기 중엽부터 부르고뉴의 정착 민족이 게르만족의 부르군디안(Burgundians)이었는데 이들에서 유래되어 영어권에서 버건디(Burgundy)라고 부르게 되었다.

부르고뉴 와인은 2천 년 전 로마시대부터 시작되었다. 그 예로 로마네 꽁띠(Romanee Conti)에서 보듯 로마시대의 이름이 아직 남아있다. 그러나 세상에 알려지기까지는 900여 년이 흐른 10세기 초반(910년경)부터다.

부르고뉴는 수도원과 그에 따른 수도승들이 많았는데 종교행사 등을 목적으로 수도승들은 와인양조에 남다른 기술력을 가질 수 있었고, 수도원의 영향력이 커지면서 이들에 의한 우수한 와인이 많이 만들어지면서 세상에 알려지기 시작했다. 이후 프랑스 혁명(1789년)으로 많은 수도원이 해체되고 그 토지가 민간에게 이양되면서 개인 양조가 활기를 띠는 시대를 맞는다. 시간이 흘러 나폴레옹 시대에는 상속법에 개정되는데,

상속자 모두에게 균등히 분할하라는 것이다. 이 법에 의해 포도밭의 소유 규모가 작아지기 시작했다. 대를 이어 균등한 상속을 하다 보니 하나의 포도밭에 소유주가 여럿인 경우도 생겨났다. 이를 반증하듯 부르고뉴에서는 모노폴(Monopole)이라는 용어가 있는데, 하나의 포도밭에 한 명의 소유주가 있다는 의미로서 이곳의 소유 구조를 짐작게 한다.

꼬뜨 도르는 1861년 자체적으로 와인등급을 정했고, 이 후 이 등급이 AOC의 기본 작업으로 이어진다. 부르고뉴의 최초 AOC는 모레이 쌩 드니(Morey-St-Denis)로 1936년에 받았다. 부르고뉴 와인의 특징을 좀 더 알아보자.

### 1) 포도 경작 면적은 적으나 AOC(AOP)로 등재된 이름이 수없이 많다

부르고뉴 포도밭은 이름들이 모두 있다. 부르고뉴가 아닌 다른 지역에서도 의사소통을 위해서라면 밭에 이름이 있기 마련이지만 부르고뉴의 포도밭 이름은 단순한 이름이 아닌 AOC로서의 이름이다. 즉, 와인법의 적용을 받는다는 의미이며, AOC 체계가 곧 등급이고, 포도밭 이름이 와인 이름이 된다.

포도밭에 이름들이 있다고 해서 부르고뉴의 모든 와인이 포도밭 명칭으로만 생산되지는 않는다. 가장 상위의 그랑 크뤼(Grand Cru)는 밭 이름이 곧 와인 이름이고, 프리미에 크뤼(Premier Cru)는 단일 밭에서 생산한 것은 개별 밭 이름을 표기하고 블렌딩한 와인은 표기하지 않는다. 마을 등급과 부르고뉴 등급은 밭 명칭을 표기하지 않고 마을 명칭이나 부르고뉴 명칭으로 와인을 생산한다. 이러한 많은 명칭들이 부르고뉴 와인을 어렵게 느끼게 하지만, 실상 호칭(AOC)체계는 4단계로 매우 단순하다. 단지 AOC 숫자가 600여 개로 많아 복잡하게 느껴질 뿐이다. 이 많은 호칭을 다 알면 좋겠지만 그렇지 않더라도 AOC(원산지 호칭)의 체계만큼은 명확한 이해가 필요하다.

하나의 밭 단위별로 이름이 있고 또, AOC로 정해져 있다는 것은 포도밭별로 토양의 성분이나 특성이 다르다는 것을 의미한다. 같은 마을의 포도밭일지라도 밭마다 다른 특성 때문에 이웃한 밭임에도 불구하고 서로 다른 와인이 생산되기 때문이다.

이렇게 포도밭 단위별로 성격과 성질이 다른 이유는 지구의 지각 운동의 결과라 할 수 있다. 석회질이 풍부한 샤블리와 르와르 쪽의 파리분지와 자갈이 많은 프랑스 중앙

산맥, 그리고 점토 성분이 풍부한 스위스 쪽의 분지가 부르고뉴를 중심으로 이동했었기 때문이다. 이 세 지각판이 부딪히면서 언덕이 생기고, 서로 다른 토양들은 조각조각 나뉘어져 오늘날과 같은 토양층을 만들었다. 여기에 포도밭들이 만들어져 마치 모자이크처럼 나뉘어진 것이다. 그럼 어떻게 땅 속 깊은 곳의 성분을 알고 그 먼 옛날 사람들은 밭을 구분할 수 있었을까? 그것은 이천 년 이어오는 경험에서 비롯된다. 예를 들어 본 로마네 마을에서 포도를 재배하는 사람이 어떤 구역에서는 아주 질 높은 와인이 지속적으로 생산된다는 것을 알았을 때 똑같이 마을 명칭으로 생산하고 싶진 않았을 것이다. 그래서 구획 짓고 이름 지어 와인을 생산해 온 결과가 오늘날 수많은 AOC로 이어진 것이다.

비탈진 언덕의 중심부 토양은 척박하고 좀 더 다양한 성분이 많아 그랑 크뤼(Grand Cru)가 많고, 그 다음으로 프리미에 크뤼(Premier Cru) 그리고 평평한 지역에는 마을 명칭과 부르고뉴 명칭 와인을 주로 생산한다.

토양 성분에 따라 석회 성분이 많은 지역은 화이트 품종을, 석회 성분이 적고 모래 자갈과 진흙질이 섞인 이회 토양은 레드 품종을 심는다.

### 2) 부르고뉴는 땅의 소유가 세분화되어 있다

앞에서 설명했듯이 프랑스 혁명 후 나폴레옹은 재산 상속에 관해 대상자 모두에게 균등하게 하라는 상속법을 시행했다. 이는 상속 측면에서는 매우 합리적일 수 있지만 대를 이어가며 분할되는 과정에서 소유 구조가 소규모로 세분되는 결과를 가져왔다.

이러한 결과로 하나의 밭을 한 명이 소유하고 있는 경우도 있지만 하나의 밭에 여러 명의 소유주들이 있는 경우가 허다하다. 그 좋은 예로 끌로 드 부죠(Clos de Vougeot)를 들 수 있는데 50헥타르 면적의 밭에 무려 80여 명의 소유주가 있다. 이는 축구경기장만한 크기로 보르도 지방의 샤또 팔머(Chateau Palmer)와 비슷한 크기(45헥타르)이다.

이러한 부르고뉴는 보르도와 비교하여 포도원 소유 규모가 무척 대조를 이룬다. 보르도는 대규모의 포도원이 많은 반면 부르고뉴는 작은 단위의 포도원을 소유하고 있는 경우가 대부분이기 때문이다. 지리적 특성도 있겠지만 역사적으로 보르도는 870여 년 전부터 영국과 밀접한 관계를 통해 프랑스 혁명 이후에도 많은 자본을 유지하는 계층이 많았던 반면, 부르고뉴는 소작농이나 수도사들과 같은 영세한 사람들이 대부분이었고 토지를 가진 농가들도 비교적 작은 농지를 소유한 지역이었다. 여기에 나폴레옹 상속법에 의한 토지 분할까지 이루어져 오늘날과 같은 소유구조가 형성된 것이다.

부르고뉴는 프랑스 혁명 이전부터 수도승들이 많이 활동하던 곳으로, 집안 형편이 좋지 않은 수재들이 주를 이루었다고 한다. 와인 양조가 주는 아니었지만, 기독교 의식 행사를 위해 양조하던 정성과 노력들이 더해져 전수되고, 뒤를 이은 수많은 양조자들의 장인 정신에 의해 오늘날과 같은 부르고뉴의 명성으로 이어졌다.

포도밭 이름에 "Clos"라는 단어를 어렵지 않게 볼 수 있을 것이다. 이는 돌담으로 경계지어진 밭을 의미한다. 마치 백담사, 조계사 등의 "사"가 절을 의미하듯 "Clos"는 돌담을 의미하는데, 부르고뉴가 자갈이 많음을 상징한다. 밭의 돌로 담을 쌓아 경계를 삼고 밭을 일구었는데, 이러한 일들을 수도사들이 주로 했다.

### 3) 일찍부터 네고시앙(Negociant)이 잘 발달되었다

부르고뉴에서의 와인생산은 크게 3가지로 나누어 볼 수 있다. 첫째는 여러 농가가 조합을 형성하여 공동 생산하는 조합생산방식이 있고, 둘째는 자신이 포도농사에서부터 와인양조 및 유통까지 하는 도멘느가 있고, 셋째는 자신이 생산한 포도나 와인을 전문 회사에 판매하여 유통하게 하는 네고시앙이다. 도멘느(Domaine)와 네고시앙(Negociant)에 대해 자세히 알아보자

#### (1) 도멘느(Domaine)

보르도 와인의 샤또와 비슷한 개념으로 포도밭을 소유하고 있어 직접 포도를 재배하고 양조하여 유통까지 하는 포도원을 말한다. 따라서 가문이나 자신들의 전통성을 매우 중요시한다. 많은 도멘느들은 아직도 조상들로부터 전해오는 전통적인 방법에 의해 와인을 생산하고 있으며 그것으로 차별화하려 하고 있다.

도멘느는 소유 규모에 있어서 각양각색이지만, 와인양조에 있어서는 가문의 명예를 중시하는 장인정신으로 와인을 생산한다고 할 수 있다.

### (2) 네고시앙(Negociant)

부르고뉴의 영세 생산자들은 자력으로 양조와 유통에 한계를 갖는 경우가 많다. 자본력이 있는 생산자는 자신들이 추구하는 스타일과 마케팅에 의한 유통구조를 가질 수 있지만, 그렇지 않은 생산자들은 이를 중간 유통업자에게 맡긴다. 구조적으로 소규모 농가가 많은 이 지역에서는 어찌 보면 자연스런 현상일 것이다. 이 중간 유통회사를 네고시앙(Negociant)이라고 한다. 어떤 농가는 포도 농사는 지었으나 양조여력이 안 될 수도 있고 또, 어떤 농가는 양조는 하였으나 유통에 어려움이 있을 수 있다. 이때 농가는 네고시앙에 포도나 와인을 넘기고, 네고시앙은 자신의 브랜드로 유통을 한다.

즉, 네고시앙은 주상이라고 할 수 있으며, 포도를 사서 양조하고 숙성시켜 유통시키기도 하고, 만들어진 와인을 사서 유통시키기도 한다. 자신들은 땅을 소유하지 않아 직접 포도를 재배하지 않고 매입을 통해 와인을 유통시키는 회사인 것이다. 자본에 의한 유통망을 가진 회사이기 때문에 규모가 도멘느보다 큰 경우가 많다.

수많은 네고시앙이 있지만 유명한 회사는 죠셉 드루앙(Joseph Drouhin), 루이 라뚜르(Louis Latour), 루이 자도(Louis Jadot), 몽므쎙(Mommessin), 앙토닝 로데(Antonin Rodet), 제 모로 에 피스(J. Moreau et Fils) 등 50여 곳이 넘게 있다.

부르고뉴 와인에서 네고시앙과 도멘느는 매우 중요한 의미가 있다. 같은 밭에서 재배된 포도일지라도 만드는 회사의 양조 기술력에 의해 품질이 다를 수 있기 때문이다. 부르고뉴의 섬세하고 예민한 와인은 마치 한 폭의 그림이 그려지듯 완성되어간다. 따라서 어느 도멘느의 와인인지, 어느 네고시앙이 양조했는지는 그 와인의 성격과 깊이가 달라질 수 있다.

훌륭한 와인이란 좋은 떼루아 조건에서 좋은 양조 기술력이 만난 와인이라고 할 수 있는데, 하나님이 주신 자연적 조건과 이를 다스리는 인위적 조건의 만남이라고도 하고 싶다.

이 글을 읽는 독자들에게 제안해보고 싶다. 유명한 지역의 잘 알려지지 않은 도멘느의 와인과, 유명하지 않은 지역에서 잘 알려진 도멘느의 와인을 비교해 보는 것이다. 매우 흥미로운 일일 것이라고 생각된다.

### 4) 떼루아를 가장 강조하는 지역이다

어느 와인 산지나 떼루아의 중요성은 강조하지만 부르고뉴만큼일까 싶다. 부르고뉴가 이처럼 떼루아의 중요성을 강조하는 이유는 앞에서 언급한 바와 같이 세 개의 지각판이 만난 지역으로서 땅속의 지질 구조가 매우 복잡하고 다양하기 때문이다.

포도는 이 다양한 토양에 뿌리를 깊이 내려 다양한 양분을 포도에 공급한다. 따라서 작은 단위의 포도밭일지라도 서로 다른 맛의 와인이 생산되는 것이다. 여기에 포도밭의 방향, 경사도, 위치 등에 따른 일조량, 배수, 관개, 가지치기, 여기에 더해 농사 일정, 양조 등의 차이는 다양한 스타일의 오묘하고 신비스런 와인의 세계를 연출한다.

떼루아에 대한 것은 포도 재배의 설명으로 갈음하고, 전해오는 이야기가 있어 소개하고자 한다.

프랑스에 부르고뉴 와인만을 매우 즐기는 왕이 있었다. 당연히 왕실에는 와인을 관리하는 당대 최고의 소믈리에가 있었고, 그는 신의 혀라 불릴 정도로 미각이 뛰어났다. 와인의 미세한 변화까지도 놓치지 않고 감지해 냈는데 어느 마을 어느 포도밭의 와인인지도 알아낼 정도라고 했다. 이 소믈리에는 매일 왕의 저녁에 오를 와인을 고르고 또 브르고뉴 전역을 다니며 왕이 좋아할 만한 와인을 물색하여 준비하는 것이 주 임무였다.

왕은 그의 실력과 노력을 크게 신임하며 총애를 아끼지 않아 정치적 위상까지 커지게 되었다. 시간이 흘러 2인자에 버금가는 권력을 지니게 되었는데, 이를 지켜보는 신하들은 시기와 질투로 어떻게든 소믈리에를 왕의 신임에서 멀어지게 하려고 했다. 많은 궁리를 하던 중 하나의 계략을 세웠는데 그것은 유명한 'A'라는 포도밭 옆의 나대지에 새로운 포도밭을 일구는 것이었다. 그곳에서 와인을 만들어 어느 지역 와인인지를 왕 앞에서 물어 소믈리에의 오답을 유도하자는 것이었다.

이윽고 시간이 왔다. 신하들은 왕 앞에서 그 나대지 와인을 시음하게 했다. 왕이 물었다. "어느 지역 와인인가?" 신하들은 속으로 쾌재를 불렀다. 사실 이 와인은 세상에 처음 나왔고 와인을 만든 밭은 이름도 없었기 때문이다. 시음을 마친 소믈리에는 조용히 말했다. "이 와인은 A포도원 와인입니다."라고. 일순간 신하들 사이에는 흥분이 돌았다. 자신들의 의도대로 A포도원이 아닌 그 옆의 나대지에서 만든 와인이었으니까.

그러나 잠시 후 소믈리에는 "A포도원의 와인이긴 하나 없는 와인입니다."라고 했다. 그게 무슨 말인고 하고 왕이 다시 묻자 그는 답했다. "분명 A포도원의 성격은 가졌으나 동일하지는 않고 여지껏 없었던 와인입니다."라고.

신하들의 수고가 물거품이 되어버린 이 이야기는 부르고뉴 와인이 밭 단위로 이름 지어졌고 이웃한 밭과의 맛이 다르다는 것을 은유한다고 할 수 있다.

이것이 곧 떼루아인 것이다. 그랑 크뤼나 프리미에 크뤼의 밭에 개별 AOC로 등록될 수밖에 없는 것도 떼루아 말고는 설명할 길이 없다.

## 2. 부르고뉴 와인의 포도품종, 기후와 토양

### 1) 포도품종

부르고뉴의 포도품종은 레드의 삐노 누아(Pinot Noir)와 갸메(Gamay), 화이트의 샤도네(Chardonnay)와 알리고떼(Aligote)가 중심에 있지만, 삐노 누아와 샤도네로 대부분의 와인을 생산하고 있어 이 두 품종이 부르고뉴의 핵심품종이라 할 수 있다.

그 외 샤블리와 비교적 가깝게 있는 오쎄루아(Auxerrois) 지역의 쌩-브리(Saint-Bris) 마을에서 쏘비뇽(Sauvignon) 품종으로 아펠라시옹 쌩 브리 화이트 와인을, 이랑시(Irancy) 마을에서 쎄자르(César) 품종으로 삐노 누아와 블렌딩하여 아펠라시옹 이랑시 와인을 생산하기도 한다. 또 몇몇 생산자들은 삐노 그리(Pinot Gris)로 화이트 와인을 만들기도 하지만 매우 미미한 수준이다. 삐노 그리는 이탈리아에서는 삐노 그리지오(Pinot Grigio), 부르고뉴에서는 삐노 뵈로(Pinot Beurot)라고 하는데 실제 부르고뉴보다 알자스 독일 등지에서 흔하게 볼 수 있다.

#### (1) 삐노 누아(Pinot Noir)

부르고뉴의 레드 품종으로 껍질이 얇고 촘촘하다. 와인을 만들었을 때 맑고 밝으며 섬세한 붉은 과일 향과 체리 향에 부드러운 맛이 특징이다. 숙성되면서 가죽, 게이미 향(산양, 노루, 꿩 냄새)과 농익은 과일 향이 풍성하게 지배하여 매우 우아하며 귀족적

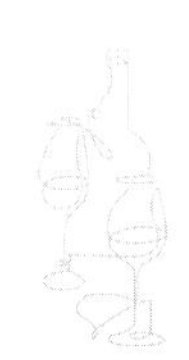

자태를 뽐내는 와인으로 변해간다.

### (2) 갸메(Gamay)

보졸레와 가까운 마코네 지역에서 일부 재배하고 있다.

### (3) 샤도네(Chardonnay)

부르고뉴 최북단 샤블리가 고향으로서 전 세계적으로 재배되는 화이트 와인의 제왕이라고도 할 수 있는 품종이다. 와인의 맛이 깊고 산미가 상쾌하며 미네랄이 풍부한 질감 높은 와인을 만든다.

열대 과일 향, 멜론 향, 사과 향, 감귤 향이 일반적으로 느껴지며 고급와인의 경우 오크통에 숙성시켜 보다 크리미하고 묵직한 와인으로 생산된다.

### (4) 알리고떼(Aligote)

화이트 품종으로 산도가 높고 열매가 많이 열리는 특징이 있다. 알리고떼는 포도밭을 처음 개간한 땅에 심기도 하고, 삐노 누아나 샤도네와 맞지 않는 토양에 대체 품종으로 심기도 한다.

현재 부르고뉴 알리고떼(Bourgogne Aligote)와 부지롱(Bouzeron)이 생산되고 있다. 부지롱은 꼬뜨 샬로네이즈(Cote Chalonnais) 지역의 마을로서 유일하게 알리고떼로 만든 마을 AOC이다.

#### TIP Kir(끼흐)

식전 칵테일로 많이 애용하는 칵테일 중 "Kir"에 대해 알아보자.
Kir(끼흐)는 알리고떼(Aligote)로 만든 화이트 와인에 크림 드 카시스(Creame de cassis)라는 달콤한 리큐어를 타서 마시는 칵테일로서 달콤새콤한 칵테일이다.
Kir는 디종(Dijon) 시의 시장(市長) 이름이었다.
Kir 시장은 평상시 알리고떼 화이트 와인에 크림 드 카시스를 넣어 즐기곤 하였는데 이것이 오늘날 유명한 와인 칵테일이 된 것이다.
화이트 와인 대신 샴페인을 타서 마시면 Kir Royal이 된다.

## 2) 기후와 토양

부르고뉴의 기후는 북부 대륙성 기후대로 온도차와 날씨의 변화가 심하다. 대륙성 기후이면서도 여름은 덥지만 건기이고 겨울은 춥지만 우기인 것이 특징이다(일반적으로 대륙성 기후는 여름이 우기이고 겨울이 건기이다. 보르도의 경우는 해양성 기후로 겨울은 포근하고 여름은 부르고뉴보다 덥지 않다). 봄에 서리가 많이 내리는데 특히 샤블리 지방이 심하다. 서리는 포도나무의 어린 꽃눈을 상하게 할 수 있어 서리가 내릴 때면 난로나 불을 지펴 대기온도를 조절하기도 한다.

연평균 강우량은 약 600mm로 수확 시기인 가을에 비가 내리는 경우가 있어 포도 재배자들을 긴장시키는 경우가 자주 있다. 또, 2003년 여름은 섭씨 40도를 넘기는 폭염으로 인해 포도의 산출량이 거의 절반 수준에 머문 경우도 있었다. 이렇듯 부르고뉴는 프랑스의 다른 지방에 비해 매우 까다로운 기후 조건을 가지고 있으나 포도 재배자와 양조자들의 노력에 의해 세계 최고의 와인을 생산해 내고 있다.

부르고뉴의 토양은 주로 이회토(석회질이 적고 진흙질 토양)나 석회질 토양으로 되어 있으며 이회토에는 레드 품종을 석회질 토양에는 화이트 품종을 심는다. 샤블리 지방이 화이트 와인만을 생산하는 이유가 바로 여기에 있다. 마을 전체가 석회질 토양으로 이루어졌기 때문이다.

포도밭의 경사도, 방향, 고도에 따라 배수의 용이성, 열 보존력, 심층 토양의 구조, 미네랄 등 토양의 성분 및 함량이 서로 다르게 나타나는 특징을 가지고 있어 이웃한 밭임에도 다른 맛의 와인이 생산될 수 있는 원인이 된다.

지형적으로 모방(Morvan)이라 부르는 큰 언덕과 함께 포도밭들이 조성되어있어 포도밭을 바람과 추위 등으로부터 보호해주는 역할을 하며 언덕의 경사면은 충분한 일조량과 배수를 용이하게 해준다. 이러한 것들이 북부 대륙성 기후의 약점을 보완해 주는 역할을 한다고 볼 수 있다.

## 3. 부르고뉴 와인의 등급 체계

부르고뉴 와인의 등급체계는 아펠라시옹(appellation) 체계와 동일하다. 즉, 가장 하위의 부르고뉴 명칭, 다음 상위의 마을 명칭, 마을 중에서 프리미에 크뤼로 등급 받은 포도밭, 그랑 크뤼로 등급 받은 포도밭의 4개 체계로 등급이 이루어진다.

### 1) 부르고뉴 와인(Bourgogne Appellation)

와인 레이블에 부르고뉴(Bourgogne)라고 표기할 수 있는 것으로 가장 낮은 등급의 와인을 말한다. 이는 부르고뉴 지역 안에서만 생산된 포도라면 이 등급의 와인을 만들 수 있다. 전체 생산량의 2/3가량을 차지하고 있다.

### 2) 마을 와인(Commune Appellation)

이는 부르고뉴급 와인보다 한 단계 높은 등급으로 레이블에 마을 이름을 쓸 수 있는 것으로 마을 명칭이 와인 이름이 된다. 예를 들어 샤블리, 꼬뜨 도르, 꼬뜨 드 뉘, 지브리 샹베르뗑과 같이 표기되는데, 같은 마을 단위일지라도 단위 규모에 따라 품질 수준은 달라진다. 샹베르뗑 마을은 꼬뜨 드 뉘에 속해 있고, 꼬뜨 드 뉘는 꼬뜨 도르에 속해 있으므로 마을명칭이 같은 와인일지라도 마을 규모가 품질 수준이 되기 때문에 부르고뉴 마을 명칭 이해가 필요하다. 이 와인은 전체 생산의 1/4에도 못 미친다.

### 3) 프리미에 크뤼 와인(Premier Cru Appellation)

마을의 수많은 포도밭 중에서 프리미에 크뤼로 등급 받은 포도밭의 와인을 일컫는다. 부르고뉴 와인의 약 11%를 차지하며 대략 560여개의 와인이 생산된다. 프리미에 크뤼는 같은 마을 내에서 프리미에 크뤼로 등급 받은 와인끼리는 블렌딩이 가능하다. 와인 레이블에는 블렌딩 와인은 마을 명칭만을, 단일 밭 와인은 마을 명칭과 함께 포도밭 명칭을 표기한다.

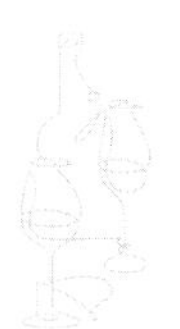

### 4) 그랑 크뤼 와인(Grand Cru Appellation)

그랑 크뤼 등급을 받은 포도밭 명칭에 Grand Cru를 붙여 등급을 표시하며, 이것이 와인 이름이 된다(마을 명칭은 표기하지 않는다). 부르고뉴 와인 중 최고급 와인이며, 부르고뉴 전체 생산량 중 1% 정도가 해당되며 33개의 포도밭이 있다. 샤블리 지역에 1개, 꼬뜨 도르(Cote d'Or) 지역에 32개다.

그랑 크뤼(Grand Cru)가 생산되는 마을 중에는 마을명이 그랑 크뤼 밭 명칭과 함께 붙여진 마을이 있다. 그랑 크뤼 포도밭 이름은 그 유명세 때문에 잘 알려져 있지만 정작 그 포도밭이 있는 마을명은 사람들이 알지 못하여 붙여진 이름이다.

쥐브리 샹베르뗑(Gevrey Chambertin)의 경우가 좋은 예인데 쥐브리(Gevrey)는 마을명이었고 샹베르뗑(Chambertin)은 그랑 크뤼(Grand Cru) 포도밭 명칭이다. 샹베르뗑이라는 포도밭은 잘 알려져 있으나 정작 쥐브리라는 마을 이름은 아는 사람이 없어 마을 이름을 아예 쥐브리 샹베르뗑으로 바꾼 것이다.

부르고뉴 그랑 크뤼 와인의 위대함을 보여주는 예라 하겠다.

뉘 쌩 죠르쥬(Nuits-Saint-Georges) 의 경우도 뉘(Nuits) 라는 마을명과 르 쌩 죠르쥬(Les Saint-Georges)라는 포도밭 이름을 합친 형태이다.

## 4. 부르고뉴의 각 지역별 와인

부르고뉴는 낮은 언덕과 함께 북에서 남으로 동남향 방향으로 포도밭들이 길게 늘어서 있다. 부르고뉴 와인 생산자들은 꼬뜨(Cote)를 강조하는데 꼬뜨는 언덕이라는 뜻으로 좀 더 품질 좋은 와인이 생산된다. 대부분의 그랑 크뤼나 프리미에 크뤼 포도밭들은 언덕에 산재해 있다. 언덕에 위치한 포도밭들에서 좋은 와인이 나오는 이유는 다음과 같다.

첫째, 일조량을 풍부히 받을 수 있다. 일조량이 풍부하면 포도의 당이 높아져 높은 알코올을 얻을 수 있고, 레드 와인은 색상이 풍부해진다.

둘째, 배수가 용이하다. 배수가 용이하다는 것은 물이 고이지 않고 쉽게 뿌리까지

도달한다는 의미가 있는 반면, 빨리 빠지는 물 때문에 포도 뿌리는 생존을 위해 더 깊게 내려갈 수밖에 없다는 뜻이다. 뿌리가 깊게 내릴수록 땅속의 더 많은 영양분을 포도에 전달하게 되므로 우수한 와인이 생산되는 것이다.

셋째는 다양한 토양성분이다. 부르고뉴 지역은 지각 운동에 의한 지각판이 부딪히면서 솟아난 지역으로 여러 지각의 성분들을 다양하게 가지고 있다. 따라서 이러한 토양적 특성을 표현하고자 꼬뜨(Cote)를 붙여 준다.

부르고뉴 와인 산지는 크게 다음과 같이 구분할 수 있다.

- 샤블리(Chablis)
- 꼬뜨 도르(Cote d'Or) : 꼬뜨 드 뉘(Cote de Nuits) + 꼬뜨 드 본(Cote de Beaune)
- 꼬뜨 드 뉘(Cote de Nuits)
- 꼬뜨 드 본(Cote de Beaune)
- 샬로네(Chalonnais)
- 마코네(Maconnais)

## 1) 샤블리(Chablis)

샤블리는 지각 운동으로 인해 바다가 육지가 된 지역이다. 아직도 물고기나 어패류의 화석을 발견할 수 있다. 이 지역은 특이하게도 마을 전체가 석회질 토양으로 구성되어 있다. 이러한 토양 특성 때문에 샤도네(Chardonnay) 단일 품종으로 화이트 와인만을 생산한다. 땅 속 깊은 곳까지 석회층을 이루고 있는데, 이런 석회층으로 겹겹이 쌓여있는 토양을 키메르지앙(Kimmeridgian)이라고 한다. 키메르지앙 토양에 서늘한 기후는 화이트 와인을 생산하기에 최적의 조건을 갖추었다 할 수 있다.

바다였던 토양답게 풍부한 미네랄과 서늘한 기후 덕에 밀도 있는 산도가 조화로운 샤블리 와인은 어패류의 굴이나 여타 해산물과 너무도 잘 어울린다. 샤도네의 특징인 청사과와 파인애플 향이 와인의 신선도를 한층 더해준다.

샤블리 와인의 등급은 샤블리 그랑 크뤼(Chablis Grand Cru), 샤블리 프리미에 크뤼 (Chablis Premier Cru), 샤블리(Chablis), 쁘띠 샤블리(Petit Chablis)의 4개의 체계

로 나누어진다.

### (1) Chablis Grand Cru

샤블리 지역의 최고급 와인으로 9.8헥타르의 생산면적에 7개의 Climats(포도밭)에서 생산되고 있다. 알코올 도수는 11~13.5% 정도이며 숙성은 5~20년까지도 가능한 묵직한 바디감을 자랑한다.

샤블리 그랑 크뤼 밭은 7개의 구획으로 나뉘어 있는데 각각 이름이 있으며 와인 레이블에 표기된다.

- 부그로(Bougros)
- 레 끌로(Les Clos)
- 그르누이으(Grenouilles)
- 블랑쇼(Blanchot)
- 프뢰즈(Preuses)
- 발뮈르(Valmur)
- 보데지르(Vaudesir)

### (2) Chablis Premier Cru

단일 포도밭에서 생산할 수도 있고 다른 프리미에 크뤼와 블렌딩하여 만들 수도 있다. 이때 두 포도원에서 포도를 혼합해서 만들었을 경우 레이블에 포도밭 표시는 하지 않고 '프리미에 크뤼'라고만 표시하고 단일 포도원에서 생산됐을 경우 포도밭 명칭을 표시한다. 알코올 도수는 10~13.5도 정도이고, 4~8년 정도 숙성이 가능하다.

### (3) Chablis

보통 스탠더드 샤블리를 칭하고, 샤블리 지역 전체에서 생산되며 병입 후 2~3년 차에 최고조의 맛을 낸다.

### (4) Petit Chablis

맛과 신선도가 오래가지 않으므로 1~2년 안에 마시는 게 좋다. 작황이 나쁜 해일지라도 알코올 9.5%만 얻으면 쁘띠 샤블리라 할 수 있다.

**TIP 샤블리 와인과 음식**

샤블리 와인과 굴요리는 천생연분이라고까지 한다. 샤블리 지방이 바다였던 것과 무관하지 않다. 바다였던 이곳의 땅은 자연스레 미네랄 성분이 충분하여 와인에서도 미네랄 성분이 느껴진다. 따라서 굴과 같은 미네랄이 풍부한 해산물과 궁합이 맞는 것이다. 숙성을 오래한 그랑 크뤼나 프리미에 크뤼 와인과는 구운 생선, 가자미류 또는 닭 앞 가슴살 요리나 바닷가재 요리와도 훌륭한 궁합을 이룬다.
샤블리의 샤도네는 여느 지역 샤도네보다 미네랄 느낌과 더불어 산도가 풍부하다. 산과 미네랄의 조화로 굴과 생선류의 요리와 궁합을 이루는 것이다.

## 2) 꼬뜨 도르(Cote d'Or)

꼬뜨 도르(Cote d'Or)는 부르고뉴 최고의 와인들이 생산되는 곳으로 꼬뜨 드 뉘(Cote de Nuits) 마을과 꼬뜨 드 본(Cote de Beaune) 마을을 합쳐 부르는 마을 명칭이다. 오르(Or)는 황금을 의미하는 말로서 이곳을 황금의 언덕(Cote d'Or)이라 한다. 이러한 이름이 붙여진 것은 포도를 수확한 뒤의 포도밭들이 포도잎들로 인해 황금색을 띠기 때문이다.

### 3) 꼬뜨 드 뉘(Cote de Nuits)

꼬뜨 드 뉘(Cote de Nuits)의 와인 산지는 디종(Dijon)에서 12km지점부터 길이 20km, 폭 200~800m에 걸쳐 길게 뻗어있다. 꼬뜨 드 뉘(Cote de Nuits)의 토양은 삐노 누아를 재배하기에 가장 이상적인 조건을 갖추고 있어 세계에서 가장 훌륭한 삐노 누아 와인을 만들어낸다. 세계 어디서도 흉내내지 못하는 카리스마는 땅과 하늘과 사람의 걸작이 아닌가 싶다.

Dijon
Marsannay
Fixin
Cote de Nuits
Gevrey Chambertin
Cote d'Or
Morey- St- Denis
Hautes-Cotes
de Nuits
Chambolle-Musigny
Vougeot
Vosne Romanee
Savigny-les-Beaune
Nuits-Saint-Georges
Cote de Beaune
Pernand-Vergelesse
Ladoix
Hautes Cotes
de Beaune
Aloxe Corton
Pommard
St Romain
Chorey-les-Beaune
Volnay
Monthelie
Beaune
Auxey-Duresses
Meursault
St Aubin
Puligny-Montrachet
Chassagne-Montrachet
Santenay
Maranges
Bouzeron
Rully
Mercurey
Cote Maconnais
Saint Veran
Cote Chalonnais
Givry
Pouilly Fuisse
Pouilly Loche
Buxy
Montagny
Pouilly Vinzelles
Macon

꼬뜨 드 뉘(Cote de Nuits)의 와인 산지로는

- 마흐산느(Marsannay)
- 픽셍(Fixin)
- 쥐브리 샹베르뗑(Gevrey Chambertin)
- 모레이 쌩 드니(Morey-St-Denis)
- 샹볼 뮤진느(Chambolle-Musigny)
- 부죠(Vougeot)
- 본 로마네(Vosne Romanee)
- 뉘 쌩 죠르쥬(Nuits-Saint-Georges)
- 오 꼬뜨 드 뉘(Hautes-Cotes de Nuits)가 있다.

### (1) 쥐브리 샹베르뗑(Gevrey Chambertin)

쥐브리 샹베르뗑은 부르고뉴에서도 왕의 와인 또는 나폴레옹의 와인이라 할 정도로 부르고뉴, 나아가 프랑스 와인의 자랑이라 해도 과언이 아닐 것이다.

부르고뉴 그랑 크뤼 33개 밭 중에 9개가 이곳에 있으며, 프리미에 크뤼 28개가 분포해 있는 것만 봐도 이 마을의 우수한 토양과 유연하며 폭넓은 바디감의 쥐브리 샹베르뗑 와인을 짐작할 수 있다.

미국의 유명한 와인석학인 로버터 파커는 그의 저서 〈The Burgundy〉에서 다음과 같이 이야기 한다. "나폴레옹이 워털루 전쟁(1815년)에서 패배한 이유를 전쟁 전날 저녁식탁에 샹베르뗑 와인이 없었기 때문이라고 믿고 있는 사람도 있다. 또한 그가 전쟁에서 패배한 이후 세인트 헬레나 고도에 유폐되어 있는 동안 그의 죽음을 재촉한 것도 그가 즐겨 마시던 샹베르뗑 와인 대신 그에게 공급된 보르도 와인을 마시지 않을 수 없었기 때문이라고도 한다" 사실, 우아하고 섬세한 부르고뉴 와인에 젖어있고 그 가운데서도 샹베르뗑(Chambertin)과 샹베르뗑 끌로 드 베즈(Chambertin clos de Beze) 와인에 탐닉했던 나폴레옹으로서는 이 와인이 빠진 식탁에서 정신적 안정을 잃고 명운을 건 싸움을 위해 제대로 전략도 짜지 못하고 이튿날 전장에서 웰링톤 장군에게서 패배의 잔을 마시지 않을 수 없었던 모양이다.(발췌 최훈 저, 프랑스와인)

• Grand Cru Appellation

– 샹베르뗑(Chambertin)

– 샹베르뗑 끌로 드 베즈(Chambertin clos de Beze)

이 이름은 버건디 공작인 아말게르(amalgaire)에게 하사 받아 7세기부터 소유해 왔던 베즈 수도원에서 유래되었다.

– 샤펠 샹베르뗑(Chappelle–Chambertin)

– 샤름므 샹베르뗑(Charmes–Chambertin)

– 그리오뜨 샹베르뗑(Griotte–Chambertin)

– 라뜨리씨에르 샹베르뗑(Latricieres–Chambertin)

– 마지 샹베르뗑(Mazis–Chambertin)

– 뤼쇼뜨 샹베르뗑(Ruchottes–Chambertin)

– 마조이에르 샹베르뗑(Mazoyeres Chambertin)

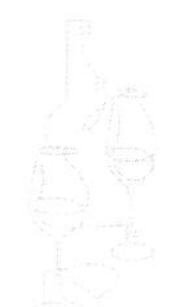

### (2) 모레이 쌩 드니(Morey-St-Denis)

650여 명이 거주하는 작은 마을로서 Grand Cru 5개와 Premier Cru 20개의 포도밭을 가지고 있다.

• Grand Cru Appellation

- 끌로 쌩 드니(Clos Saint-Denis)
- 끌로 드 라 로슈(Clos de la Roche)
- 끌로 드 람브레이(Clos des Lambrays)
- 끌로 드 타르(Clos de Tart)
- 본느 마르(Bonnes Mares)
  (Morey-St- Denis(1.5헥타르)와 Chambolle-Musigny(13.5헥타르)에서 생산한다.)

### (3) 샴볼 뮤진느(Chambolle-Musigny)

1110년에 생긴 마을로서 360여 명의 주민이 거주한다. 샴볼 뮤진느의 Grand Cru 포도밭인 뮤진느는 1878년에 붙여졌다. Grand Cru 2개와 Premier Cru 24개가 있다.

• Grand Cru Appellation

- 뮤진느(Musigny) : 레드(37,000병/년) 화이트(1,600병/년)생산
- 레 본느 마르(Les Bonnes-Mares) : Chambolle-Musigny와 Morey-St-Denis 사이에 위치하지만 샴볼 뮤진느 마을에 속한다.

### (4) 부죠(Vougeot)

샴볼 뮤진느의 남쪽 1마일 지점에 위치한 마을로서 Grand Cru 1개와 Premier Cru 4개가 있다.

• Grand Cru Appellation

- 끌로 드 부죠(Clos de Vougeot)

하나의 밭에 무려 83명의 다른 소유자가 있다.

### (5) 본 로마네(Vosne Romanee)

본 로마네는 지브리 샹베르뗑과 더불어 꼬뜨 도르를 대표하는 지역이다. 특히 세계 최고의 와인인 로마니 꽁띠(Romanee Conti)를 생산하는 마을로서, 이 마을 이름의 로마니(Romanee)는 로마 점령기부터 이들 포도원이 조성되었음을 추측게 한다. 본 로마네의 그랑 크뤼 와인들은 가격이 비싸기로도 유명하다. 그만큼 세계 최고의 와인 산지임을 알 수 있다. Grand Cru 8개와 Premier Cru 14개가 있다.

• Grand Cru Appellation

– 로마니 꽁띠(Romanee Conti)

1.8헥타르의 작은 밭에서 연간 4천~6천여 병을 생산한다. 2008년의 경우 3,151병을 생산했고, 1999년은 6917병을 생산했다(출처 : 로마네 꽁띠 홈페이지). 이같이 해마다 생산량의 차이가 나는 것은 인위적으로 생산량을 조절하지 않기 때문이다. 포도나무에 어떠한 화학적 물질도 살포하지 않고 자연 상태에서 포도를 가꾸고 와인을 생산한다.

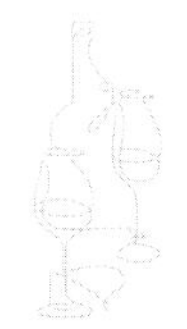

로마네 꽁띠라는 이름의 시작은 1760년 꽁띠 왕자의 밭 매입 후 34년이 흐른 1794년에 로마네 꽁띠라는 이름으로 세상에 나오면서부터다. 세상에서 가장 비싼 와인을 찾으라면 단연 로마니 꽁띠일 것이다. 좋은 빈티지의 와인은 프랑스 현지에서도 수 천만원을 호가하기도 한다. 생산량은 적고 가격마저 비싸니 프랑스인들이 평생 한 번쯤은 먹어보는 것이 소원이라는 말이 실감된다.

로마니 꽁띠는 밭 이름이면서 도메인명도 로마니 꽁띠를 사용하고 있다. DRC라는 용어는 도멘 로마니 꽁띠(Domaine Romanee Conti)의 약자이다.

로마니 꽁띠 포도밭 입구에는 상징물인 십자가가 상징처럼 서있다.

– La Romanee(라 로마니, 연간 3,800여 병 생산)

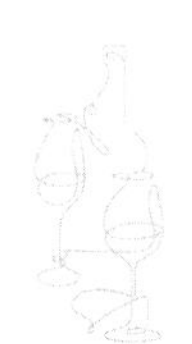

– Romanee Saint Vivant(로마니 쌩 비방, 연간 25,600여 병 생산)

– Richebourg(리쉬부르, 연간 27,000여 병 생산)

– La Tache(라 따쉬, 연간 16,000여 병 생산)

– La Grande Rue(라 그랑 뤼, 연간 8,000여 병 생산)

– Echezeaux(에쎄죠, 연간 146,000여 병 생산)

– Grand Echezeaux(그랑 에쎄죠, 연간 36,000여 병 생산)

### (6) 뉘 쌩 죠르쥬(Nuits–Saint–Georges)

꼬뜨 드 뉘(Cote de Nuits)는 지리적으로 뉘 쌩 죠르쥬(Nuits–Saint–Georges) 마을을 중심으로 형성된 와인 산지이다. 앞서 설명했듯이 뉘(Nuits)라는 마을명과 레 쌩 죠르쥬(Les Saint–Georges)라는 포도밭 명이  합쳐져서 뉘 쌩 죠르쥬(Nuits–Saint–Georges)가 된 것이며, 그랑 크뤼 밭은 없고 프리미에 크뤼는 40여 개가 존재한다.

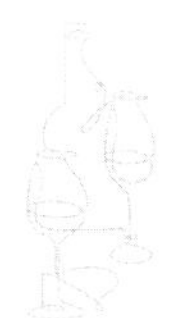

#### (7) 오 꼬뜨 드 뉘(Hauts-Cotes de Nuits)

오 꼬뜨 드 뉘는 주로 꼬뜨 드 뉘 마을 뒤편에 산재해 있으며 18개 마을이 있다. 수확은 일조량 등의 영향으로 주요 다른 마을보다 일주일 정도 늦게 수확한다. 바디가 가볍고 농축미가 떨어진다.

### 4) 꼬뜨 드 본(Cote de Beaune)

꼬뜨 도르(Cote d'Or)의 남쪽지역으로서 꼬뜨 드 뉘와 함께 꼬뜨 도르를 이루는 지역으로, 꼬뜨 드 뉘는 삐노 누아로 대표되고 꼬뜨 드 본은 샤도네로 대표된다고 할 수 있다. 석회질이 풍부한 언덕지대에서 샤도네의 본향이라 할 정도로 부르고뉴 최고급 화이트 와인들이 생산된다. 레드와 화이트는 6:4 정도의 비율로 생산되고 있다.

꼬뜨 드 본의 주요 산지는 다음과 같다.

- 뻬르낭 베르즐레스(Pernand-Vergelesse)
- 라두아 세리니(Ladoix-serrigny) 또는 라두아(Ladoix)
- 알록스 꼬르똥(Aloxe Corton)
- 본(Beaune)
- 쇼레 르 본(Chorey-les-Beaune) 또는 쇼레(Chorey)
- 싸비니 르 본(Savigny-les-Beaune) 또는 싸비니(Savigny)
- 뽀마르(Pommard)
- 볼레(Volnay)
- 뫼르소(Meursault)
- 쌩 로멩(Saint-Romain)
- 몽뗄리(Monthelie)
- 오쎄 뒤레스(Auxey-Duresses)
- 쌩 또뱅(Saint-Aubin)
- 뿔리니 몽라쉐(Puligny-Montrachet)
- 사샤뉴 몽라쉐(Chassagne-Montrachet)

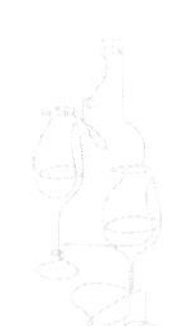

– 샹뜨네(Santenay)

– 마랑즈(Maranges)

– 꼬뜨 드 본(Cotes de Beaune)

– 꼬뜨 드 본 빌라지(Cotes de Beaune Village)

주요 산지의 생산와인을 알아보면 다음과 같다.

## (1) Aloxe Corton

그랑 크뤼 3개와 프리미에 크뤼 13개가 있다.

• Grand Cru Appellation

– **꼬르똥 샬마뉴**(Corton Charlemagne) : 화이트 와인만을 생산한다

– **샬마뉴**(Charlemagne) : 작은 면적에서 화이트 와인만을 생산하며, 현재는 꼬르똥 샬마뉴 AOC에 편입되었다.

– 꼬르똥(Corton) : 화이트 와인과 레드 와인이 생산되지만, 주로 레드 와인(약 95%)을 생산하며 꼬뜨 드 본 지역의 유일한 레드 그랑 크뤼 와인이다.

### (2) 본(Beaune)

본(Beaune) 마을을 중심으로 꼬뜨 드 본 산지가 분포해 있으며 본 시내에는 많은 생산자들이 있는데, 죠셉 드루앙(Joseph Drouhin), 루이 라뚜르(Louis Latour), 샹삐(Champy), 루이 자도(Louis Jadot), 샹송 뻬르 에 필스(Chanson Pére & Fils), 부샤 아잉 에 필스(Bouchard Ainé & Fils), 르모아쎄네 뻬르 에 필스(Remoissenet Pére & Fils), 빠트리아쉐 뻬르 에 필스(Patriarche Pére & Fils), 부샤 뻬르 에 필스(Bouchard Pére & Fils) 등이 있으며, 뻬르 에 필스(Pére & Fils)라는 뜻은 대를 이어 아버지(조상) 때부터 전해오는 방식으로 아들 대에서도 양조하고 있다는 의미이다.

### (3) 뽀마르(Pommard)

1937년 AOC로 지정되었으며 그랑 크뤼는 없고 28개의 프리미에 크뤼 포도밭이 있다. 이 지역은 철분이 풍부하고, 석회성분의 진흙이 많이 함유된 토양으로 삐노 누아 와인 치고는 색이 짙고 틴닌이 풍부하다. 레드 와인만을 생산한다.

### (4) 볼레(Volnay)

뽀마르와 마찬가지로 1937년에 AOC로 지정되고 레드 와인만 생산하는 곳이다. 그랑 크뤼는 없고 30여 개의 프리미에 크뤼가 있으며, 뽀마르 와인에 비해 과일 향이 풍부하고 부드러운 특징이 있다.

### (5) 뫼르소(Meursault)

뫼르소는 샤도네를 기반으로 한 화이트 와인 산지이다. 화이트 와인 생산비율이 무려 98%에 이르며 프리미에 크뤼 등급의 와인은 11.5% 잠재적 알코올을 보장해야 한다. 꼬뜨 드 본의 중량감을 느낄 수 있는 대표적 화이트 와인 산지이다.

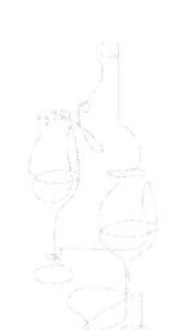

### (6) 뿔리니 몽라쉐(Pulligny-Montrachet)

몽라쉐(Montrachet)란 식물이 없는 언덕을 의미하는 것으로 이 곳의 토양이 얼마나 척박한지 짐작할 수 있다. 그랑 크뤼 4개가 있다.

• Grand Cru Appellation

- 몽라쉐(Montrachet) : 샤샤뉴 몽라쉐와 공유하고 있는 밭이다. 샤도네로 만든 세계 최고의 화이트 와인이라 해도 과언이 아니다. 풍부한 아로마와 바디감은 20년이 지나도 유지된다.
- 슈발리에 몽라쉐(Chevalier Montrachet) : 몽라쉐와 어깨를 같이 할 수 있는 화이트 와인으로 평가 받는다.
- 바따르 몽라쉐(Bartard Montrachet) : 샤샤뉴 몽라쉐와 공유하고 있는 밭이다. 장기 숙성이 가능한 화이트 와인이다.
- 비엥브뉘 바따르 몽라쉐(Bienvenues Bartard Montrachet) : 비교적 작은 밭에서 생산량이 그리 많지 않지만 풀바디한 화이트 와인이다.

### (7) 샤샨느 몽라쉐(Chassagne-Montrachet)

뿔리니 몽라쉐와 이웃한 마을로 매우 섬세하면서도 묵직한 화이트 와인과 삐노 누아로 레드 와인을 생산한다. 그랑 크뤼 포도밭은 뿔리니 몽라쉐와 경계를 넘어 공유하고 있는 2개의 밭과 하나의 끄리오 바따르 몽라쉐가 있다.

- 몽라쉐(Montrachet) : 뿔리니 몽라쉐와 샤샤뉴 몽라쉐에 걸쳐있는 포도밭이다.
- 바따르 몽라쉐(Bartard Montrachet) : 뿔리니 몽라쉐와 샤샤뉴 몽라쉐에 걸쳐있는 포도밭이다.
- 끄리오 바따르 몽라쉐(Criots Batard Montrachet): 비교적 작은 포도밭으로 묵직하면서도 아로마가 풍부한 장기 숙성이 가능한 화이트 와인이다.

### (8) 샹뜨네(Santenay)

99%가량은 레드 와인을 생산하고 약간의 화이트만을 생산한다.

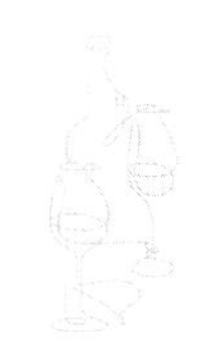

## 5. 꼬뜨 샬로네(Cote Chalonnais)

꼬뜨 샬로네 와인의 생산지는 다음과 같다.

- 부즈롱(Bouzeron)
- 륄리(Rully)
- 메르뀌레(Mercurey)
- 지브리(Givry)
- 몽따뉘(Montagny)

### 1) 부즈롱(Bouzeron)

알리고떼를 100% 사용할 경우 AOC를 받을 수 있다.

### 2) 륄리(Rully)

로마 시대에 생겨난 마을로서 샤도네와 삐노 누아를 거의 반반씩 재배한다.

### 3) 메르뀌레(Mercurey)

레드 95%, 화이트 5% 정도를 재배하는 레드 와인 산지이다.

### 4) 지브리(Givry)

샬로네이즈 5개 마을 중 가장 규모가 작고 90%를 레드 와인을 생산한다.

### 5) 몽따뉘(Montagny)

리용(Lyon) 아래 있는 마을로서 샤도네의 화이트 와인 산지이다.

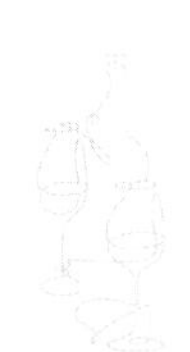

## 6. 마코네(Maconnais)

### 1) 쌩 베랑(Saint Veran)

샤도네로 화이트 와인만 생산한다.

### 2) 푸이 퓌세(Pouilly Fuisse)

샤도네로 화이트 와인만 생산한다.

### 3) 푸이 로슈(Pouilly Loche)

샤도네로 화이트 와인만 생산한다.

### 4) 푸이 뱅젤레(Pouilly Vinzelles)

샤도네로 화이트 와인만 생산한다.

### 5) 마콩(Macon)

갸메와 피누 누아로 레드 와인을 생산하고 샤도네로 화이트 와인을 생산하며 마콩(Macon)보다 약간 품질이 좋은 Macon Superieur(마콩 수페리외), Macon Village(마콩 빌라지)의 명칭으로도 생산하고 있다.

삐노 누아와 갸메를 블렌딩하여 부르고뉴 파스 투 그랭(Passe-Tout-Grains)을 생산하고 있으며 블렌딩 비율은 삐노 누아 1/3, 갸메 2/3 정도이다.

## TIP 와인 스트레스

일반적으로 고급 와인이 생산되는 곳은 언덕의 배수가 잘되는 매우 척박한 환경에 위치한다. 거기에다 포도나무 간격을 가깝게 심어 서로 생존 경쟁을 시킨다. 강수량이 매우 적어 항상 물이 부족한데 포도나무까지 가깝게 심어 그나마도 더 어려운 환경을 만드는 것이다.

포도나무는 이런 환경에서 생존을 위해 땅 속 바위 등을 헤쳐 뿌리를 깊게 내리고 다양한 영양분을 공급받아 강한 면역력과 튼튼한 포도 열매를 맺는다.

우리의 삶에서도 스트레스는 각종 질병의 원인이 되지만 적당한 스트레스는 오히려 역동성과 존재감을 형성시켜 생활에 활기를 넣을 수 있다고 본다.

문제는 그 스트레스를 대하는 관점에 따라 질병과 같은 문제가 되거나 삶의 원동력이 되는 기회가 될 수 있을 것이다.

와인과 인생은 너무도 많은 것이 닮았다.

우리들의 삶에서 문제라고 하는 것들은 실제로는 그것을 문제라고 인식했기 때문에 문제이지, 처음부터 문제로 존재하지는 않는다. 또한 문제는 답이 있기 때문에 문제이지, 답이 없는 것은 문제도 아니다.

세상을 또 삶을 어떻게 볼 것이냐 하는 태도는 지금을 성공으로도 실패로도 인도하는 길이 아닐까 생각해 본다.

# 04

# 보졸레(Beaujolais) 와인

보졸레 누보로 잘 알려진 보졸레는 풍부한 과일 향의 레드 와인을 생산하는 지역이다. 행정구역상으로는 부르고뉴에 속한 지역이지만 와인 산지로서 보졸레는 기후 및 토양이 달라 부르고뉴와는 그 결이 다르다. 거의 모든 와인을 갸메(Gamay noir a Jus Blanc, 갸메 누아 아 쥐 블랑) 단일 품종으로 생산하며, 갸메를 위한, 갸메에 의한 산지라고나 할까? 갸메가 주는 신선함을 가장 잘 표현하는 지역이다. 토양도 대부분 화강암으로서 더운 날씨와 더불어 갸메와 궁합이 잘 맞는다. 1% 정도의 샤도네(Chardonnay)를 심기도 하지만 극히 미미하다.

이러한 환경 탓에 다른 지역에서 찾아보기 힘든 독창적인 보졸레의 신선한 와인들은 일반적인 레드 와인보다 좀 더 차게 해서 마시면 풍부한 과일 향과 섬세함을 더욱 만끽할 수 있다.

## 1. 보졸레의 지리적 특성

보졸레는 프랑스의 동쪽 마콩(Macon)에서 리용(Lyon)까지 손강을 옆에 끼고 완만한 경사의 산들로 쌓인 중심부에 위치하고 있다. 북서쪽의 해발 1,009m에 달하는 쌩리고산과 서쪽의 해발 600~900m의 산맥들이 와인 산지들을 보호하는 형상으로 약

15km$^2$의 넓이와 65km의 길이를 가진 화강암질 토양 등으로 이루어져 있다. 포도원들은 대부분 해발 200~400m 사이의 언덕에 위치해 있지만 일부는 산꼭대기에 있는 경우도 있다.

보졸레 떼루아의 특징을 살펴보면 북쪽은 주로 화강암 편암지대로 보졸레 빌라지와 10개 크뤼(Cru) 와인을 생산하고 남쪽은 모래와 석회지대로 보졸레와 보졸레 누보를 생산한다.

## 2. 보졸레의 기후적 특징

연중 강수량은 740mm 정도로서 매우 적은 편이며 여름이 매우 덥고 겨울은 매우 춥다. 여름이 오기 전 5월의 낮에는 햇볕이 따가울 정도로 여름이 덥다. 이러한 기후와 화강암질 토양이 갸메를 만나 보졸레 와인을 특징짓는 것이다. 또한, 서리의 피해를 입기도 하는데 무더운 여름 더위가 지나자마자 비바람과 서리가 내려 수확 시기에 많은 피해를 안겨주기도 한다.

2003년 8월 그늘에서 40도가 넘는 폭염이 있었고, 1963년 영하 21도를 기록하는 혹한도 있었다. 폭염과 혹한이 지나가는 보졸레의 와인 농가들은 이러한 기후 때문에 더 많은 수고를 하는 편이다.

포도가 익어 갈 무렵 나타나는 낮과 밤의 기온 차는 포도에 산도를 강화시켜주며 과일 향이 강한 와인 캐릭터를 형성시켜준다.

## 3. 보졸레 와인의 양조방식

보졸레 지방에서 포도 수확은 100% 손으로 한다. 이는 포도송이가 손상되는 것을 방지하여 밭에서부터의 산화를 막고 포도의 신선도를 최대화하여 와인의 생기와 신선함을 부각하고자 함이다. 이렇게 손으로 수확된 포도는 가지가 있는 송이째 밀폐된 발효통에 넣어 발효한다. 일반적인 레드 와인 양조는 가지를 제거하고 포도 알맹이만을

양조하며 침용 과정을 거치는데 보졸레 와인은 이처럼 독특한 방식을 취하고 있다. 바로 밀폐된 발효통에서 진행되는 탄산 침용(Carbonic Maceration)방식이다.

포도를 송이째 밀폐된 통속에 넣어두면 가장 밑에 있는 포도부터 중력에 의한 무게로 상처를 받아 즙이 흘러나오고 이는 효모가 포도 알맹이 속으로 들어가게 하여 발효를 일으킨다. 이러한 과정이 밑에서부터 시작하여 발효통 전체로 이어진다. 한마디로 포도 알맹이 속의 과육이 발효되면서 여기서 나오는 탄산으로 인해 포도가 터지고 이러한 연속된 과정을 통해 발효와 침용이 일어나는 것이다.

이러한 탄산 침용 방식을 사용하는 이유는 신선한 포도에서 과일 향이 풍부히 살아나 신선한 맛을 제공하고, 탄닌 추출은 최소화하여 떫은 맛을 감소하며, 사과산의 농도를 낮춰 거친 산미를 최소화하기 위함이다. 그렇지만 가지와 함께 양조하기 때문에 가지에서 쓴맛이나 풋내가 우러날 염려는 있다.

보졸레 지방에서 처음부터 탄산침용 방법을 사용했던 것은 아니다. 오래전부터 전통적인 브르고뉴 스타일로 와인을 양조했었다. 그러다 보니 갸메의 특성상 깊은 맛이 나지 않고 그렇다고 신선하지도 않아 근래에 들어 양조방법을 바꾸었다.

발효통에서 침용(Maceration)과 함께 이루어지는 발효 기간은 보졸레 누보는 대략 4일, 보졸레 빌라지와 보졸레 크뤼는 6~10일 정도로 비교적 짧은 편이다.

발효 과정에서 인공 효모를 사용하기도 하며 이렇게 만든 와인에서는 체리, 라즈베리, 딸기, 붉은 과일, 바닐라 향 등을 느낄 수 있다.

## 4. 보졸레의 와인 산지

보졸레 와인 산지는 보졸레(Beaujolais), 보졸레 빌라지(Beaujolais Village), 10개의 크뤼(Cru)로 구분되어 총 12개의 AOC가 있다. 북쪽의 높고 낮은 산언덕에는 주로 보졸레 빌라지와 10개 크뤼가 있고 산아래 평지는 보졸레 산지인데, 일률적이진 않지만 비교적 언덕과 평지를 구분하여 AOC를 지정한 것은 언덕의 산지가 좀 더 척박하여 구조감 있는 와인을 생산하기 때문이다.

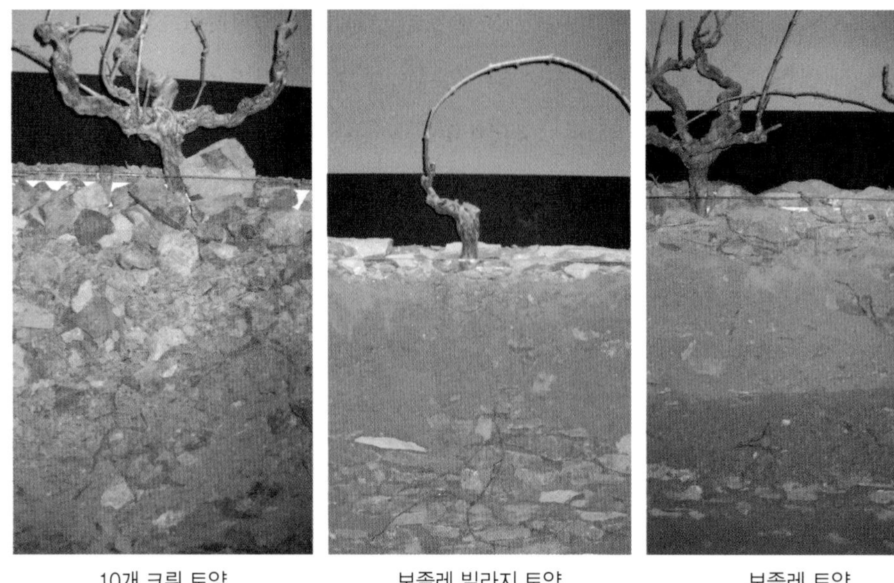

10개 크뤼 토양　　보졸레 빌라지 토양　　보졸레 토양

## 1) 보졸레 (Beaujolais)

토양은 석회와 점토질이 주를 이루며, 과일 향이 풍부하고 신선하여 편하고 쉽게 마실 수 있는 와인이다. 누보를 포함하여 전체 생산량의 1/2 정도 차지하며 섭씨 10~11도 정도에서, 비교적 오래 보관하지 말고 1~2년 안에 시음하는 것이 좋다.

## 2) 보졸레 빌라지(Beaujolais Village)

보졸레 와인의 1/4 정도를 차지하며 모래 화강암 토양으로 이루어진 39개 마을에서 생산된다. 보졸레보다 좀 더 나은 숙성력과 바디감, 그리고 좀 더 복합된 향을 지닌 와인을 생산하는데 2~3년 정도의 보관이 가능하고 소시지 요리에도 잘 어울리며 섭씨 11~12도 정도에서 시음한다.

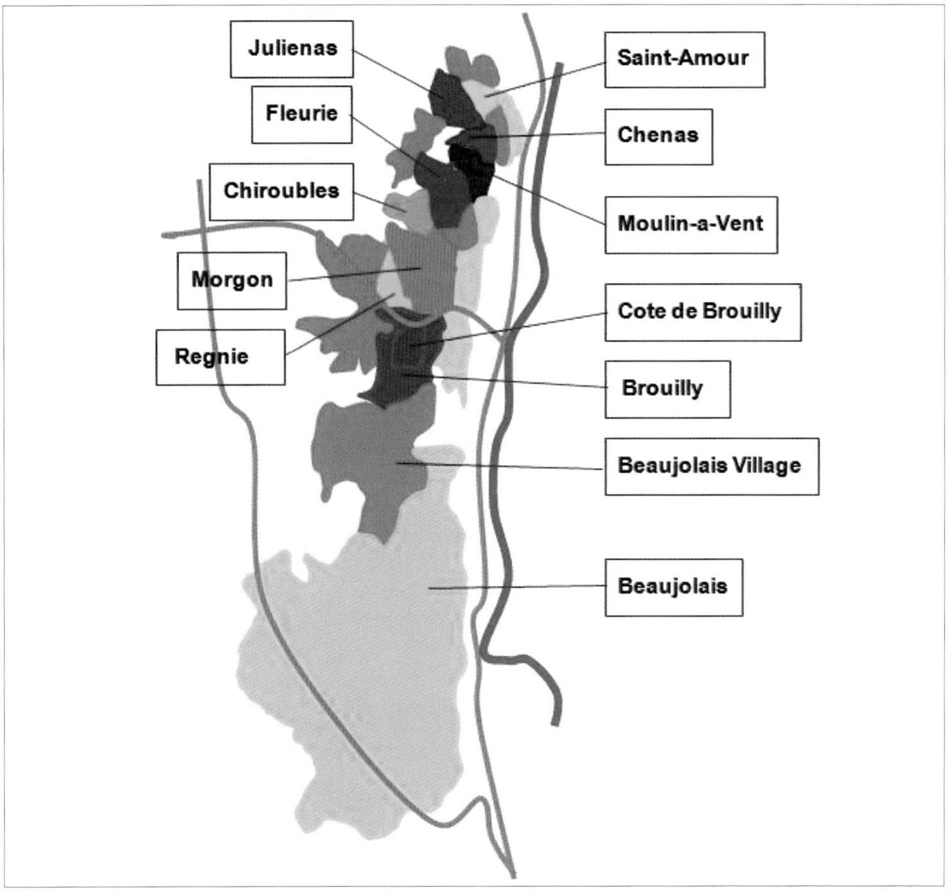

## 3) 10 크뤼(10 Cru)

### (1) 쌩 따무르(Saint-Amour)

마을명이 "사랑의 마을"이다. 아무르(Amour)가 사랑을 의미하는 단어로서 주로 산으로 형성된 마을이다. 산딸기, 체리, 앵두 등의 과일 향이 풍부하며 육류요리와도 잘 어울리며 섭씨 13~14도 정도에서 시음하는 것이 좋다.

### (2) 쥘리에나(Julienas)

짙은 석류빛 와인으로 붉은 꽃, 딸기 등 붉은 과일 향이 풍부하며, 비교적 탄닌이 많고 알코올 함량도 높은 편이다. 가금류 등에 잘 어울리며 섭씨 13~14도 정도에서

시음하는 것이 좋다.

### (3) 쉐나(Chenas)

이 마을을 둘러싸고 있는 참나무(Chene, 또는 떡갈나무)에서 이름이 유래했다. 물랭 아 방과 함께 보졸레 와인의 자존심이라고도 할 수 있는 쉐나는 6~8년까지도 보관이 가능하다. 향신료 향과 꽃 향이 잘 어우러진 구조감 좋은 와인으로 치즈나 육류와도 잘 어울린다. 시음은 섭씨 14~15도 정도에서 하는 것이 좋다.

### (4) 물랭 아 방(Moulin-a-Vent)

미네랄 성분이 많이 함유한 화강암 토양으로 이루어진 물랭 아 방은 보졸레 와인 중에서 가장 오래 숙성시킬 수 있는 와인으로 7~10년은 숙성이 가능하다. 오랜 옛날부터 이 곳에 우뚝 서 있던 풍차에서 마을명이 유래됐는데 물랭(Moulin)은 "풍차", 방(Vent)은 "바람"이란 의미이다. 향신료 향과 붉은 과일 향 등이 잘 표현되며 보졸레 와인 중 최고의 와인이다. 시음은 섭씨 14~15도 정도가 적당하다.

### (5) 시루블(Chiroubles)

화강암으로 구성된 원형의 분지 토양에 해발 400m 높이의 산지이다. 맑은 석류빛에 자두와 농익은 체리 등의 향을 나타내며 일조량이 풍부해 알코올 함량이 높다. 5~6년은 보관이 가능하며 섭씨 13~14도 정도에서 시음하는 것이 좋다.

### (6) 플뢰리(Fleurie)

섬세한 캐릭터가 있어 다소 여성적이라는 평이 지배적인 와인이다. 짙은 자줏빛에 숙성되면서 탄닌은 부드러워지고 섬세한 향과 맛을 연출한다. 닭, 오리, 양고기 등과 잘 어울리며 섭씨 13~14도에 시음하면 좋다.

### (7) 모르공(Morgon)

기본적으로 화강암에 편암 등이 섞여 있는 토질로서, 향의 볼륨이 넓고 알코올 함량이 높아 힘차게 느껴진다. 자두 향과 붉은 체리, 잘 익은 복숭아, 산딸기 향이 풍부하다. 섭씨 13~14도에 시음하면 좋다.

(8) **레니에**(Regnie)

10개 크뤼 와인 중 마지막으로 받은 AOC로서 1988년에 지정되었다. 짙은 석류빛에 검붉은 베리류의 향과 함께 산딸기, 신선한 체리 등이 어우러진 향이 난다. 화강암질 토양과 적당한 모래가 섞인 마을로서 섬세함과 상큼함 적당한 무게감이 잘 어우러져 레니에의 떼루아를 맛으로 잘 표현한다고 할 수 있다. 시음은 섭씨 12~13도 정도가 적당하다.

(9) **브루이**(Brouilly)

10개 크뤼(Cru) 중 가장 넓은 생산면적을 가지고 있고 미네랄 성분이 많은 화강암에 모래 섞인 토양이다. 짙은 석류 빛깔에 붉은색 과일향 특히 자두향이 많이 나며, 미네랄 느낌의 부드러운 와인이다. 시음 온도는 섭씨 12~13도가 적당하다.

(10) **꼬뜨 드 브루이**(Cote de Brouilly)

브루이산 언덕에 위치하여 일조량이 풍부하다. 짙은 석류빛을 띄며, 높은 일조량 때문에 비교적 알코올이 높고 농축미가 느껴진다. 시음 온도는 11~12도 정도가 적당하다.

## 5. 보졸레 누보(Beaujolais Nouveau)

8세기 무렵부터 와인을 생산하던 보졸레 지방에서 햇 포도주를 즐기기 시작한 것은 14세기까지 거슬러 올라간다.

보졸레는 부르고뉴의 행정구역으로서, 1375년 필립 르 아르디(Philippe Le Hardi) 부르고뉴 공작이 부르고뉴 와인은 삐노 누아(Pinot noir) 품종만 사용하라는 칙령을 내리면서 보졸레는 예외를 두도록 한 것이 시작이었다. 사실 보졸레는 삐노 누아와 어울리지 않는 지질 구조를 가지고 있다. 이때부터 보졸레는 갸메 품종을 심게 되었고, 가

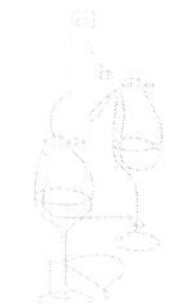

벼운 와인을 생산하는 산지 정도의 위상을 갖게 된다. 이러한 갸메의 특성으로 인해 햇 포도주를 마시는 풍습이 생겨났다. 발효가 끝나자마자 숙성하지 않고 발효통에서 곧바로 덜어먹는 전통이 생긴 것이다. 보졸레 누보가 세상에 알려지기 시작한 것은 제2차 세계대전 중 피난민들에 의해서지만 본격적인 것은 1951년 11월 13일 이 지역만의 풍습을 보졸레 축제로 격상하면서부터라고 할 수 있다. 프랑스 AOC 규정에 의하면 와인 시판은 12월 15일 이후에 가능했으나 1951년 11월 9일 이른 출하를 승인한다.

이후 보졸레 누보 출시 일자를 통상 11월 15일로 하던 것을 물류 등의 편의성 고려하여 1985년 11월 셋째 주 목요일로 변경하여 오늘에 이르고 있다.

보졸레 누보 와인은 연초의 가지치기 등 포도 농사를 시작으로 뜨거운 여름을 보내고 가을에 와인을 만들어 같은 해 늦가을부터 마시는 와인으로 매우 신선하고 과일 향이 풍부한 짙은 보랏빛 와인이다. 연말의 들뜬 분위기와 어울려 세계 각처에서 이벤트를 진행하는 축제의 와인이기도 하다.

이 지역의 포도품종인 갸메(Gamay)의 특성을 살려 다양한 붉은색 과일 향과 상큼한 맛의 와인으로, 레드 와인도 숙성 없이 신선하게 마실 수 있음을 보여주는 와인이다. 또, 철저한 마케팅에 의해 성공한 와인으로, 보졸레 AOC의 1/3을 누보 와인으로 생산한다.

보졸레 누보는 현지의 느낌을 살리고 신속한 공수를 위해 비행기로 운송한다. 이러한 운송 구조는 판매가를 올리는 부정적 측면이 있으나 11월 셋째 주 목요일을 기다려온 전 세계 와인 애호가들에게는 오히려 생산지의 느낌을 그대로 전달 받을 수 있어 기대감을 높이게 한다.

1960년대 이전에는 주로 보졸레 프리미에(Beaujolais Primeur)로 출시하였으나 현재

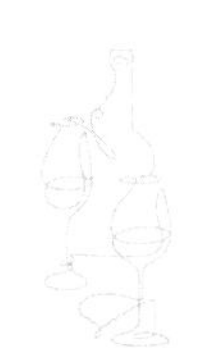

는 대부분 보졸레 누보(Beaujolais Nouveau)로 출시하고 있다. 그러나 양조 회사에 따라 아직도 보졸레 프리미에로 유통하는 곳도 있다.

누보(Nouveau)는 New의 "새롭다"는 뜻이고, 프리미에(Primeur)는 First의 "햇", "최초"의 뜻으로 의미는 같다. 판매기간을 다르게 규정하고 있는데 보졸레 누보는 이듬해 8월 31일까지, 보졸레 프리미에는 이듬해 1월 31일까지 판매가 가능하다.

### 1) 보졸레 누보(Beaujolais Nouveau)의 마케팅 성공사례

보졸레를 말할 때 죠르쥬 뒤뵈프(Georges Duboeuf)를 빼고 얘기할 사람은 드물 것이다. 죠르쥬 뒤뵈프라는 한 사나이의 열정에 의해 인지도가 없던 보졸레 와인을 오늘날 전 세계가 주목하는 와인으로 발돋움하게 했다. 그래서 그를 보졸레의 아버지라고도 칭한다.

죠르쥬 뒤뵈프는 1964년 자신의 이름으로 회사를 설립하여 영세한 보졸레 지역에서 와인을 사들여 판매한다. 2002년 이전까지는 주로 양조된 와인을 사들여 판매하던 것을 이후부터는 현대적 설비를 갖춘 대단위 양조장을 만들어 보졸레 지역의 포도를 직접 사들여 양조해 유통하고 있다.

1950~1960년대까지만 해도 대외적 인지도도 약했고 내부적 인식도 한국에서의 막걸리 정도의 수준이었다.

이러한 상황에서 죠르쥬 뒤뵈프를 중심으로 보졸레 와인 생산자들은 다른 시각으로 소비자들에게 다가갔다. 즉, 보졸레 와인은 숙성력, 맛의 깊이, 향의 다양성은 약하지

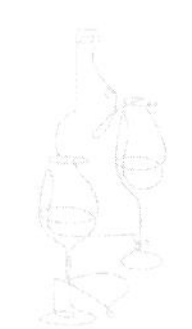

만, 과일 향이 강하고 떫은맛은 덜한 신선한 와인이라는 이미지로 소비자들에게 다가간 것이다. 오래 숙성시키지 못하는 와인이 아니라 신선하고 경쾌한 와인이라는 역발상이다. 이러한 마케팅에 힘입어 오늘날 보졸레 누보의 명성을 있게 했다.

이러한 와인 이야기를 통해 상황이나 실제는 내가 생각한 것과 같은 사실이 아닐 수 있음을 배우게 한다. 우리의 관점에 따라 보거나 보이는 것이 다르다는 것을, 사고의 전환은 이렇게 재창조의 기회를 가져다준다는 교훈을 여기서 얻을 수 있다.

보졸레 와인 생산자들은 와인의 특성을 살리기 위해 기계를 사용하지 않고 사람이 직접 손으로만 수확해 양조하는 수고를 아끼지 않는다. 와인 전문가인 기욤 케르고를레는 보졸레 누보를 가르켜 "인간이 3주 만에 만들 수 있는 가장 뛰어난 와인"이라고 찬사를 했다고 한다.

보졸레 누보의 또 다른 관점은 축제 · 이벤트화했다는 점이다. 매년 11월 셋째 주 목요일로 정해서 사람들이 그날을 기다리게 하는 전략을 사용했다. 이 전략이 유효하기 위해서는 판매자가 이날을 반드시 지켜줘야 했는데, 만약 이 날짜를 어길 경우 다음 해에는 와인 공급을 중단할 정도로 강력하게 추진했다. 그리하여 전 세계 모든 곳에서 똑같은 날짜에 와인을 출시하게 하여 이를 축제화하는 데 성공했다. 현재 전 세계 많은 판매장에서는 와인을 미리 준비해 두고 이날에 맞춰 보졸레 누보를 출시하면서 다양한 이벤트로 축제 분위기를 연출하고 있다.

1951년 11월 13일 처음 시작된 보졸레 누보 축제는 1969년부터 'Beaujolais Nouveau est arrive!'(보졸레 누보가 지금 막 도착했습니다)라는 슬로건과 함께 전 세계 약 200여 개국에서 매년 동시에 진행하는 와인이벤트로 자리 잡았다.

그뿐만 아니라 언론에 노출되기 쉽고 소비자들의 관심을 끌 만한 이슈들을 만들어 냈는데 예를 들면 유명한 자동차나 헬리콥터를 동원한다든지 해외로 운송할 때는 비행기로만 한다든지 하여 현지의 신선함을 그대로 소비자에게 전달한다는 이미지를 크게 부각시켰다.

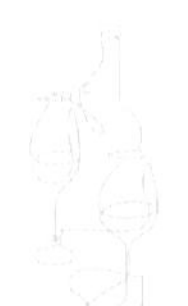

국내에서도 1990년대 후반부터 보졸레 누보가 인기를 끌면서 해마다 수입량이 급증하다가 2004년 이후 서서히 소비나 이벤트 행사가 감소하는 추세이지만, 그래도 11월이 되면 사람들과 따뜻한 연말연시의 의미를 더하고자 보졸레 누보가 기다려진다.

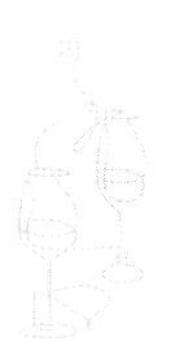

# 05

# 론(Rhone) 와인

론(Rhone)강을 따라 남북으로 250km에 이르는 론의 와인 산지는 리용(Lyon)보다 남쪽에 위치한 매우 넓은 산지이다.

론 지방은 프랑스에서 보르도 다음으로 많은 와인을 생산하며, 와인생산에 참여하는 마을(commune)이 250여 개나 된다. 론이 처음부터 대규모 와인생산지는 아니었고, 오늘날과 같이 산지가 확장된 것은 혹한으로 큰 피해를 입었던 1956년을 기점으로 볼 수 있다. 이전에는 올리브를 비롯한 다양한 과일 농사가 포도재배보다 성행하였으나 혹한의 피해를 경험한 많은 농가들이 포도재배에 뛰어들면서 대단위의 와인생산지로 탈바꿈했다.

론 지방은 북부 론과 남부 론으로 나뉘는데 북부 론은 대륙성 기후에 지형이 가파른 산지인 반면, 남부론은 지중해성 기후에 완만한 언덕으로 형성되어 있다. 북부 론의 대표 포도품종은 쉬라(Syrah)이며, 남부 론을 대표하는 품종은 그르나쉬(Grenache)이다.

론 지방 와인은 다양한 스타일과 풍부한 잠재력을 가진 와인이라고 할 수 있다. 미국의 유명한 와인 평론가인 로버트 파커는 "보르도 그랑 크뤼 클리세(Bordeaux Grand Cru Classe)와 부르고뉴 그랑 크뤼(Bourgogne Grand Cru)를 필적할 만한 것은 론 지역의 쉬라밖에 없다"고까지 했으니 이 지역 와인의 잠재력을 충분히 이해할 수 있으리라 본다.

론 지방 와인의 선호도가 높아가는 이유는 소비패턴의 변화와도 무관하지 않다. 와

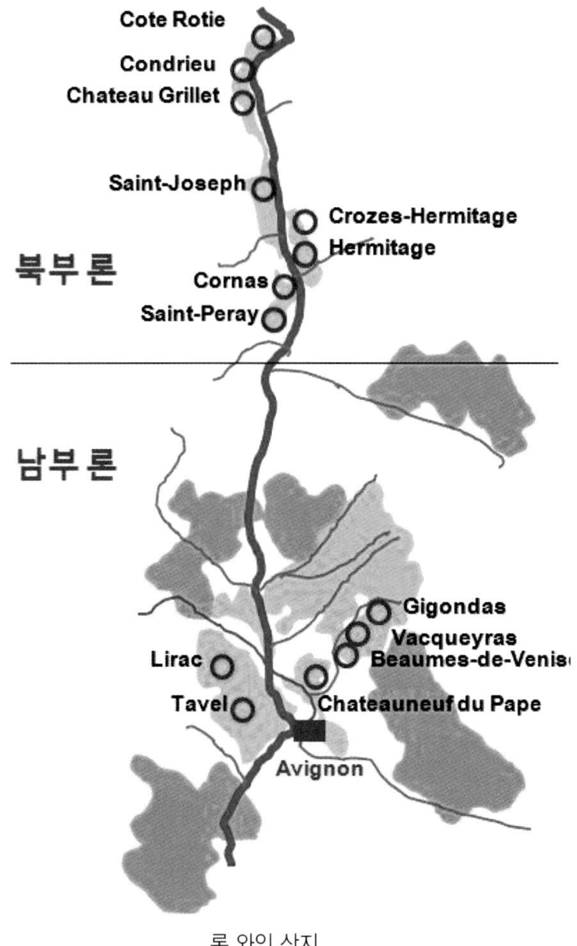


론 와인 산지

인소비의 일반화와 함께 수요는 지속적으로 늘고 있으며, 특히 고품질 와인의 소비가 증가하는 추세다. 이와 함께 1980년대까지만 해도 탄닉하고 묵직한 보르도 스타일의 까베르네 쏘비뇽(Cabernet Sauvignon)이 소비의 중심이었지만, 1990년대부터는 좀 더 부드럽고 과일 향이 많은 메를로가 대세에 합류했고, 2000년대 이후에는 쉬라(Syrah)의 영역이 론과 호주 와인을 중심으로 크게 확장되고 있다.

론 지방은 강렬한 햇볕의 풍부한 일조량으로 인해 색이 짙고 알코올과 바디감이 높은 와인을 많이 생산한다. 이러한 기후의 영향으로 생산 와인의 90% 이상이 레드 와인이다. 그 외 화이트, 로제, 스파클링 와인도 생산하고 있다.

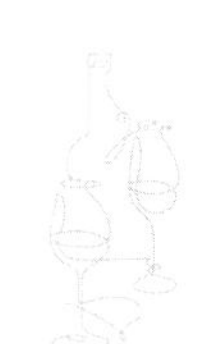

북부 론에 꼬뜨 로띠(Cote Rotie)라는 마을이 있다. Cote는 “언덕”이란 뜻이고 Rotie는 “굽다”는 뜻이다. 즉 “언덕이 태양열로 구워졌다”라는 뜻인데 이 지역의 햇볕이 얼마나 강렬한가를 보여주는 좋은 예라 하겠다.

또한 론은 가라지 와인(Garage Wine)이 많다. 이는 차고처럼 작은 포도밭에서 생산되는 것을 비유한 말로서 잘 알려지지 않은 작은 포도밭에서 심혈을 기울여 만든 와인이란 뜻으로 소규모 생산지에서 훌륭한 와인들이 많이 생산되고 있다는 의미이다.

## 1. 포도품종

### 1) White

① 비오니에(Viognier) : 흰꽃 향, 살구 향, 바이올렛 향 등이 풍부하고 알코올은 높은 반면 산도는 낮은 편이다.

② 막싼느(Marsanne) : 견과류 향, 꽃 향 등이 나며 산도는 부드럽고 알코올 높다.

③ 루싼느(Roussanne) : 견과류 향, 꽃 향 등 섬세한 아로마가 있으며 산도는 부드럽고 알코올은 높다.

④ 부르블랭(Bourboulenc)

⑤ 끌라렛(Clairette) : 가장 오래된 지중해 품종의 하나로 꿀 향, 섬세한 꽃 향의 아로마가 풍부하다

⑥ 그르나쉬 블랑(Grenache blanc)

⑦ 마까베오(Maccabeo)

⑧ 뮈스까 블랑(Muscat blanc)

⑨ 피까르당(Picardan)

⑩ 픽뿔 블랑(Picpoul blanc)

⑪ 위니블랑(Ugni Blanc)

⑫ 베르멘티노 오 홀(Vermentino ou rolle)

## 2) Red

① 쉬라(Syrah) : 북부 론의 대표적 레드 품종으로 색이 진하고, 블랙베리 향과 맛, 숙성 후 동물 농장, 후추, 제비꽃 향, 가죽 향 등 매우 다양하고 묵직한 향과 맛을 선사한다.

② 그르나쉬(Grenache) : 남부 론 와인의 대표 품종으로 랑그독 루시옹을 지나 스페인까지 폭넓게 재배되고 있다. 레드는 그르나쉬 누아(Grenache Noir), 화이트는 그르나쉬 블랑(Grenache Blanc)이며, 스페인에서는 가르나챠(Garnacha 또는 Garnacha Tinta)라고 한다. 그르나쉬는 가뭄에도 잘 견디며, 알코올이 높고 풀바디 하지만 탄닌은 쉬라에 비해 적고, 숙성력도 쉬라에 비해 약하다.

③ 무르베드르(Mourvedre) : 색소가 많아 색이 짙고 풍부한 탄닌에 향신료 향이 잘 어울어진 균형감 있는 와인을 만든다.

④ 쌩쏘(Cinsaut) : 레드 와인, 로제 와인에 부드러움을 제공하며 과일 향이 강하다.

⑤ 깔리토(Calitor)

⑥ 까리냥(Carignan)

⑦ 끌라렛 루즈(Clairette rose)

⑧ 꾸누와즈(Counoise)

⑨ 그르나쉬 그리(Grenache gris)

⑩ 마르셀랑(Marselan)

⑪ 뮈스까르뎅(Muscardin)

⑫ 뮈스까 누아(Muscat noir)

⑬ 픽뿔 누아(Picpoul noir)

⑭ 떼레누아(Terret noir)

⑮ 바까레즈(Vaccarèse)

## 2. 론 지방 와인의 특징

론은 매우 뜨겁고 더운 지방이다. 이러한 기후로 인해 90% 가까이 레드를 생산하고 나머지 화이트와 로제 와인을 생산한다. 또한 산지가 북쪽과 남쪽이 토질과 기후가 서로 달라 북부 론과 남부 론으로 구분된다.

북부론은 화강암질 토양에 대륙성 기후로 쉬라를 주품종으로, 중후한 스타일의 와인을 생산한다. 남부 론은 석회암질 토양과 주먹만한 큰 돌들이 많고 지중해성 기후로 인해 그르나쉬를 주품종으로, 북부 론에 비해 다소 가벼운 스타일의 와인을 생산한다.

### 1) 북부 론 특징

북부 론의 특징은 몇 가지로 간추려 볼 수 있다.

첫째, 경사가 급한 산악지역에 위치하여 포도밭이 계단식으로 형성되어 있다. 이러한 지리적 환경 때문에 포도 경작이 힘들고, 기계 사용도 불가능해 수확을 포함한 모든 작업을 수작업으로 한다.

둘째, 강력한 북풍(Mistral)이 많이 불어온다. 론강 계곡을 따라 북쪽에서 불어오는 차고 건조한 강한 바람은 론강의 좁은 계곡을 통과할 때 나팔 같은 지형 때문에 강하게 형성된다. 이러한 바람이 포도나무 사이를 지나면서 수분을 제거해 포도를 건조하게 만드는데 이는 곰팡이의 서식을 억제해 미생물에 의한 피해를 막아준다. 강한 바람에 의해 포도나무가 쓰러지는 것을 방지하기 위하여 각 나무마다 막대를 세워 보호하고 있으며 이러한 바람은 이 지역의 뜨거운 열기를 식히는 효과도 있다.

셋째, 수확량이 매우 적고 품질은 우수하다. 북부 론 전체 생산량이 남부 론의 샤또뉘프 뒤 빠쁘(Chateauneuf du Pape)보다 적다고 한다. 북부 론 중에서도 에르미따쥬, 끄로즈 에르미따쥬 두 마을이 북부 론 생산량의 절반을 차지하는 정도이니 생산량을 가늠할 수 있으리라 본다.

넷째, 북부 론은 레드는 쉬라(Syrah) 단일 품종으로 화이트는 비오니에(Viognier), 막싼느(Marsanne), 루싼느(Roussanne) 품종을 사용한다.

## 2) 남부 론 특징

남부 론 와인의 특징은 첫째, 부드럽고 마시기 편한 와인을 양조하는 추세다. 예전에는 남부 론도 북부 론처럼 강하고 진한 스타일의 와인을 만들었었다. 하지만 토양의 특성과 기후조건이 북부 론과는 사뭇 달라 북부 론과 같은 와인은 될 수 없었다. 그래서 지금은 남부 론만의 특성을 살려 이 지역 특성에 맞게 좀 더 가볍고 마시기 쉬운 와인을 만드는 추세에 있다. 심지어 일부 양조자는 탄산 침용으로 보졸레 와인과 같이 신선하며 상큼한 와인을 만들기도 한다고 한다.

둘째, 바이오 다이나믹(Bio-Dynamic) 농법 바람이 불고 있다. 이는 유기농 농법의 한 방식으로서 포도농장의 자연환경을 시스템적으로 응용한다고 할 수 있다. 일체의 인조 화학물질은 사용하지 않고, 그 지역에서 생산되는 식물, 즉 풀, 포도나무 가지 등을 자연 퇴비로 사용한다. 이러한 개념은 포도 농사를 하나의 유기체로 인식하여 토양과 포도나무 이들의 양분 등이 선순환하는 구조를 이루는 농법이라 할 수 있다. 여기에 땅과 우주의 기운을 농사에 접목하는 것이다. 다소 생소한 개념이지만 우리나라에서 농사를 지을 때 음력을 사용하는 개념과 약간은 유사하다. 지구를 포함해 우주의 모든 행성들은 저마다의 에너지를 갖고 있으며 그것을 발산하고 있다. 태양과 달, 별 그리고 지구 사이에서 가장 좋은 기운이 돌 때 포도밭에서 할 수 있는 작업 등을 한다는 것이다. 이렇게 하여 태초의 건강한 환경으로 돌아가는 것이다. 화학적인 어느 것도 사용하지 않기 때문에 땅은 기운이 살아나고 여기서 자란 나무는 면역력이 증가하여 스스로 병해충을 이기며 결국은 건강하고 탄탄한 포도 열매를 맺는 것이다.

실제로 바이오 다이나믹 농법으로 와인을 생산하는 와이너리에 방문할 기회가 있어 가 봤었다. 흙은 깊은 산속에서나 맡을 수 있는 그런 살아있는 흙냄새가 났으며, 땅에 떨어진 나뭇가지 색이 흙과 비슷한 것을 보고 놀란 기억이 있다. 대부분 땅에 떨어진 나뭇가지는 색이 회색빛이 되며 분해도 잘 되지 않는데 말이다.

2006년 방문해서 나눈 도메인 몽트리우스의 이야기

다. 이들이 바이오 다이나믹 농법으로 포도나무를 생산하게 된 동기는 자신들의 딸아이가 태어나면서부터 아토피 등 건강이 좋지 않아서였다.

이들 부부는 치료를 위해 좋다는 곳을 다 다니며 약물 치료를 포함해 애를 썼지만 호전되지는 않고 악화만 되어갔다. 더 이상 방법을 찾지 못하고 있을 때 누군가 식물요법을 권유하여 그 당시로서는 생소하던 식물요법으로 결국 낫게 된다.

아이를 식물요법으로 치료하면서 화학제품을 사용하지 않은 음식만 먹여야 했고, 생활도 공해문제로 인해 남부 론의 시골에서 살게 된다. 인위적인 농산물이 인체에 얼마나 해가 되고, 환경에 의한 삶의 질에 대한 영향력을 실감하고는 도시 생활을 접고, 현재의 포도원을 운영하게 되면서 바이오 다이나믹 농법을 적용하게 되었다고 한다. 몽트리우스는 1996년부터 자신들의 선조들이 운영하던 와이너리를 바이오 다이나믹 농법으로 전환하여 포도재배와 양조를 하고 있다.

셋째, 다양한 블렌딩 와인을 생산하고 있다. 화이트 12개, 레드 15개의 품종으로 블렌딩을 하여 다양한 와인을 생산하고 있다.

## 3. 론 지방 와인 산지

론은 크게 4가지 타입의 산지로 구분할 수 있다.

### 1) 꼬뜨 드 론(Côtes du Rhône)

이는 론 지방 전체에서 생산하는 와인으로, 실제 북부 론보다는 남부 론에 주로 분포해 있으며 가벼운 타입의 와인이다.

### 2) 꼬뜨 드 론 빌라지(Côtes du Rhône Villages)

이는 꼬뜨 드 론보다는 좀 더 경사진 언덕에 분포한 산지로서 이 또한 남부 론에 주로 분포해있다. 22개 산지에서 마을 이름으로 생산하는 와인이 있다. 마을명은 다음과 같다.

- Côtes du Rhône Villages
- Chusclan
- Gadagne
- Laudun
- Massif d'Uchaux
- Plan de Dieu
- Puyméras
- Roaix
- Rochegude
- Rousset-les-Vignes

- Sablet
- Saint–Andéol
- Saint–Gervais
- Saint–Maurice
- Saint–Pantaléon–les–Vignes
- Sainte–Cécile
- Séguret
- Signargues
- Suze–la–Rousse
- Vaison–la–Romaine
- Valréas
- Visan

## 3) 크뤼 와인(Crus des Côtes du Rhône)

론 지방 최고의 와인으로 17개 마을이 있다. 북부 론은 8개 마을로서 Côte–Rôtie, Condrieu, Château–Grillet, Saint Joseph, Crozes–Hermitage, Hermitage, Cornas, Saint Péray이다. 남부 론은 9개 마을로서 Beaumes de Venise(2005년 지정), Châteauneuf–du–Pape, Gigondas, Lirac, Rasteau(2010년 지정), Tavel, Vacqueyras, Vinsobres(2006년 지정), Cairanne (2016년 지정)이다.

### (1) 북부 론

#### ① 꼬뜨 로띠(Cote Rotie)

쉬라(Syrah)로 레드 와인만을 만드는 지역이다. 깎아지른 듯한 언덕에 계단식으로 조성된 포도원에서 포도나무를 재배하는데 어떤 계단은 포도나무를 한 줄밖에 심을 수 없을 정도로 가파른 지역이다. 순수하게 사람의 손에 의해서만 재배되며, 풍부한 바디와 오랜 숙성력을 지닌 품질이 매우 훌륭한 와인으로 생산량이 매우 적다. 와인에서는 쉬라가 주는 가죽 향과 스파이시한 후추 향, 제비꽃, 송로버섯 향이 강하게 난다.

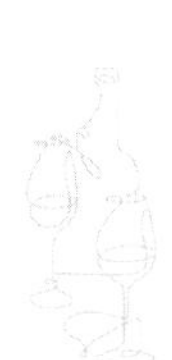

② 꽁드리유(Condrieu)

비오니에(Viognier) 단일 품종으로 화이트 와인만 생산한다. 기분 좋은 살구 향과 복숭아 향이 나며 제비꽃과 같은 섬세한 꽃 향도 배어난다.

③ 샤또 그리예(Chateau Grillet)

꽁드리유(Condrieu) 안에 있는 작은 지역이지만 별개로 등록되어 있으며 비오니에(Viognier) 단일 품종으로 화이트 와인만을 생산한다. 4.8헥타르의 작은 면적에서 연간 15,000병 정도의 와인을 생산한다.

④ 쌩 조세프(Saint-Joseph)

쉬라(Syrah)로 레드 와인을, 막싼느(Marsanne), 루싼느(Roussanne)로 화이트 와인을 생산한다. 레드 와인은 제비꽃, 야생 오디 향, 가죽 향, 감초 향이 나며 화이트 와인에서는 야생화, 꿀 향이 짙게 난다.

⑤ 에르미따쥬(Hermitage)

쉬라(Syrah)로 레드 와인을, 막싼느(Marsanne), 루싼느(Roussanne)로 화이트 와인을 생산하며 에르미따쥬(Hermitage) 레드 와인은 전 세계적으로 오래 숙성시킬 수 있는 와인 중 하나이다. Hermitage의 Hermi는 은둔을 뜻하는 말로서, 깎아지른 듯한 땡

(Tain) 마을의 언덕은 그 옛날 수도사들이 은둔하며 지냈던 곳으로도 유명하다. 쉬라 85% 이상을 블렌딩하여 만든 레드 와인은 부케와 카시스 향, 후추 향이 강하며 화이트 와인은 바닐라 향과 꽃 향이 강하게 난다.

**⑥ 끄로즈 에르미따쥬(Crozes-Hermitage)**

에르미따쥬 언덕을 둘러싸고 있는 완만한 경사면에 위치하고 있으며 에르미따쥬 와인보다 유연한 맛을 가지고 있다. 쉬라(Syrah)로 레드 와인을, 막싼느(Marsanne), 루싼느(Roussanne)로 화이트 와인을 생산한다. 레드 와인에서는 후추 등 향신료 향이 나며 화이트 와인에서는 개암 향 그리고 꽃향이 은은히 피어난다.

**⑦ 꼬르나(Cornas)**

쉬라(Syrah)로 레드 와인을 생산하며 흑포도주라 할 만큼 색이 매우 진하다. 야생의 붉은 과일 향과 후추, 송로버섯, 감초 등의 향이 복합적으로 난다. 로버트 파크에 의하면 전 세계적으로 가장 평가절하되고 있는 와인이 꼬르나라고 한다.

**⑧ 쌩 페레(Saint-Peray)**

막싼느(Marsanne) 품종으로 전통방식(병 안에서 2차 발효)에 의한 스파클링 와인을 생산한다.

### (2) 남부론

**① 샤또뉘프 뒤 빠쁘(Chateauneuf du Pape)**

"교황의 성"이라는 뜻의 샤또뉘프 뒤 빠쁘는 처음 교황의 와인(Vin du Pape)으로 알려지기 시작했다. 이렇게 된 연유는 사토네프 뒤 파프와 가까이 있는 아비뇽(Avignon)은 1309년부터 77년간 프랑스에 있었지만 프랑스 영토가 아니라 로마 교황청 소재지가 되고, 이 아비뇽의 교황들이 샤또뉘프 뒤 빠쁘에 별장들을 마련하고 이 곳의 와인을 즐겨 마시게 되면서부터 교황의 와인으로 유명하게 된 것이다.

샤또뉘프 뒤 빠쁘는 1936년 프랑스 최초의 AOC로 지정되었으며, 18개 품종까지 블렌딩이 허용되며 그 품종은 다음과 같다.

- 그르나쉬(Grenache)
- 쉬라(Syrah)
- 무르베드르(Mourvèdre)
- 꾸누와즈(Counoise)
- 쌩쏘(Cinsaut)
- 뮈스까르뎅(Muscardin)
- 바까레즈(Vaccarese)
- 픽뿔 누아(Picpoul Noir)
- 떼레누아(Terret Noir)
- 끌라렛 로제(Clairette Rosé)
- 그르나쉬 그리(Grenache Gris)
- 피까르당(Picardin)
- 픽뿔 그리(Picpoul Gris)
- 그르나쉬 블랑(Grenache Blanc /White)
- 루싼느(Roussanne / White)
- 끌라렛(Clairette / White)
- 부르블렝(Bourboulenc / White)
- 픽뿔 블랑(Picpoul Blanc / White)

그르나쉬를 중심으로 쉬라, 무르베드르 세 품종이 주력품종이다.

② 리락(Lirac)

포도원에 자갈이 많은 것이 특징이고 화이트 로제 레드가 생산되는데 모두 과일 향이 풍부하고 신선한 맛의 와인이 생산된다.

③ 따벨(Tavel)

붉은 과일과 건과류의 향이 느껴지는 로제 와인만 생산하는 프랑스의 대표적인 로제 와인 산지이다.

④ 바께라(Vacqueyras)

1990년에 꼬뜨 뒤 론에 편입되었고 레드, 로제, 화이트가 생산된다. 3년 이상은 숙성해야 제 맛을 낸다.

⑤ 지공다(Gigondas)

레드, 로제, 화이트가 생산되며, 과일 향, 가죽 향이 풍부하고 와인에서 힘찬 기상을 느낄 수가 있다.

⑥ 봄 드 브니즈(Beaumes de Venise)

레드 와인 산지로서 스위트 와인(VDN)을 생산하는 Muscat de Beaumes-de-Venise와는 다른 AOC이다. 2005년 Cru 와인으로 지정되었다.

⑦ 뱅소브르(Vinsobres)

그르나쉬와 쉬라를 중심으로 블렌딩한 와인으로 알코올 함량이 높고 산과 탄닌이 중간 정도에서 잘 어울리는 와인이다. 2006년 Cru 와인으로 지정되었다.

⑧ 라스또(Rasteau)

미스트랄 바람의 영향을 덜 받는 지형으로 그르나쉬를 중심으로 드라이한 레드 와인과 뱅 두 나뚜렐(Vin Doux Naturel) 와인으로 유명하다. 2010년 Cru 와인으로 지정되었다.

⑨ 캐란느(Cairanne)

그르나쉬와 므르베드르를 중심으로 레드 와인을 주력으로 생산하며, 화이트 와인도 일부 생산한다. 자갈토양이 많고 덥고 건조한 날씨는 밀도 높은 와인을 만들기 안성맞춤이다. 2016년 Cru 와인으로 지정되었다.

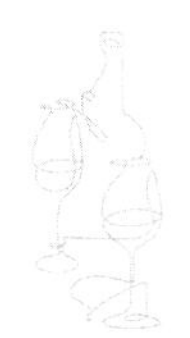

## 4. 스위트 와인(Sweet Wine)

와인의 발효가 종료되기 전 아직 당이 많이 남아있을 때 알코올을 첨가하여 와인을 달콤하게 만든다. 포르투갈의 포트와인과도 양조 방식은 비슷하다. 이를 뱅 두 나뚜럴(Vin Doux Naturel)이라 하며, 천연감미 와인(Natural Sweet Wine)이란 의미이다.

### 1) 뮈스까 드 봄 드 브니즈(Muscat de Beaumes-de-Venise)

VDN(Vin Doux Naturel) 와인으로서 뮈스까(Muscat) 품종으로 화이트와 로제 스위트 와인을 양조한다. 1945년 AOC를 받았다.

### 2) 라스또(Rasteau)

남부 론의 Cru급 와인으로 그르나쉬 품종으로 VDN 와인을 만든다.

**TIP 와인 블렌딩**

남부 론뿐아니라 대부분의 나라에서 대부분의 와인을 블렌딩하는데 왜 하는지 알아보자.
첫째, 단일 품종으로 개성을 살릴 수 없을 때
둘째, 사용하는 포도품종의 성격이 너무 강하거나 약할 때 이를 중화시키고자 할 때
셋째, 양조자가 자신이 추구하는 특성을 살리고자 할 때
블렌딩을 할 때는 어느 정도 원칙이 있다. 이는 상호 보완적이어야 한다는 것이다. 각각의 품종이 다른 품종의 부족분을 채워 줄 수 있어야 하며 이는 남녀의 결혼에 비유하면 적절할 것 같다. 서로의 부족분을 채워 주면서 각자의 역할을 하는 것이다.
이를테면 쉬라와 비오니에를 블렌딩할 경우 쉬라는 남자 역할이라 할 수 있고 비오니에는 여자 역할이라 할 수 있다. 남자 역할인 쉬라는 구조감, 강인함, 숙성력을 담당하고 여자 역할인 비오니에는 산도, 바디감, 과일 향 등을 담당하는 것이다.

론 지방에서 레드 와인을 만들 때 약간의 화이트 품종을 섞어서 만드는 경우가 있는데, 이는 더운 날씨로 인한 부족한 산도를 보충하기 위함이다.

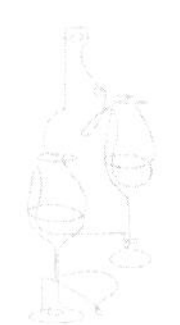

# 06

# 르와르(Loire) 와인

르와르는 프랑스 북서부에 위치한 지역으로 프랑스에서 가장 긴 르와르강을 중심으로 와인 산지들이 흩어져 있다. 무려 1,000km가 넘는 르와르강을 중심으로 수많은 고성들과 와인 산지가 혼재해 있어 관광명소로도 유명하며 관광지답게 음식문화도 발달되어 있다.

르와르 밸리(Loire Valley)라고도 표현하는 이곳은 산지 규모면에서는 보르도의 2/3에 달하고 와이너리도 4,000개가 넘는 대규모 와인 산지이다.

와인 스타일은 보르도나 부르고뉴처럼 묵직함은 떨어지지만, 쏘비뇽 블랑(Sauvignon Blanc)을 중심으로 한 화이트 와인은 과일향이 풍부하여 산뜻하고 발랄하므로 음식 없이도 충분히 만끽할 수 있다. 생산되는 와인은 55%가 화이트 와인이며 레드가 25%, 로제 12%, 나머지는 스파클링 와인이다.

르와르 산지는 크게 4개의 권역으로 나눌 수 있는데 내륙에서 대서양 쪽으로 쌍뜨르(Centre), 뚜렌(Touraine), 앙주-쏘뮈르(Anjou-Saumur), 낭뜨(Nantes) 순으로 산지를 구분할 수 있다. 쌍뜨르(Centre)의 명칭은 때론 이스트 르와르(East Loire)라고도 하는데, 프랑스 전체를 놓고 보면 중심부에 있어 쌍뜨르(Centre)라 하고, 르와르 관점에서 보면 동쪽에 있어 이스트 르와르라고 한다.

프랑스의 정원(Jardin de la France)이라고 할 정도로 아름다운 르와르는 다양한 AOC와 드넓은 뱅 드 뻬이(Vin de Pay) 산지를 가졌는데, 화이트는 쏘비뇽 블랑, 레드

는 삐노 누아, 까베르네 프랑, 갸메가 대표적 품종이다. 특히 쏘비뇽 블랑으로 만든 쌍세르(Sancerre), 뿌이 뿌메(Pouilly–Fume), 메네뚜 살롱(Menetou - Salon)은 유럽뿐만 아니라 세계 많은 와인 애호가들의 사랑을 듬뿍 받고 있다.

## 1. 포도품종

### 1) Red 품종

#### (1) 삐노 누아(Pinot Noir)

부드러운 탄닌과 잘 익은 과일 향은 은은한 여유를 제공한다. 쌍세르(Sancerre)의 레드 와인과 로제 와인을 만든다.

#### (2) 까베르네 프랑(Cabernet Franc)

르와르에서는 "브르똥(Breton)"이라고도 불리는 이 품종은 알이 작고 다양한 토양에도 잘 적응한다. 석회질이 풍부한 쏘뮈르에서는 잘익은 과일 향이 나고, 진흙성 편암 토양인 앙주 지역에서는 좀 더 탄닉한 와인이 된다. 비교적 우아함을 잘 표현한다.

#### (3) 갸메(Gamay)

뚜렌 지방에서 레드 와인을 만들 때 주로 사용되는 품종이며, 단일 품종으로 양조할 경우 갸메의 특징인 신선한 과일향이 풍부한 와인이 되고, 좀 더 묵직한 바디감을 주고자 할 때는 까베르네 프랑이나 꼬를 블렌딩하기도 한다.

#### (4) 삐노 도니(Pineau d' Aunis)

주로 가벼운 로제 와인을 만들 때 사용되며 르와르 지방에서 가장 오래된 품종으로 알려져 있다.

#### (5) 그롤로(Grolleau)

주로 앙주(Anjou) 지방의 로제 와인에 사용되며, 비교적 알코올 도수가 낮아 산뜻하고 가벼운 와인을 만들 때 사용된다.

#### (6) 꼬(cot)

말벡으로도 불리며 프랑스 남서부에서도 많이 재배되는 품종으로 서리에 약하고 탄닌 성분이 강하다. 다소 거친 듯한 맛이 있지만 장기 보관에 용이하다.

### 2) White 품종

#### (1) 쏘비뇽 블랑(Sauvignon Blanc)

산도가 높고 푸른 잔디 향과 훈제향이 나며 약간의 미네랄 향도 감지된다. 르와르 화이트 품종 중 대표적이며 쌍세르나 뿌이 뿌메와 같은 AOC와인에만 사용된다. 높은 산도 때문에 좀 더 낮은 온도에서 시음하는 것이 좋으며 한국 음식하고도 잘 어울리는 품종이다.

#### (2) 슈냉(Chenin)

포도가 늦게 익으며 꽃 향과 꿀 향이 풍부하다. 앙주와 뚜렌에서 많이 재배하며, 부브레이와 같은 드라이 화이트 와인, 스파클링 와인에도 사용된다.

#### (3) 샤도네(Chardonnay)

균형 잡힌 산도와 청과일 향으로 끄레망 드 르와르(Cremant de Loir)와 섬세한 화이트 와인을 만들 때 사용된다.

#### (4) 뮈스까데(Muscadet)

믈롱 드 부르고뉴(Melon de Bourgogne)라 칭하기도 하는 낭뜨 지방의 주요 품종이다. 특히 낭뜨 지방에서는 뮈스까데가 원산지 명칭으로 사용되고 있다.

# 2. 생산 지역

## 1) 쌍뜨르(Centre)의 주요 생산지

쌍뜨르(Centre)란 영어의 Central Vineyards란 의미로서 프랑스 내륙 쪽, 중간 쯤에 위치하여 붙여진 이름으로, 여름은 덥고 겨울은 매우 추운 대륙성 기후를 가지고 있다. 르와르 와인 생산지 4개의 지역 중 가장 작은 지역이지만 가장 인지도 높은 와인들을 생산한다. 쌍세르(Sancerre), 뿌이 뿌메(Pouilly-Fume) 등이 대표적이다.

### (1) 쌍세르(Sancerre)

쌍세르 주변의 15개 마을에서 생산되는 와인으로 쌍세르라는 명칭을 동일하게 사용한다. 쌍세르는 샤블리와 유사한 특성이 있는 토양으로 백악질의 돌이 많고, 바다 화석들도 심심찮게 볼 수 있다.

르와르 최고의 화이트 와인인 쌍세르는 11세기 유럽 전역에서 최고급 와인으로 공인되기도 했을 정도이고, 헤밍웨이가 무척 좋아했던 와인으로도 유명하다.

화이트는 쏘비뇽 블랑, 레드는 삐노 누아를 사용한다. 화이트 와인은 산도는 높지만 상큼하며 스모크 향, 자몽 향 등이 느껴진다. 각종 생선회나 굴 요리 등에도 어울리며 이 지역의 염소 치즈인 크로탱 드 샤비뇰(Crottin de Chavignol)과도 잘 어울린다.

### (2) 뿌이 뿌메(Pouilly-Fume)

쏘비뇽 블랑으로 화이트 와인만을 생산하고 있다. 쌍세르에 비해 작은 면적이지만 쌍세르와 쌍벽을 이루는 훌륭한 화이트 와인을 생산한다.

### (3) 메네뚜 살롱(Menetou - Salon)

대부분의 토양이 석회질 토양으로 쏘비뇽 블랑에 의한 화이트 와인을 생산하며 삐노 누아를 통한 약간의 레드 와인과 로제 와인도 생산한다.

약간의 스모키함이 묻어나는 상큼한 와인으로 거칠지 않고 편안함을 주는 와인이다.

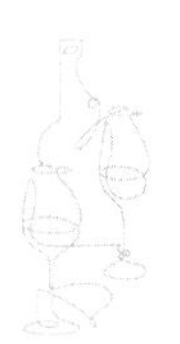

## 2) 뚜렌느(Touraine)의 주요 생산지

완만한 산들과 르와르 강이 어우러진 뚜렌느는 수려한 경관으로 여행지로서도 유명하다. 쉬농(Chinon)과 부르궤이(Bourgueil)가 있는 서쪽은 주로 레드 와인을 생산하고 동쪽의 부브레이(Vouvray)는 화이트 와인을 생산하며 기후는 대륙성 기후이다.

### (1) 쉬농(Chinon)

주로 까베르네 프랑(Cabernet Franc)을 사용하여 르와르 지방의 최고 레드 와인을 생산한다.

### (2) 부르궤이(Bourgueil)

까베르네 프랑(Cabernet Franc)을 주품종으로 레드 와인을 만든다. 우거진 숲의 고원이 있어 북풍으로부터 포도밭을 보호하는 지형을 이루고 있는 부르궤이는 적절한 탄닌과 균형 잡힌 과일 향이 견고하면서도 잔잔한 와인으로 평가 받고 있다.

### (3) 부브레이(Vouvray)

한국 소비자에게도 친숙한 부브레이는 슈넹블랑으로 화이트 와인을 만들며 스위트에서 드라이 와인까지 폭넓게 와인을 생산한다. 스위트 와인은 포도밭에 귀부병(Noble Rot)이 생길 경우 수확시기를 늦춰 달콤하고 향기로운 와인을 생산한다.

## 3) 앙주 쏘뮈르(Anjour-Saumur)

르와르의 중심부에 있는 앙주 쏘뮈르는 다양한 떼루아와 미세기후를 가지고 있어 화이트, 레드, 로제, 스파클링 와인 등 여러 스타일의 와인을 생산한다.

르와르에서 가장 많은 와인을 생산하며, 샹삐니(Saumur-Champigny) 같은 훌륭한 레드 와인도 생산하지만 그래도 로제 와인 산지로서 더 유명하다.

앙주 쏘뮈르의 주요 4대 로제 와인 AOC는 다음과 같다.

### (1) 로제 당주(Rose d' Anjou)

그롤로(Grolleau)가 주 품종이며 갸메(Gamay)나 까베르네 프랑(Cabernet Franc)을 블렌딩해서 만든다. 중간 정도의 감미가 있는 와인으로 와인을 처음 대하는 사람이나 여성에게 별 무리 없이 어울릴 수 있으며 어느 음식하고도 쉽게 매칭 된다.

### (2) 로제 드 르와르(Rose de loire)

앙주(Anjou)와 뚜렌(Touraine) 지역에 걸쳐 산지가 분포해 있으며 까베르네 프랑과 그롤로가 주를 이루고 그 외 까베르네 쏘비뇽, 갸메 등의 품종을 소량 블렌딩한다.

### (3) 까베르네 당주(Cabernet d' Anjou)

앙주 쏘뮈르(Anjou-Saumur)의 로제 와인 중 가장 품질이 뛰어나다. 약간의 감미가 느껴지는 미디엄 스위트 와인으로 까베르네 프랑을 중심으로 까베르네 쏘비뇽을 블렌딩해서 만든다.

### (4) 까베르네 드 쏘뮈르(Cabernet de Saumur)

85% 이상의 까베르네 프랑(Cabernet Franc)과 나머지 까베르네 쏘비뇽 등의 품종을 블렌딩해서 매우 세련된 드라이 로제 와인을 생산한다.

## 4) 낭뜨(Nantes)

낭뜨는 뮈스까데(muscadet)에 의한 뮈스까데의 와인 산지라고나 할까? 단순한 듯하지만 부드럽고 섬세하며 넉넉한 여유로움이 느껴지는 뮈스까데가 줄 수 있는 최상의 향과 맛을 제공한다. 뮈스까데를 물롱 드 부르고뉴(Melon de Bourgogne)라고도 하며 단일 품종으로 양조한다.

포도품종 이름을 산지의 명칭으로 사용하여 다음과 같은 4개의 AOC를 가지고 있다.

### (1) 뮈스까데(Muscadet)

섬세한 아로마가 풍부하다.

### (2) 뮈스까데 세브르 에 멘느(Muscadet- Sevres-et-Maine)

생산량이 가장 많고 우아하면서도 생기발랄하다.

### (3) 뮈스까데 코토 드 라 르와르(Muscadet Coteaux de la Loir)

신맛과 향의 볼륨이 크다.

### (4) 뮈스까데 꼬뜨 드 그랑디유(Muscadet Cotes de Grandlieu)

뮈스까데 와인 중 가장 최근에 명칭을 받은 와인으로 상큼하다.

### TIP 쉬르 리(Sur lie)

주로 화이트 와인에서 행해지는 양조기법으로 양조가 끝난 와인을 효모와 함께 숙성시키는 방법이다. 영어 'on the lees'의 프랑스 표현으로 '앙금에 의해서' 또는 '앙금 위에'라는 의미이다. 일반적으로 알코올 발효가 끝나면 죽은 효모 등을 걸러내는 여과 과정을 거치는데 쉬르 리(Sur lie)란 여과하지 않고, 대체적으로 4~12개월 정도 와인과 접촉하게 하는 것을 말한다.

이러한 양조기법은 세계 여러 나라에서 응용되는데 르와르 낭뜨 지방에서는 전통적으로 행해오던 기법이다. 낭뜨 와인의 레이블에서 쉽게 찾아볼 수 있다.

쉬르 리 기법으로 양조한 와인은 좀 더 크리미한 질감과 복합성을 제공한다.

# 07

# 알자스(Alsac) 와인

알자스는 동쪽은 라인강의 상류가 흐르고 서쪽은 보즈산맥이 있는 독일과 국경을 이루고 있는 지역이다. 알자스느 국경이 맞닿은 지역답게 독일과 프랑스 사이에서 영토의 주권이 여러 번 바뀐 지역이다. 855년 알자스는 신성 로마제국의 일부가 되었고, 1648년 웨스트팔리아 평화조약(Peace of Westphalia)에 의해 프랑스가 알자스 남부를 합병했다. 이때부터 오래전부터 상주해 있던 독일 군주들과 프랑스 왕국과의 긴장관계가 형성되었고, 1871년에는 프랑크푸르트 조약으로 알자스가 독일에 합병되었다. 다시 1919년 베르사유 조약으로 프랑스로 합병되었고, 제2차 세계대전 중 1940~1944년까지는 독일에 점령되었다가 1944년 프랑스 군의 재점령으로 프랑스 영토가 되었다. 이처럼 두 국가 사이에서 벌어진 영토 주권의 변동은 알자스 와인을 프랑스에서 생산하는 독일 와인과 같은 스타일이 되었다. 독일 와인과 알자스 와인의 큰 차이는 독일 와인은 대체로 당도가 있는 스위트 와인이 대부분인 반면 알자스 와인은 99%가 잔당이 낮은 드라이 와인이라는 점이다.

알자스 와인은 1871년 독일에 합병된 후 독일의 저가 와인을 생산하는 지역으로 역할을 담당한다. 독일의 모젤이나 라인강 유역의 산지를 최고급으로 부각시켜주기 위한 일환으로 알자스는 대량생산에 역점을 두었다. 제1차 세계대전 후 1919년 프랑스로 환원되면서 이전의 대량생산에 의한 저가 와인에서 품질 높은 와인으로의 변모를 시작하게 된다. 1925년에 전통품종이 아닌 변종 품종의 재배를 법으로 금지시켰다.

제2차 세계대전 중 독일의 점령기는 잠시 있었지만 프랑스의 탈환으로 와인 산업은 급속히 성장하였다. 1962년 AOC가 도입되고, 1972년에는 와인의 품질 보증을 위해 병입을 반드시 생산지에서 하도록 했다. 이러한 일련의 노력들에 힘입어 현재는 국제 시장에서 품질 좋은 와인으로 인정받고 있다.

알자스는 강수량이 적고 보즈산맥이 차가운 바람을 막아주어 와인 산지로서 적합한 조건을 갖추고 있다. 또한 기복이 심한 지형으로 인해 미세기후를 만들어 드라이 와인에서부터 스위트 와인까지 다양한 와인생산을 가능하게 한다.

알자스의 추운 기후는 포도 수확을 프랑스의 다른 지방보다 한 달 이상 늦어지게 만든다. 늦는 곳은 11월까지도 하기도 한다. 이러한 늦은 수확은 포도의 당도를 높여주며, 일부 지역에서는 좀 더 수확을 늦추거나 포도에 귀부현상(Noble Rot)이 생겨 달콤한 스위트 와인을 만들기도 한다.

와인 이름을 포도품종으로 사용하며 90% 이상이 화이트 와인을 생산하고 레드 와인은 삐노 누아를 중심으로 약 8% 정도 생산한다. 프랑스 대부분이 생산지 명칭을 사용하는 것에 비하면 독일의 영향을 많이 받아서 생긴 현상이라고 볼 수 있다.

병 모양도 삐노 누아와 스파클링 와인은 예외이긴 하지만 독일 와인과 유사한 알자스식 병만을 사용한다.

알자스 와인은 포도의 특성을 강조해주고자 블렌딩을 하지 않는다. 대부분 5년 이내에 소비하는 것이 좋지만 그랑 크뤼 와인은 10년 이상도 보관이 가능하다.

## 1. 포도품종

알자스 와인은 레이블에 포도품종을 표기하는데, 포도품종이 표기되었다면 표기된 품종이 100% 사용되었음을 의미하는 것으로 이해하면 된다.

### 1) 리슬링(Riesling)

알자스에서 가장 자랑하는 화이트 품종으로 산도와 숙성력이 강한 화이트 품종으로 섬세하며 과일향이 풍부하다. 가장 늦게 익는 품종이며, 산도와 당도의 조화가 잘 이루어져 장기보관에 유리하고 풍부한 구조감을 갖는 와인이 된다.

### 2) 게브르츠트라미네(Gewurztraminer)

독일어로 "스파이시 하다"라는 의미를 갖고 있으며 산도는 낮고 스파이시한 맛과 장미 등의 꽃 향이 피어나는 향긋한 품종이다. 훈제요리나 블루치즈 같은 음식과 잘 어울리며 이웃한 독일에서도 훌륭한 와인을 만드는 품종이다.

### 3) 삐노 그리(Pinot Gris)

한때 토카이 삐노 그리(Tokay Pinot Gris)라고도 불렸던 품종으로 갈색 빛이 나는 품종이다. 토카이(Tokay)란 단어는 사실 토카이 와인과는 전혀 관계가 없다.

이 때문에 EU는 2007년부터 토카이란 단어를 빼고 삐노 그리로만 표기하기로 했다. 스파이시 하면서도 진한 훈제향이 느껴지며 알코올 도수도 높은 편이다. 늦게 수확해서 만든 스위트한 와인도 생산하며 묵직한 화이트 와인 품종이다.

### 4) 뮈스까(Muscat)

알자스 지방에서 재배 면적이 점차 줄어들고 있는 품종으로 드라이한 화이트 와인을 만든다.

### 5) 실바너(Sylvaner)

화이트 품종으로 과일향이 풍부하고 가볍게 마실 수 있는 와인을 만드는 품종으로 특별한 캐릭터는 없다. 포도 알맹이가 많아 송이당 생산량이 많은 품종으로 예전엔 대량 생상을 위해 재배되었으나 지금은 일부 지역에서만 소량 재배된다.

### 6) 삐노 블랑(Pinot Blanc)

스파클링 와인에 많이 사용되며, 과일 향을 강조하는 스틸 와인에도 사용된다. 배, 감귤 등의 과일 향을 느낄 수 있는 와인이다.

### 7) 삐노 누아(Pinot Noir)

레드, 로제, 스파클링 와인을 생산하는 데 사용되며 적절한 산도와 과일 향, 그리고 충분한 바디감을 가진 와인을 생산한다.

### 8) 샤도네(Chardonnay)

끄레망 드 알자스를 양조할 때만 사용한다.

## 2. 알자스 와인 AOC

### 1) 알자스(Alsace)

알자스 와인의 약 75% 정도를 차지하며 뱅 달자스(Vin d'Alsace)라고도 한다. 대부분 단일 품종으로 양조되지만 두 가지 이상을 블렌딩하여 품종명이 아닌 특정 브랜드나 와인메이커의 이름으로도 생산된다. 두 가지 이상 블렌딩된 경우 와인 레이블에 에델즈빅케르(Edelzwicker) 또는 장띠(Gentil)라고 표기한다.

### 2) 알자스 그랑 크뤼(Alsace Grand Cru)

자체적인 위원회에 의해 통제를 받으며 엄격한 품질 기준을 충족한 와인에만 부여되는 아펠라시옹(AOC)이다. 총 51개의 포도원에서 생산하며 이를 와인 레이블에 의무적으로 표기하게 되어 있다. 전체 생산량의 4~5%가 이에 해당하며, 포도품종은 리

슬링(Riesling), 게뷔르츠트라미네(Gewurztraminer), 뮈스까(Muscat), 삐노 그리(Pinot Gris) 4품종으로만 제한하고 있다.

### 3) 끄레망 달자스(Crement d'Alsace)

알자스의 스파클링을 말하는데 샴페인과 같은 전통방식으로 만든다. 즉, 기포가 발생하는 2차 발효를 병입 발효에 의해 양조한다.

## 3. 알자스 스위트 와인(Alsace Sweet Wine)

비록 소량이기는 하나 알자스에서도 귀부 와인이나 늦 수확에 의한 스위트 와인이 생산된다. 1984년부터 공식 명칭으로 사용하고 있으며 알자스 그랑 크뤼(Grand cru)를 만드는 4개의 포도품종만으로 양조가 가능하다.

### 1) 방당쥬 따르디브(Vendanges tardives)

방당쥬 따르디브(Vendanges tardives)는 늦은 포도 수확이란 의미로서 포도의 당분 함량이 최대에 이를 때까지 기다렸다가 수확하여 달콤한 와인을 만든다.

### 2) 쎌렉시옹 드 그랭 노블(Selection de grains nobles)

'완벽한 포도알 선택'이라는 의미로서 귀부 현상(Noble Rot)이 생긴 포도만을 선별하여 스위트 와인을 만든다.

# 08

# 샹파뉴(Champagne) 와인

샴페인은 대부분의 사람들에게 축하, 기쁨, 파티 등을 연상시키는 와인이다. 맑고 섬세한 거품이 주는 포만감과 힘차게 분출하는 탄산은 가슴을 후련하게 해준다. 그래서 가히 샴페인은 와인 중 최고의 와인임에 이의를 제기할 사람은 많지 않을 것이다.

샴페인(Champagne)은 프랑스 샹파뉴(Champagne) 지방의 영어식 표현이다. 간혹 탄산이 함유된 와인이면 샴페인이라 오해하는 사람들이 있는데, 샹파뉴 지방에서 생산된 스파클링 와인만을 샴페인 또는 샹파뉴라 해야 한다. 샹파뉴는 프랑스 고유의 지명이기 때문이다. 샹파뉴가 아닌 지역에서 생산된 탄산 함유 와인은 정해진 이름을 사용하거나 스파클링 와인이라 해야 한다.

샹파뉴를 포함한 스파클링 와인은 철저히 인위적인 와인이다. 발효라는 자연현상에 의해 만들어진 와인에 효모와 설탕을 다시 첨가하여 인위적으로 재발효를 일으켜 와인 속에 탄산을 농축시키기 때문이다. 따라서 샹파뉴는 어느 마을에서 생산되었는지보다 누가 만들었는지가 중요하다. 이러한 이유로 대부분 양조 회사명이 와인이름이 된다.

샹파뉴를 중심으로 스파클링 와인이 만들어지게 된 시작부터 양조 방법 등을 알아보자.

## 1. 샹파뉴(Champagne)의 시작

샹파뉴가 처음부터 스파클링 와인 산지는 아니었다.

샹파뉴 지방은 포도를 재배하기 위한 지역 중 북방 한계선에 위치해 있다. 그만큼 기후 편차도 심하고 추위가 빨리 오는 지역이다. 이 지역에 와인이 만들어지기 시작한 것은 줄리어스 시저가 이곳을 정복했던 초기 로마 시대부터이며, 다른 와인 산지와 다를 바 없이 일반적인 스틸 와인을 생산하는 지역이었다.

추위가 빨리 오는 지역이고 평균 기온이 타 지역에 비해 낮은 연유로 와인은 산도가 높고 이렇다 할 유명한 와인도 없던 지역이었다. 이 지역에 유리병에 의해 와인을 보관하면서 역사는 시작되었다. 북쪽 지역이라 가끔은 추위가 일찍 찾아오는 경우가 있는데 그 겨울이 지나고 봄이 되면 문제가 발생하곤 했다. 날씨가 따뜻해지면서 보관 중이던 유리병들이 거품이 일면서 깨지는 것이다. 이유인즉, 와인을 양조하는데 추위가 일찍 오는 바람에 효모가 활동을 마치지 않은 상태 즉, 살아있는 채로 동면 상태로 되었다가 이듬해 봄 따뜻한 기온이 되면 다시 효모가 활동을 하게 된 것이다. 이때 발

생한 탄산이 병을 깨뜨렸던 것인데, 당시로서는 이러한 현상을 이해할 길이 없었다. 그래서 이 현상 즉 거품을 없애기 위해 노력했던 사람이 돔 페리뇽이다. 그는 거품을 없애려 했지만 원인을 알 수 없으니 수포로 돌아갔고, 오히려 영국을 중심으로 탄산이 함유된 와인을 좋아하는 귀족들이 생겨났다. 거품을 없애려 노력했던 돔 페리뇽은 역으로 와인에 탄산을 보관할 방법을 찾게 되었고 이것이 오늘날 샴페인의 시작이다.

이름도 변변찮던 와인이 세상 최고의 와인이 된 것이다. 우리네 삶을 보는 듯하다. 어제와 오늘이 다르듯 또 내일도 다를 것이 삶이 아닐까? 때론 이유 없는 어려움이 보배일지도 모른다. 해결되지 않는 문제가 알고 보니 최고의 보석일지도 모를 일이다. 보는 관점만 다르다면 말이다.

• 돔 페리뇽(Dom perignon, 1639~1715)

돔 페리뇽은 1661년 샹파뉴(Champagne) 지방의 에뻬르네(Epernay) 근처 오빌레에(Hautvilliers) 있는 베네딕틴 수도원의 와인 저장고(Cellar Master) 담당자가 되었다. 완벽주의적 성향을 가진 그는 더 좋은 포도재배와 와인 양조를 위해 여러 품종을 블렌딩하고 또, 삐노 누아로 화이트 와인을 만드는 등 부지런히 연구하고 실험했던 사람이다.

앞서 언급했듯 돔 페리뇽은 처음 탄산을 제거할 방법을 찾다가, 결국 병속의 탄산을 보존하는 방법으로 당시 샹파뉴 지방에서는 사용치 않았던 코르크를 처음으로 사용하였다. 그리고 탄산이 병 밖으로 새어 나가지 못 하도록 삼 등으로 병을 동여매어 압력에 의한 코르크 이탈을 방지했다. 이 방법은 지금도 그대로 사용하고 있다. 다만 삼 대신 철사 줄을 사용하는 것만 다르다.

돔 페리뇽의 업적은 샴페인을 발명한 것이 아니라 와인 속의 탄산을 보존하는 방법을 발견한 것이라고 할 수 있다.

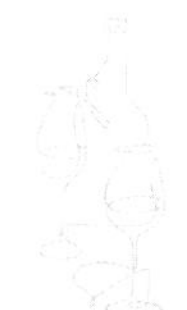

초기의 샴페인은 오늘날과는 비교도 안 될 정도로 마약한 수준이었겠지만 지금껏 아무도 생각지 못하고 시도하지 못한 일을 이루어냈다고 하는 것은 위대하고 충분히 존경받을 만한 일이라 생각한다.

한 사람의 실험정신과 창의성은 당시대와 그 시대를 넘어서도 많은 사람과 사회에 지대한 영향력으로 살아 숨 쉼을 느낀다.

그를 기려 모에샹동 회사에서는 돔 페리뇽의 이름으로 브랜드를 만들어 출시하는데 그 풍미와 여유로움은 감탄을 자아내기에 충분하다.

## 2. 샹파뉴 와인의 발전

### 1) 샹파뉴 지하 까브(cave)

샹파뉴가 세상에 나오기까지는 실로 몇 년의 세월을 필요로 한다. 최소 15개월 이상을 숙성시켜야 하며 5년이 걸리는 것도 있다. 이러한 장기 숙성을 위해서는 엄청난 양을 오랜 시간 숙성온도를 유지할 수 있는 대단위 시설과 공간이 필요하다.

지금이야 전기 시설을 사용할 수 있다고 하지만 300~400년 전에 어떻게 했을까? 연간 평균 섭씨 14도 정도를 유지해야 하는데 말이다.

샹파뉴 지방에는 지하의 굴이 길이를 합치면 수십 km는 된다고 한다. 이 굴이 천연 와인 셀러 역할을 한 것이다. 지하여서 연간 온도 편차 없이 14도 정도를 유지하고 적절한 습도도 유지해 주기 때문이다.

이 굴들은 주로 로마 시대 때 건축자재로 사용하기 위해 채석했던 곳이다. 석회암

으로 된 이 굴 속에 들어가 보면 도저히 믿기지 않을 정도의 굴들이 많다. 굴이 지하 3층에 걸쳐 존재하는 곳도 있다.

유럽의 건축물을 보면 돌로 섬세하게 조각된 것을 볼 수 있는데, 샹파뉴 지하의 돌들이 수분을 머금고 있어 조각이 가능한 건축 자재로 사용한 것이다.

지하 굴은 현재도 샹파뉴를 만들 때 사용하고 있으며 추가로 확장도 하고 굴착도 해서 사용한다.

### 2) 대관식

프랑스 왕을 임명하는 대관식이 열리는 장소가 샹파뉴 지방의 렝스마을에 있는 렝스 대성당(Cathédrale de Reims)이다. 이 대관식에서는 샹파뉴 와인이 사용되었고 대관식에 참석한 많은 외교 사절단 및 대신들은 샹파뉴 와인을 즐기며 이후에도 지속적인 소비로 이어졌다. 귀족들의 파티에는 샹파뉴가 필수품처럼 되면서 샹파뉴가 발전할 수 있었다.

## 3. 포도품종

샹파뉴의 포도품종은 삐노 누아(Pinot Noir), 삐노 뮈니에(Pinot Meunier), 샤도네(Chardonnay) 세 가지 품종을 블렌딩해서 만든다.

대부분의 샴페인에는 레드 품종이 섞이는데 샴페인에 붉은 색이 들지 않도록 압착 시에 정성과 기술을 요하게 되며, 일반적으로 60% 정도만 압착한다고 한다.

### 1) 삐노 누아(Pinot Noir)

랭스(Reims)와 꼬뜨 드 바(Cote de Bar) 지역에서 주로 재배되며 딸기를 비롯한 과일 향과 샹파뉴의 밀도감을 높인다.

### 2) 삐노 뮈니에(Pinot Meunier)

마른느(Marne)계곡에서 주로 재배되며 특히 로제 샹파뉴에 과일 향을 제공한다.

### 3) 샤도네(Chardonnay)

꼬뜨 드 블랑(Cote de Blancs)에서 주로 재배되며 꽃 향과 세련됨, 산도와 상쾌함을 제공한다.

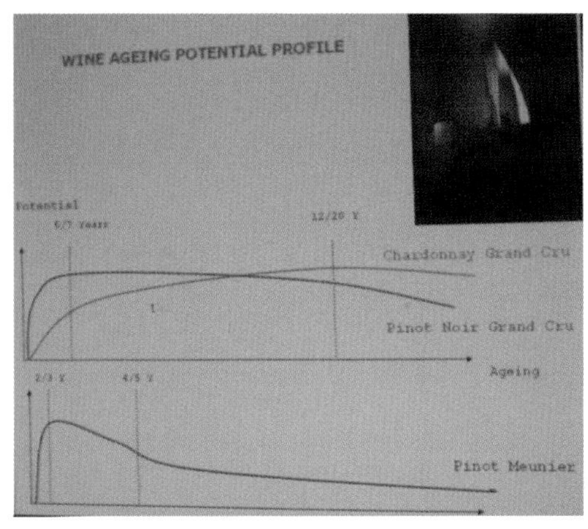

## 4. 포도 생산지역

2015년 유네스코 세계문화유산으로 등재된 샹파뉴는 1927년 34,000헥타르에 이르는 포도 재배지역이 AOC로 지정되었다.

파리에서 동쪽으로 150km 거리에 위치하여 루이 13세 때부터 파리와 물류가 원할한 지역이었으며, 이러한 지리적 특수성 때문에 파리의 상류층을 중심으로 샴페인 소비층이 있어 안정적인 생산을 할 수 있었다.

프랑스의 영웅 나폴레옹처럼 샴페인을 좋아한 황제도 없었을 것이다. 나폴레옹은 전쟁이나 기타 이동 때마다 항상 샹파뉴의 에뻬르네(Épernay) 지역을 통과했는데 이때마다 샴페인을 즐겼다고 한다.

샹파뉴의 포도 산지는 다음과 같다.

### 1) 마른느(Vallee de La Marne)

작은 계곡으로서 주변에 포도 재배지가 분포해 있다. 주로 삐노 뮈니에(Pinot Meunier)를 재배한다.

### 2) 랭스(Montagne de Reims)

산악지역으로 주로 삐노 누아(Pinot Noir)를 재배하며 떼루아의 영향으로 와인의 강렬한 바디감을 형성한다.

### 3) 꼬뜨 드 블랑(Cote de Blancs)

에뻬르네(Épernay) 남쪽에 있는 백악질 토양으로 이루어져 있다. 이 때문에 주로 샤도네(Chardonnay)를 심는다.

### 4) 꼬뜨 드 바Cote de Bar)

비교적 온화한 기후를 가진 지역으로 주로 삐노 누아(Pinot Noir)를 재배하며 랭스(Reims) 지역보다 좀 더 가볍고 신선한 캐릭터를 제공한다.

## 5. 생산 형태

34,000헥타르에서 연간 180만 헥토리터(약 2억 5천만 병)를 생산하고 있으며 99%가 화이트 샹파뉴이며 1%의 로제 샹파뉴를 생산한다.

샹파뉴의 많은 포도재배업자들은 포도를 생산만 하여 거래하는 회사(메종, Maison : 샹파뉴를 양조하여 판매하는 회사)에 판매하는 것에 그치고 이 회사들이 양조, 숙성하여 판매하는 것이 특징이다. 회사의 형태는 거대한 기업이 있는가 하면 작은 농가들이 모여 조합을 이루는 조합의 형태, 자신들이 포도를 재배 양조까지 하는 가족 경영의 형태로 크게 구분 지을 수 있다. 샹파뉴는 양조자의 철학과 기술력에 의해 다양한 맛과 향을 나타낸다. 따라서 제조 회사에 따라 수준 차이가 나며 시장에서도 브랜드에 의해 가격이 형성된다.

1930년대 대공황 이전까지만 해도 포도 재배자들은 수확한 포도를 양조회사에 전량 납품할 수 있었다. 충분한 소비층이 있었기 때문이다. 하지만 대공황을 거치면서 샹파뉴 소비에도 영향을 미쳐 샹파뉴 생산업자들이 포도수매를 급속히 감소시켰다. 별다른 대책도 없고 영세하기까지 한 대부분의 포도 재배자들은 큰 타격을 받게 되었다.

이를 계기로 일부 여력이 있는 농가는 자체 생산 시설을 만들어 가족이 경영하고 그렇지 않은 농가는 협동조합을 만들어 샹파뉴를 양조하게 되었다. 그래도 샹파뉴 생산량의 80%는 모에샹동, 테팅져, 폴로져, 로랑페리에, 볼링저, 살롱, 페리에 주에 등등의 이른바 빅 하우스에서 담당하며 주로 수출 위주의 판매를 하고 있다.

빅 하우스의 샹파뉴도 훌륭하지만 시각을 돌려 가족경영에 의해 만들어진 샹파뉴나 협동조합에서 만들어진 샹파뉴에도 관심을 가져본다면 매우 흥미로운 샹파뉴의 세계를 경험할 수 있을 것이다.

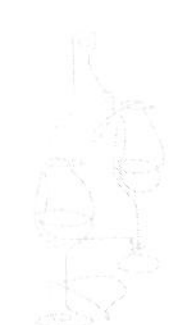

## 6. 샹파뉴(Champagne) 양조 방법

스파클링 와인을 만드는 방식은 병 속에서 발효가 일어나게 하는 방식, 탱크에서 발효하는 방식, 탄산을 주입하는 방식이 있다.

이 중에서도 샹파뉴는 반드시 병 속에서 탄산이 발생하는 병입 발효 방식을 사용해야만 한다. 그래서 이 방법을 가리켜 한때는 샹파뉴 방식(Champagne Method)이라고 했었으며, 다른 나라에서도 이 방법을 사용하여 샹파뉴 메쏘드(Champagne Method) 또는 메쏘드 샹프누아즈(Methode Champenoise)라고 레이블에 표기하기도 했었다.

하지만 이런 표기는 소비자에게 샹파뉴와 스파클링 와인과의 혼돈을 야기한다는 이유로 EU는 1994년 샹파뉴 방식이란 표기를 금지시켰고 대신 전통방식(Traditional Method)이라고 표기하기로 했다.

프랑스 샹파뉴 지방 이외에서는 어떤 형태로든 샹파뉴란 단어를 쓰지 못하게 하기 위함이다. 그럼 샹파뉴에서 전통방식에 의한 양조 방법을 알아보자.

### 1) 수확과 압착

수확은 반드시 손으로 수확한다. 샹파뉴 지방은 추운 지방으로서 포도의 산도가 높다. 따라서 기계로 수확할 경우에 생길 상처에 의한 산화 방지와 품질 저하 등의 우려로 손 수확을 고집한다.

압착 과정은 매우 세심함을 요구된다. 삐노 누아와 삐노 뮈니에 등 적포도품종으로 백포도주를 얻어내는 일이므로 압착할 때 착색되지 않도록 섬세함이 필요한데 보통 160kg의 포도로 100L 정도의 과즙을 얻는다고 한다. 수확에서 압착까지는 최소의 시간일수록 좋다.

수확된 포도는 각각의 품종별, 수확지별로 압착하여 따로따로 관리 · 양조한다.

### 2) 알코올 발효(1차 발효)

압착 후 즉시 발효조로 옮겨 품종별로 1차 발효(알코올 발효)에 들어간다.

약 2주간의 알코올 발효과정을 거치면 일반 스틸 와인이 되는데, 이때 알코올은 11% 정도 된다. 와인이 만들어지면 블렌딩되는 와인도 있고 다음의 블렌딩을 위해 숙성되는 와인도 있다.

### 3) 블렌딩

주로 2월 이후에 양조 전문가에 의해 이루어진다. 갓 양조한 와인에서부터 수년간 숙성한 와인까지 각각 숙성되고 있는 여러 와인들을 섞는 과정이다. 숙성된 기간, 수확한 밭, 품종별 등 여러 와인들을 하나의 맛을 찾아 블렌딩하는 것이다. 그야말로 한 편의 예술품을 만드는 과정과 같다. 많게는 무려 70여 가지까지도 블렌딩을 한다고 하니 말이다.

이 때 Base가 되는 스틸 와인은 3년까지 숙성하여 블렌딩될 수 있으며, 빈티지 샴페인용 와인은 5년까지 숙성하여 블렌딩이 가능하다. 이렇게 여러 가지 다양한 와인이 혼합된 와인을 뀌베(Cuvee)라 한다. 이렇게 여러 해의 와인을 블렌딩하기 때문에 특별한 빈티지 와인을 제외하고는 대부분의 샴페인에 빈티지가 표기되지 않는다. 또 샴페인을 만드는 회사들은 이런 뀌베의 특성으로 인해 블렌딩 비율을 절대 공개하지 않는다고 한다.

### 4) 당과 효모 첨가

뀌베(Cuvee, 혼합된 포도주)가 얻어지면 여기에 2차 발효를 위한 효모와 당을 첨가한다. 당은 사탕수수 설탕을 사용하며 압력에 따라 리터당 20~24g을 첨가한다. 당과 효모가 첨가되면 탄산이 새어나오지 못하도록 밀봉한다.

### 5) 병 속의 2차 발효

당과 효모가 첨가된 와인은 캡슐을 씌운 채 지하 까브(cave, 저장고)에 뉘여 보관된다. 이때 병 속에 첨가한 효모와 당에 의해 6~8주간 발효가 일어나며, 생성된 탄산은

외부로 나가지 못하고 와인 속에 녹아 농축된다.

발효가 끝난 죽은 효모(Lees)는 12개월 이상 병 속에 있게 되며 샹파뉴의 향을 보충한다. 빈티지 샹파뉴의 경우 4~10년까지도 효모를 제거하지 않는다. 효모향과 어울려 샹파뉴 특유의 깊은 향을 위해서이다. 완성된 샹파뉴의 압력은 거의 6기압 정도가 된다. 샴페인의 병 두께가 두꺼운 것도 이러한 탄산의 압력을 견디기 위함이다.

## 6) 르미아쥬(Remuage)

규칙적으로 병 돌려주기란 뜻으로 2차 발효가 끝나면 효모 찌꺼기(Lees)는 가라앉게 된다. 이런 효모 찌꺼기를 제거하기 위해 2차 발효가 끝난 와인을 뿌삐뜨리(Pupitres : 기울어진 삼각 선반)에 병 입구가 바닥으로 향하게 비스듬히 꽂아 발효가 끝나 죽은 효모를 병 입구 쪽으로 모이게 한다. 주기적으로 병을 90도씩 회전시켜 효모 찌꺼기가 병목 쪽으로 모이게 하는 것을 르미아쥬라 한다.

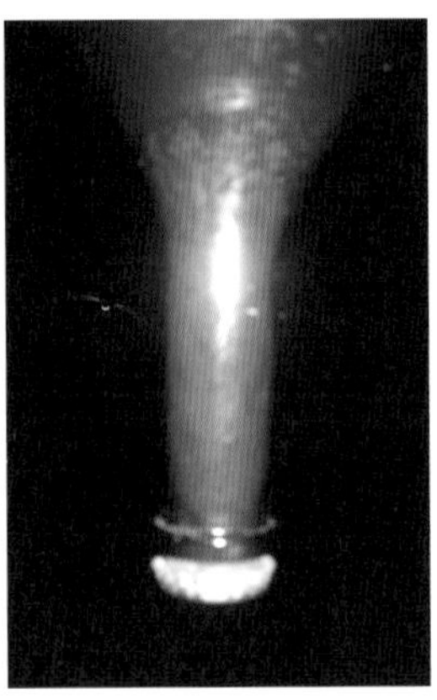

르미아쥬가 끝나면 몇 주간 와인 병을 병목이 밑을 향하게 수직으로 보관하여 효모 찌꺼기가 병마개 쪽에 모이게 한다.

### 7) 데고르쥬멍(Degorgement)

르미아쥬를 통해 병 입구에 모인 효모 찌꺼기(Lees) 제거 작업을 하는데, 샴페인 자체 압력을 이용해 외부로 방출시킨다. 전통적으로 일일이 손으로 하는 경우도 있고 기계를 사용하는 경우도 있다.

### 8) 도자쥬(Dosage)

데고르쥬멍 작업 때 효모 찌꺼기와 함께 빠져나간 부족분을 채워주는 작업이다. 위와 같은 모든 공정이 끝나면 코르크를 사용하여 병 입구를 막고 와이어로 단단히 조인다.

이와 같이 샴페인 한 병이 우리 앞에 모습을 나타내기까지는 수많은 사람들과 수많은 공정을 거쳐야 가능하다. 따라서 샴페인이란 대단히 기술적인 와인이라 할 수 있다. 필자는 샴페인만큼 위대한 와인은 없다고 본다. 그 어느 와인보다도 인간의 정성이 지극히 들어갔기 때문이다. 샴페인을 한 마디로 표현한다는 것은 불가능하지만 '수줍은 딸아이를 그윽한 미소로 바라보는 아빠의 여유로운 카리스마'라고나 할까?

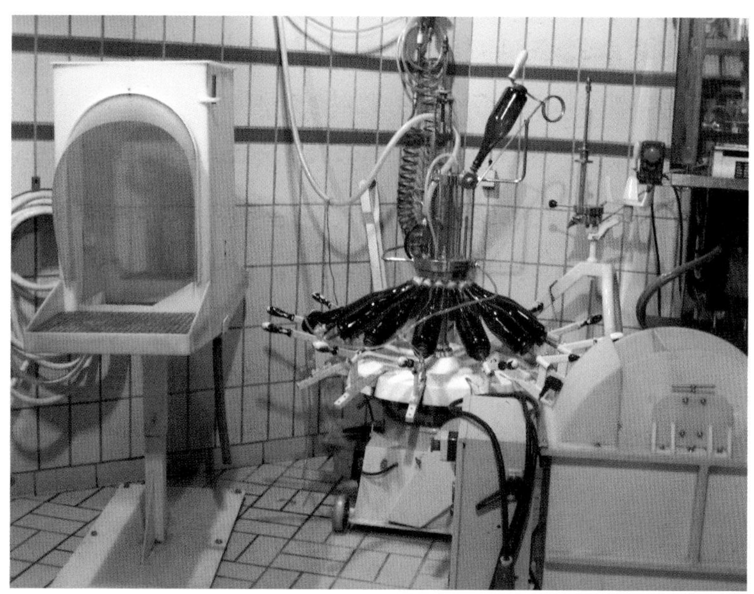

## 7. 샹파뉴(Champagne)의 종류

### 1) N.V샹파뉴(Champagne)

빈티지가 없는(Non vintage) 샹파뉴로서 대부분의 샴페인이 이에 속한다.

### 2) 로제 샹파뉴(Le Champagne Rose)

핑크빛이 도는 샹파뉴로서 알코올 도수가 비교적 높고 가격도 상당히 비싼 편이다. 주로 레드 품종을 이용해 와인컬러를 유도하여 와인을 만들지만, 화이트와 레드 와인을 섞어서 로제 샹파뉴를 만드는 경우도 있다. 기분 좋은 장미 등의 꽃 향이 밀키한 매력을 뽐낸다.

### 3) 빈티지 샹파뉴(Le Champagne Milesime)

당해 수확한 포도로 만든 와인으로 작황이 좋아 우수한 품질의 샹파뉴 양조가 확실할 때 생산하는데, 생산량은 전체 10% 정도 차지한다.

### 4) 샹파뉴 블랑드 블랑(Le Champagne Blanc de Blanc)

블랑 드 블랑(Blanc de Blancs)이란 화이트 품종으로 화이트 샹파뉴를 만들었다는 의미로서 샤도네 한 품종만을 사용하여 샹파뉴를 만들었다는 뜻이다.

### 5) 샹파뉴 블랑 드 누아(Le Champagne Blanc de noir)

블랑 드 누아(Blanc de noir)란 레드 품종으로 화이트 샹파뉴를 만들었다는 의미로서 삐노 누아(Pinot Noir)와 삐노 뮈니에(Pinot Meunier) 품종을 사용하는데 단일 품종으로 하기도 하고 블렌딩하기도 한다.

## 8. 당분 함량에 따른 샹파뉴(Champagne)

양조가 끝난 샹파뉴에 설탕을 추가하여 당도를 조절한다.

– 브뤼 나뚜렬(Brut nature) : 1L당 0~3g까지
– 엑스트라 브뤼(Extra brut) : 1L당 0~6g까지
– 브뤼(Brut) : 1L 당 12g 이하
– 엑스트라 드라이(Extra Dry) : 1L당 12~17g까지
– 섹(Sec) : 1L당 17~32g까지
– 드미 섹(Demi Sec) : 1L당 32~50g까지
– 두(Doux) : 1L당 50g 이상

## 9. 각국의 Sparkling Wine 명칭

### 1) 프랑스

#### (1) 샹파뉴(Chmpagne)

전통 방식(Traditional Method)에 의한 샹파뉴 지방의 스파클링 와인

#### (2) 끄레망(Cremant)

샹파뉴 지방 이외에서 전통 방식(Traditional Method)에 의한 스파클링 와인으로 7개의 산지가 있다.

– Cremant de Loire
– Cremant de Bourgogne
– Cremant d'Alsace
– Cremant de Limoux
– Cremant de die

– Cremant de Bordeaux

– Cremant de Jura

### (3) 뱅 무쏘(Vin Mousseaux)

뱅(Vin)은 Wine, 무쏘(Mousseaux)는 Sparkling을 의미하여 Sparkling Wine이라는 뜻이다. 프랑스 내에서 샴페인도 아니고 끄레망도 아닌 단순히 탄산이 함유된 와인을 말한다.

### (4) 뻬띠앙(Petillant)

프랑스산으로 2.5기압 이하의 약발포성 와인의 총칭이다.

## 2) 독일

### (1) 젝트(Sekt)

독일의 고급 스파클링 와인으로 전통 방식 또는 샤르마 방식(탱크 내에서 2차 발효)으로 만들어진다.

### (2) 샤움바인(Schaumwein)

일반적 발포성 와인

### (3) 팔바인(Perlwein)

2.5기압 이하의 약 발포성 와인

## 3) 이탈리아

### (1) 스푸만테(Spumante)

이탈리아산 발포성 와인의 총칭으로 전통 방식 또는 샤르마 방식(탱크 내에서 2차 발효)으로 만들어진다.

(2) **프라장테**(Frizzante)

모스카또 다스띠와 같이 와인에 청량감을 강조하기 위해 약한 거품이 나는 와인

### 4) 스페인 스파클링 와인

(1) **카바**(Cava)

까딸루냐 지방에서 만드는 전통 방식의 발포성 와인

(2) **에스푸모소**(Espumoso)

일반적으로 Cava 이외의 와인

### 5) 미국, 호주 등 신세계

대부분 스파클링 와인으로 칭한다.

## 10. 주요 샹파뉴 회사(Maisong de Chmpagne)

- 아르망 드 브리냑(Armand de Brignac)
- 모에 샹동(Moet et Chandon)
- 뵈브 클리코(Veuve Clicquot)
- 루이나르(Ruinart)
- 볼랑저(Bollinger)
- 빌까르 살몽(Billecart Salmon)
- 루이 로드레(Louis Roederer)
- 도츠(Deutz)
- 고세(Gosset)
- 포므리(Pommery)

– 테탱저(Taittinger)
– 랑송(Lanson)
– 크루그(Krug)
– 로랑 페리에(Laurent–Perrier)
– 살롱(Salon)
– 페리에 주에(Perrier–Jouët)
– 지아쉬 멈(G.H Mumm)
– 브랑켄 포머리(Vranken–Pommery)
– 메르시에(Mercier)
– 드 카스텔란(De Castellane) 등

# 08

# 남프랑스/랑그독 루시옹 (Sud de france or Languedoc-Roussillon)

남프랑스(Sud de france)의 랑그독 루시옹은 동쪽의 론강에서부터 지중해 연안을 따라 서쪽의 페레네산맥의 스페인 국경이 이어지는 프랑스에서 가장 오래된 와인 산지이다. 포도재배의 시작은 그리스 시대부터이고 2,000년전 로마인들에 의해 포도원이 본격적으로 만들어지기 시작했으며, 현재 프랑스 와인의 1/3이 이 지역에서 생산된다. 주로 뱅 드 뻬이(Vin de Pay)와 뱅 드 따블(Vin de Table)을 생산하지만 수준 높은 AOC와인과 화이트, 레드, 스파클링, 스위트 와인까지 다양한 와인을 생산한다.

랑그독과 루시옹은 스페인령이었으나 랑그독은 13세기 말, 루시옹은 17세기 중엽에 프랑스령으로 통합된다. 이후 1980년대에 랑그독과 루시옹이 행정적으로 통합되고 1990년대 들어 랑그독과 루시옹 와인은 눈부시게 성장한다.

이 지역의 성장 배경에는 그들의 품질향상 노력 즉, 저품질 와인 생산량은 줄이고 고품질 와인 생산량은 늘려 이미지 쇄신에 힘썼고, 상대적으로 저렴한 포도원 토지 가

격 때문에 전문 양조가들이 대거 유입되어 양조 기술 향상과 전반적인 품질이 개선되었기 때문이라고 본다. 특히 뱅 드 뻬이(Vin de Pay) 산지답게 자신의 개성을 살리고자 젊은 양조가들이 야심차게 생산하고 있다.

랑그독 루시옹은 2006년부터 하나의 통합된 명칭인 남프랑스(Sud de France)로 변경하여 사용하고 있다.

뱅 드 뻬이 와인은 레이블에 품종을 표기하며, 뱅드 따블을 포함한 프랑스 뱅 드 뻬이 와인의 70%가 이곳에서 생산된다. 수출 활동도 활발한데 Vin de Pay(Vin de Pays d'Oc) 생산량의 75%를 수출하는 상황이다.

2000년대 이후 남프랑스 와인은 세계 시장에서 괄목할 만한 성장을 이어가고 있고 대단한 주목을 받고 있다.

# 1. 주정 강화 와인(VDN과 VdL)

VDN(Vin Doux Naturel, 뱅 두 나뚜럴)과 VdL(Vin de Liqueur, 뱅 드 리퀘르)은 알코올 강화 와인으로서 발효 시작점에 주정을 첨가하여 스위트한 와인을 일컫는다. 차이가 있다면 VDN은 포도품종 포도즙의 당도 주정의 알코올 순도(VDN 96% 이상, VdL 70~80%)를 좀 더 엄격히 하여 품질 관리를 한다는 것이다. 랑그독 지방의 오래된 와인양조 기법이다.

## 1) VDN(Vin Doux Naturel, 뱅 두 나뚜럴)

천연 감미 주정 강화 와인이라고 할 수 있다. 론 와인에서도 설명했듯이 와인에 주정(브랜디)을 첨가하여 달콤하게 만든 와인이다. 발효의 시작 시점에 주정을 첨가하여 잔당에 의한 스위트 와인이 만들어진다.

포도를 과숙시켜 포도의 당도가 25.2% 이상으로 매우 높을 때 수확하며, 주정을 첨가했을 때 알코올 수준은 16~17% 정도이고 스위트하다.

화이트 와인과 레드 와인을 생산하나 2/3는 화이트 와인이다.

와인 레이블에 랑시오(Rancio)라고 표기된 것은 오크통에 넣어 2년 이상 산화를 유도한 와인으로 색이 짙다.

## 2) VdL(Vin de Liqueur, 뱅 드 리퀘르)

알코올 발효 초기 포도과즙에 주정을 첨가하여 만든 리큐르로 뮈따지(Mutage)라고도 부르며 알코올 함량은 16~22% 정도이다.

뱅 드 리퀘르(Vin de Liqueur)는 남프랑스에서 특히 활발히 양조되지만, 다른 지역에서도 다양하게 양조한다. 꼬냑(Cognac)을 주정으로 한 삐노 데 샤랑트(Pineau des Charentes), 알마냑(Armagnac)을 주정으로 한 플록 드 가스곤느(Floc de Gascogne), 이밖에 쥐라(Jura) 지방의 마크뱅 뒤 쥐라(Macvin du Jura), 샹파뉴(Champagne) 지방의 라타피아(Ratafia) 등이 있다.

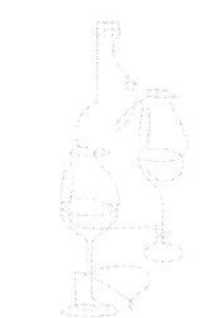

## 2. 포도품종

### 1) 화이트(White)

- 막싼느(Marsanne)
- 루싼느(Roussanne)
- 마까베오(Macabeo) : 스페인에서는 Viura(비우라)라고 한다.
- 뮈스까(Muscat)
- 샤도네(Chardonnay)
- 슈넹블랑(Chenin Blanc)
- 모작(Mauzac)
- 쏘비뇽 블랑(Sauvignon Blanc) : 주로 Vin de Pays d'Oc을 생산한다.

이 외 다양한 품종으로 와인을 생산하고 있다.

### 2) 레드(Red)

- 까리냥(Carignan)
- 그르나쉬(Grenache)
- 무르베드르(Mourvedre)
- 쉬라(Syrah)
- 쌩쏘(Sinsault)
- 까베르네 쏘비뇽(Cabernet Sauvignon) : 주로 Vin de Pays d'Oc을 생산한다.
- 메를로(Merlot) : 주로 Vin de Pays d'Oc을 생산한다.
- 삐노 누아(Pinot Noir)

이 외 다양한 품종으로 와인을 생산하고 있다.

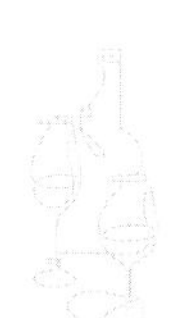

# 3. 주요 AOC 산지

## 1) 랑그독 AOC

### (1) 랑그독(Languedoc)

2007년 AOC로 지정되었으며 화이트, 로제, 레드 와인을 생산한다. 레드 와인은 그르나쉬를 중심으로 생산한다.

### (2) 까바르데(Cabardes)

까베르네 쏘비뇽, 메를로, 쉬라, 까베르네 프랑 등으로 레드 와인과 로제 와인을 생산하는 산지이다.

### (3) 코르비에르(Corbieres)

프랑스에서 4번째로 큰 AOC로서 무게감 높은 와인을 생산하며 레드, 로제, 화이트 와인을 생산한다.

### (4) 꼬르비에르 부뜨냑(Corbieres Boutenac)

까리냥, 그르나쉬를 중심으로 레드 와인을 생산한다.

### (5) 포제르(Faugeres)

그르나쉬, 쉬라, 무르베드르를 중심으로 레드와 로제를 생산하고, 2005년부터 무르블랑을 중심으로 화이트 와인을 생산한다.

### (6) 말레페레(Malepere)

메를로와 까베르네 프랑을 중심으로 레드 와인과 로제 와인을 생산하는 산지이다.

### (7) 미네르부아(Minervois)

화이트, 로제, 레드 와인을 다양하게 생산하는 산지이다.

(8) **미네르부아 라 리비니에르**(Minervois La Liviniere)

무르베드르를 중심으로 레드 와인을 생산하는 산지이다.

(9) **끌레렛 드 벨가르드**(Clairette de Bellegarde)

끌레렛 품종만으로 화이트 와인을 생산한다.

(10) **끌레렛 뒤 랑그독**(Clairette du Languedoc)

끌레렛 품종만으로 화이트 와인을 생산한다.

(11) **피뚜**(Fitou)

까리냥을 중심으로 레드 와인만 생산한다.

(12) **쌩 시니앙**(Saint Chinian)

그르나쉬 품종을 중심으로 레드와 로제를 생산하고 2005년부터는 마르산, 루산, 그르나쉬 블랑을 중심으로 화이트 와인도 생산한다.

(13) **리무**(Limoux)

레드와 화이트 와인이 생산되며 레드 와인은 메를로를 중심으로 블렌딩한다.

(14) **끄레망 드 리무**(Cremant de Liomux)

샤도네를 중심으로 전통방식에 의한 스파클링 와인 산지이다.

(15) **블랑켓트 드 리무**(Blanquette de Limoux)

모작(Mauzac)을 중심으로 화이트 와인을 생산한다.

(16) **블랑켓트 드 리무 메쏘드 앙세스트랄**(Blanquette de Limoux Method Ancestral)

모작(Mauzac)만으로 화이트 와인을 생산한다.

**(17) 뮈스까 드 뤼넬**(Muscat de Lunel)

뮈스까 품종으로 VDN을 생산한다.

**(18) 뮈스까 드 프롱티냥**(Muscat de Frontignan)

뮈스까 품종으로 VDN을 생산한다.

**(19) 뮈스까 드 쌩 장 드 미네르부아**(Muscat de Saint Jean de Minervois)

뮈스까 품종으로 VDN을 생산한다.

**(20) 뮈스까 드 미르발**(Muscat de Mireval)

뮈스까 품종으로 VDN을 생산한다.

**(21) 뮈스까 드 쌩 장 드 미네르부아**(Muscat de Saint Jean de Minervois)

뮈스까 품종으로 VDN을 생산한다.

### 2) 루시옹 AOC

**(1) 꼬뜨 뒤 루시옹**(Côte du Roussillon)

화이트, 로제, 레드 와인을 생산한다.

**(2) 꼬뜨 뒤 루시옹 빌라지**(Côte du Roussillon Villages)

그르나쉬, 쉬라, 까리냥 등을 중심으로 레드 와인을 생산한다.

**(3) 모리 섹**(Maury Sec)

그르나쉬 품종을 중심으로 탄닉하고 드라이한 레드 와인을 생산한다.
(마을명의 Sec는 스위트와 관련이 없다.)

### (4) 콜리우르(Collioure)

화이트, 로제, 레드 와인을 생산한다.

### (5) 바니울(Balnyuls)

VDN을 생산하는 마을로 배럴 등을 이용하여 숙성한다.

### (6) 바니울 그랑 크뤼(Banyuls Grand Gru)

VDN을 생산하는 마을로 일반 바니울 와인보다 규정을 엄격히 하여 숙성 시에 오크통에 30개월 이상을 숙성해야 한다.

### (7) 리브잘트(Rivesaltes)

VDN을 생산하는 마을로서 루시옹과 랑그독에 걸쳐 산지가 분포되어 있다.

### (8) 모리(Maury)

VDN을 생산하는 마을이다.

### (9) 뮈스까 드 리브잘트(Muscat de Rivesaltes)

뮈스까로 VDN을 생산하는 마을로 신선하고 달콤한 비교적 마시기 편한 와인을 생산한다.

PART 5

# 이탈리아 와인

The WINE

# 01

# 이탈리아 와인의 특징

이탈리아는 삼면의 바다와 다양한 토양 그리고 온화한 기후 특성으로 풍부한 농수산물과 함께 전 국토에서 와인이 생산된다. 20개 주 어디서나 양질의 포도를 재배할 수 있는 천혜의 조건으로 생산량에 있어 프랑스와 1, 2위를 다투는 최고의 와인 생산국이다. 이탈리아(Italy, 공식명칭: Italian Republic)의 어원이 "와인의 땅"이라는 라틴어 에노뜨리아(Enotria)에서 파생된 것만 보아도 이탈리아는 와인의 나라이고 와인과의 밀접성을 짐작할 수 있다.

이탈리아는 2,000년 가까운 시간 동안 도시국가였다. 이런 배경으로 현재도 지방색이 매우 강하고 지역별 문화 경제적 편차도 크다. 주로 북쪽 지방은 부유하고 남쪽으로 내려갈수록 경제 수준이 낮다. 하나의 통일국가가 되기까지는 무려 1815년부터 1871년까지 매우 긴 시간이 걸렸다. (위키백과) 와인 역사에서 로마는 소비문화와 산업으로서 기초를 만들어 오늘날과 연결되고 있음에 역사적 의미가 크다고 할 수 있다.

이 같은 유구한 역사를 가졌음에도 이탈리아 와인이 국제시장에서 일반화된 것은 그리 오래지 않다. 1970~1980년대 신세계 와인의 출현과 맞물려 뒤늦게 세계 시장에 펴져나가기 시작했다. 프랑스 와인과 비교하면 매우 늦은 진출이다. 이는 필록세라 사건 이후 프랑스는 일찌감치 와인 산업을 제도적으로 정비하여 세계시장에서 확고한 입지를 구축한 반면, 이탈리아는 다소 뒤늦은 정비로 세계시장에 출현했다. 프랑스가 1935년 와인법을 제정하여 품질을 관리하며 세계시장에 안착하기 시작했지만, 이탈리

아는 내수에 의존하다 1963년에야 와인법을 만들고 외부 마케팅에 힘을 다하기 시작했다. 이후 1990년대 들어 와인 시장의 저변확대와 고품질을 추구하는 수요증가에 힘입어 이탈리아 와인은 눈에 띄게 성장하고 있다.

이탈리아 와인의 매력은 어떤 음식과도 잘 어울린다는 점과 가격 경쟁력에서 프랑스보다는 우위이고 신세계 와인과는 비슷한데 퀄리티가 눈에 띄게 향상되고 있는 점이라 하겠다. 전 국토가 산지라는 점과 세계에서 가장 많은 품종을 가진 이탈리아 와인은 맛, 스타일, 가격 등에서 다른 유럽 와인과 견주어 강한 잠재력이 있어 그 성장이 어디까지일지 많은 기대를 하게 된다.

## 1. 이탈리아 와인의 특징

전 국토가 와인 산지인 이탈리아는 많은 산지만큼이나 많은 품종을 가지고 있는 나라로서 그 다양함이 다른 어느 나라와도 비교가 안 될 것이다. 그래서 이탈리아 와인을 한마디로 "다양성"이라고 정의하고 싶다.

### 1) 산지의 다양성

이탈리아는 전 국토 20개 주가 전국토가 와인 산지이다. 알프스산 자락의 추운 북부에서 무더운 남부에 걸쳐 다양한 산지에서 다양한 와인을 생산해 내고 있다. 산과 언덕이 많은 산지는 각 주마다 포도 재배 환경이 다르기 때문에 각 주별로 다양한 와인들이 생산된다.

프랑스를 비롯한 다른 유럽의 경우 특정 지역에 한정되어 와인이 생산되고 있는 것과는 대조적으로 모든 국토에서 와인이 생산된다. 아직도 개발되지 않은 산지가 많이 있고 다양한 실험을 통해 훌륭한 와인들이 생산되고 있으며, 앞으로도 어떤 와인이 나올지 기대를 충분히 해볼 만한 나라이다.

### 2) 품종의 다양성

이탈리아의 다양한 산지는 북에서 남으로 이어지는 기후와 토양의 차이에 의해 다양한 포도품종이 재배된다. 또 여기에다 계속해서 많은 교배종들이 생겨나고 있어 그 품종만도 밝혀진 바에 의하면 1,000종이 넘는다고 한다. 이처럼 많은 품종들이 대부분 이탈리아 전통 품종이라는 게 놀라울 뿐이다.

세계의 포도 박람회장이라고도 할 정도로 많은 품종들이 있다는 것은 그만큼 다양한 와인을 생산할 수 있다는 것을 의미한다.

### 3) 와인 스타일의 다양성

스타일의 다양성이란 많은 산지와 많은 품종들로 인해 양조 스타일이 다양하다는 의미이다. 각 지역마다의 독창적인 스타일들이 모여 프라장테 와인, 달콤한 레드 와인 등의 이탈리아만의 다양한 와인을 만들어 낸다.

02

# 이탈리아 와인법

## 1. 이탈리아 와인법(DOC)

이탈리아 와인법인 DOC는 1963년에 제정되었으며 이로부터 30년 후인 1992년에 4가지 등급으로 개정되었다. 이 법을 "The Goria Law"라고도 하는데, 법안을 통과시킨 상원의원의 이름을 따서 지었다고 한다.

DOC법은 프랑스의 AOC법과 마찬가지로 생산된 와인의 산지를 법적으로 보증해 준다는 것에 큰 의미가 있다. 이 법에는 4개의 카테고리로 구분된다.

- DOCG
- DOC
- IGT
- VDT

### 1) VDT(Vino da Tavola, 비노 다 타볼라)

이탈리아에서 생산만 하면 받을 수 있는 가장 낮은 수준의 와인으로, 프랑스의 Vin de Table에 해당하며 영어로 Table Wine이라고 할 수 있다. 이탈리아에서 가장 많이 생산되고 있지만 소비의 고급화 추세로 그 생산량이 점차 감소하고 있다.

Vino da Tavola 와인들은 규제가 거의 없고 생산지역도 광범위해 산지, 빈티지, 품종 등을 레이블에 표기하지 않아도 된다. IGT 와인으로 승급하고자 하면 최소 Vino da Tavola 등급에서 3년이 경과되어야 심사 대상이 될 수 있다.

### 2) IGT(Indicazione Geografica Tipica, 인디까치오네 지오그라피카 티피카)

1992년 법이 정비되면서 1994년에 제정된 법이다. 프랑스의 Vin de Pays에 해당하며 영어로 Country Wine이라고 할 수 있다.

DOC나 DOCG에 비해 통제가 거의 없어 양조자 개성을 살린 창의적인 와인이 많이 생산된다. 그 대표적인 것이 토스카나 지방의 '수퍼 토스카나' 와인 같은 것이다.

자신만의 노하우와 개성으로 새로운 와인을 만들고자 하는 양조자들 중에는 까다로운 규제의 DOC 와인을 포기하고 IGT 와인에 머물면서 매우 퀄리티 높은 와인을 양조하고 있기도 하다. 이 때문에 IGT 와인은 많은 와인 애호가들에게 대단한 호기심을 불러일으키고 있으며 창의적이고 개성이 강하다. 또한 소비 트렌드와도 쉽게 접목하여 많은 사랑을 받고 있다. 현재 이탈리아 와인 중에서 가장 흥미로운 등급의 와인이다.

DOC 와인으로 승급하고자 하면 IGT 등급을 최소 3년은 유지해야 심사 대상이 될 수 있다.

### 3) DOC(Denominizaione di Origine Controllata, 데노미나치오네 디 오리지네 꼰뜨롤라따)

프랑스의 AOC에 해당하는 등급이다. 와인은 생산하는 데 여러 가지 규정에 의해 통제되며 규정을 준수해야 DOC를 유지할 수 있다. 2019년 기준 329개 DOC산지가 있으며, 대표적인 법률적 규정은 다음과 같다.

① 통상적으로 이탈리아에서 쓰이는 포도종(이탈리아 원산지 품종)이어야 한다. 외래 품종으로는 이 등급을 받을 수 없다.

② 지정된 지역에서 지정된 포도로 재배하고 양조해야 한다.

③ 최대 생산량, 면적단위당 생산량을 법이 정한 대로 따라야 한다.

④ 최소량의 알코올을 보장해야 한다(최소 5.5% 이상).

⑤ 법에서 허용된 품종만으로 블렌딩해야 한다.

DOCG와인으로 승급하고자 할 때는 최소 5년 이상을 DOC를 유지해야 승급 대상이 될 수 있다

### 4) DOCG(Denominizaione di Origine Controllata e Garantita, 데노미나치오네 디 오리지네 꼰뜨롤라따 에 가란티따)

DOC에서 요구하는 법률적 요건을 모두 만족시켜야 하며 추가로 와인이 양조된 곳에서 생산자가 직접 병입을 해야 하고 농립부의 시음을 통과해야 한다. 즉, DOC 중 특별히 좋은 와인 산지를 한 번 더 보증(Garantita)한다는 의미가 있으며, 2019년 기준 75개 DOCG 산지가 있다.

와인이 병입되고 봉인될 때 농림부(정부)의 인장을 병목 주위에 부착한다. 핑크색이나 노란색 연두색 등의 띠로 되어있는 인장은 DOCG 표시이기도 하지만 정부가 와인생산자에게 세금을 물리기 위한 강제적 표시로서 일종의 '납세필증(納稅必證)인 셈이다. 근래에는 DOC 와인에도 확대 적용하고 있다.

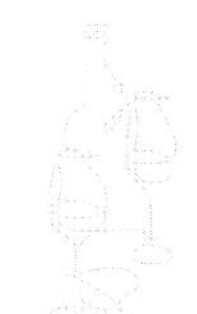

# 이탈리아 와인 이름 패턴

## 1. 이탈리아 와인의 이름 패턴

이탈리아 와인을 어려워하는 점이 와인 이름의 이해 아닌가 싶다. 너무 많은 산지명과 포도품종명 때문이다. 산지명과 품종명을 다는 모르더라도 어떤 패턴을 이해한다면 좀 더 한 발짝 이탈리아 와인에 다가갈 수 있을 것으로 본다.

이탈리아 와인 이름의 두 가지 패턴 중 두 번째를 눈여겨보기 바란다.

### 1) 와인 생산지명을 와인 이름으로 사용하는 경우

BARBARESCO(바르바레스코), BAROLO(바롤로) 등과 같이 와인의 생산지를 직접 와인의 이름으로 사용한다. 이 경우는 프랑스 와인과 유사하다.

### 2) 포도품종과 산지를 연결해서 와인이름으로 사용하는 경우

포도품종 + di 생산지역명

포도품종 + d' 생산지역명

포도품종 + della 생산지역명의 형태로 이름 붙인다.

(di, d', della는 "~의"라는 뜻으로 Barbera d'Asti, Brunello di Montalcino 등이 있다.)

예외적으로 와인 양조 형태를 말하는 경우도 있는데 예를 들어 Amarone della Valpolicella와 같은 경우이다. 아마로네(Amarone)는 포도를 말려서 드라이하게 만든 와인으로 발폴리 첼라(Valpolicella) 지방에서 만들었다는 뜻이다. 이러한 특별한 경우는 용어를 이해하면 구분할 수 있을 것이며 각 장르에서 설명할 것이다. 이러한 특별 경우를 제외하고는 대부분 품종명을 나타낸다.

# 04

# 이탈리아 와인의 주요 용어

- 비앙코(Bianco) : 화이트
- 로쏘(rosso) : 레드
- 로자토(Rosato) : 로제
- 리제르바(Riserva) : 기존 숙성 기간보다 추가로 숙성시킨 와인으로 무게감이 있는 와인이다
- 스푸망테(Spumante) : 이탈리아 스파클링 와인
- 프라장테(Frizzante) : 신선함을 강조하기 위해 매우 낮은 기압의 기포가 있는 스타일의 와인
- 수페리오레(Superriore) : 알코올 도수를 0.5~1.0도 정도 높인 와인이다. 따라서 오크숙성도 더 오래 할 수 있다. 일조량 등이 풍부하여 포도의 당도가 높아 결과적으로 알코올을 높일 수 있는 와인이다.
- 클라시코(Classico) : 원조격 산지라는 의미로서 원래부터 재배해오던 산지를 일컫는다. 유명 산지가 생기면 그 유명세 영향을 받고자 같은 이름으로 다른 지방에서 와인을 양조한 경우가 있는데, 맨 처음 조성된 지역에 클라시코(Classico)라는 표기를 함으로 새롭게 조성된 산지와 구분하고자 함이다.
- 브리체(Bricce) : 좀 더 좋은 위치의 산지로 차별화된 개념, Cru급 산지
- 쎄코(Secco) : 드라이

- 돌체(Dolce) : 스위트
- 파시토(Passito) : 포도를 건조시켜 만든 와인의 총칭으로 빈산토, 아마로네, 레쵸토 등이 있다.
- 아파시멘토(Appassimento) : '말리다', '시들다'의 의미가 있는 용어로서 대나무 등으로 만든 발에서 포도를 말리는 것을 일컫는다.
- 빈산토(Vinsanto) : 건조시킨 포도로 양조한 와인을 몇 년에 걸쳐 산화시켜 만든 와인
- 가스텔로(Castello) : 프랑스의 샤또의 개념으로 토스카나에서 주로 쓰고 있다. 토스카나 지방에서는 귀족 가문이 지금까지 유지해 오고 있는 곳이 여러 곳 있는데 20~30대째 이어오고 있는 곳도 10여 군데나 있다고 한다.
- 칸티나(Cantina) : 양조장
- 칸티나 쏘시알레(Cantina Sociale) : 대중적 와인을 만드는 협동농장
  = (프) Cave Corperative : 협동농장
- 꼰조르지오(Consorzio) : 와인 생산은 하지 않는 협회 개념으로 프로모션, 전시회, 홍보 등을 담당한다.
- 라고(Lago) : 호수
- 쏘리(sori) : 언덕
- 콜리(Colli) : 언덕
- 콜리오(Collio) : 언덕
- 뽀지오(Poggio) : 언덕

# 05 각 지역별 와인

## 1. 각 지역별 와인

산지를 크게 구분하면 북서부, 북동부, 중부, 남부 및 섬 지역의 4개의 큰 권역으로 구분할 수 있다.

### 1) 북서부지역 와인

이탈리아 북서부 지역은 프랑스와 경계를 이루는 알프스(Alps)의 몬테 비앙코(몽블랑)에서 아드리아해(Adriatic Sea) 지역까지로 이탈리아 최고의 와인들이 생산되는 지역이다. 프랑스에서 만년설로 뒤덮힌 몽블랑 터널을 지나 이탈리아로 넘어오면 가장 먼저 만나게 되는 산지가 아오스타(Valle d'Aosta)이고, 이탈리아 최고의 와인 산지인 삐에몬테(Piemonte) 그리고 리구리아(Liguria), 롬바르디아(Lombardy), 에밀라아 로마냐(Emilia Romagna)의 5개의 와인 산지로 구성되어 있다.

알프스산맥이 있고 시칠리아까지 뻗어있는 아펜니노산맥(Apennines)의 북쪽에 위치하며 알프스에서 발원하여 아드리드해로 흐르는 포(Po)강이 함께하는 북서부의 5개 지역은 각 지역마다 기후와 토양이 상이해 개성들이 분명한 와인들을 생산하고 있다. 또 포강을 중심으로 평야지대가 형성되긴 했지만 대부분 산으로 되어 있어 척박한 산

지와 기후 편차가 적절하여 질 좋은 와인을 생상하기에 좋은 환경을 가졌다. 이탈리아 전체 생산량의 20% DOC와인의 25% 정도가 이곳에서 생산되고 있음이 이를 반증한다. 특히 이 중 삐에몬테는 이탈리아 최고의 와인들이 생산되는 산지이며 이탈리아에서 가장 부유한 지역이기도 하다.

### (1) 발레 다오스타(Valle d'Aosta)

아오스타 계곡은 산악 지역으로서 바위가 많고 알프스의 영향으로 안개가 많으며 포도를 재배하기에 쉽지 않은 아주 작은 산지이다. 이곳은 로마가 이탈리아를 시작으로 유럽에 와인을 전파하기 이전부터 와인을 양조하였고, 알프스의 영향으로 적당히 서늘한 기후는 풍부한 산도를 제공하기에 안성맞춤이다. 프랑스와 인접하여 불어를 공용어로 사용하고 있다.

#### ① 주요 포도품종

페팃 루즈(Petit Rouge, 레드), 네비올로(Nebbiolo, 레드), 페팃 아르비네(Petit Arvine, 화이트), 프레메타(Premetta, 레드), 샤도네(chardonnay, 화이트), 삐노 그리지

오(Pinot Grigio(=Pinot Gris), 화이트), 삐노 네로(Pinot Nero(=Pinot Noir), 레드), 게메이(Gamay, 레드), 뮐러 투르가우(Muller Thurgau, 화이트), 모스카토(Moscato, 화이트), 엔퍼 다리비에르(Enfer d'Arvier, 레드), 도나스(Donnas, 레드), 아르나드 몽트조벳(Arnad Montjovet, 레드) 등이 있다.

**② 주요 와인 산지**

Valle d'Aosta – DOC

### (2) 삐에몬테(Piemonte)

삐에몬테(Piemonte)는 이탈리아 북서쪽의 프랑스와 스위스의 국경에 인접해 있으며 알프스와 아펜니노산맥(Apennines)에 둘러싸여 있는 이탈리아 최고의 와인 산지다. 이들 산으로 둘러싸인 형태로 인해 '산의 발'이라는 의미의 삐에몬테 지명이 생겼다.

삐에몬테 하면 단연 바롤로와 바르바레스코를 떠올린다. 이탈리아를 넘어 세계 정상의 와인 산지로 자리매김한 지 오래이기 때문이다. 아담한 언덕들로 이루어진 산지들은 그 자체만으로도 아름다운 볼거리를 제공하며 잔잔히 피어나는 안개는 이곳의 매력을 배가시키기에 충분하다.

프랑스 부르고뉴와도 흡사한 조건을 가진 삐에몬테는 겨울에는 춥고 눈이 많이 오며 여름은 아주 무덥고 건조한 날씨가 이어지다가 수확시기의 가을에는 적당한 안개와 더불어 기후가 선선하게 바뀐다. 이러한 기후적 조건은 건강하고 섬세한 삐에몬테 와인으로 탄생된다.

삐에몬테의 또 하나의 자랑은 아스띠 지방에서 모스카토 품종을 이용한 스푸만테와 화이트 와인이다. 달콤한 맛의 이 와인들은 높지 않은 알코올과 상큼한 과일 향으로 전 세계 와인 애호가들을 강하게 매료시키고 있다. 스파클링 와인을 이탈리아에서는 스푸만테라 칭한다.

**① 주요 포도품종**

삐에몬테 와인을 만드는 사람들은 까베르네 쏘비뇽 등 와인시장에서 이름이 이미 잘 알려진 품종보다 이탈리아 토착 품종들을 더욱 선호한다. 이는 이 지방의 기후나 토양의 조건과 너무도 잘 조화되기 때문이며 이러한 토착 품종들은 세계 어느 지역에서도 찾아볼 수 없는 삐에몬테만의 엘리트적 와인생산을 가능하게 해준다.

레드 품종은 네비올로(Nebbiolo), 바르베라(Barbera), 돌체토(Dolcetto), 브라케토(Brachetto), 프레이사(Freisa), 그리뇰리노(Grignolino) 등이 많이 재배되는데 이 중 네비올로가 삐에몬테의 대표격이라고 할 수 있다. 일반적으로 삐에몬테에서 가장 좋은 산지에는 네비올로, 그리고 바르베라와 돌체토를 심는다. 화이트 품종은 모스카토(Moscato), 코르테제(Cortese)를 중심으로 재배되고 있다.

㉮ 네비올로(Nebbiolo)

스파냐(Spanna)라고도 부르는 네비올로는 삐에몬테 지방의 최고급 레드 품종으로 서늘한 기후에 강하며 과즙이 풍부하고 산이 많다. 다른 품종에 비해 항산화 작용을 하는 멜리토닌이 풍부하다고 알려지고 있다. 네비올로의 어원은 nebbia(영어의 fog)에서 파생되었는데 삐에몬테 지방에 안개가 많다는 것을 알 수 있다.

㉯ 바르베라(Barbera)

삐에몬테(Piemonte) 지방에서 가장 많이 재배되는 레드 품종이다.

㉰ 돌체토(Dolcetto)

이탈리아어로 Dolce란 단맛을 의미하지만 실제 와인은 드라이한 와인을 생산한다.

㉱ 브라케토(Brachetto)

Aqui(아퀴) 지역에서 주로 재배하며 Brachetto d'Acqui-DOC를 생산한다.

㉲ 모스카토(Moscato)

과일향이 풍부한 화이트 품종으로 복숭아 향이 지배적이다. 아스띠(Asti) 지방에서 알코올 5~5.5% 정도의 상큼 달콤한 Moscato d'Asti와 스파클링 와인인 Asti Spumante를 생산한다.

㉳ 코르테제(Cortese)

드라이 화이트 품종으로서 삐에몬테 중남부와 롬바르디아 지방에 많이 분포되어 있다. 과즙이 풍부하고 껍질은 약간 두꺼운 편이며, 강하지 않은 잔잔한 아로마를 느낄 수 있다.

## ② 주요 와인 산지

### ㉮ DOCG 산지

Ⓐ 바롤로(BAROLO) – DOCG

바롤로는 랑헤(Langhe) 지역에 작은 언덕들로 이루어진 와인 산지이다. 언덕에서서 부드럽게 이어진 숱한 산지들을 바라보면 그 아름다움에 자리를 뜨기가 쉽지 않다. 그림과 같이 아름다운 산지에서 이탈리아 최고의 와인이 생산되는데 그 깊이와 무게감은 이탈리아 어느 지역 와인도 흉내 낼 수 없는 권위를 가지고 있다. 그래서 중세시대부터 바롤로 와인을 와인의 왕이라고까지 칭하고 있다.

특히 루이 16세, 카를레스 알베르트(Charles Albert)왕 및 그 외의 많은 왕과 귀족들이 즐겨 찾아 왕의 와인이라는 별칭도 갖고 있다.

바롤로는 100% 네비올로(Nebbiolo)로만 만들며, 적어도 10년 15년은 지나야 비로소 바롤로 와인의 깊이와 만날 수 있다. 19세기 들어 프랑스의 양조 기술 유입으로 한 단계 성숙한 계기를 맞았고, 1980년 DOCG로 승격되었다.

– 기후와 토양

사계절이 뚜렷한 지역으로 겨울은 춥고 여름은 무덥고 건조한 날씨를 보이며 봄과 여름은 선선하다. 특히 포도를 수확하는 가을은 이 지역을 흐르는 타나로(Tanaro)강의 영향으로 안개가 자주 낀다. 토양은 프랑스 부르고뉴처럼 알칼리성이면서 이회토의 진흙토양(Marly Clay soil)으로 만생종인 네비올로와 절대 궁합을 이룬다. 10월 말까지 이어지는 늦가을의 서늘함은 질 좋은 산도를 만들어 와인의 바디에 좋은 영향을 미친다.

– 산지특성

바롤로 와인 산지는 Alba와 Barolo마을 사이의 계곡을 두고 동 서로 분포되어 있는데, Castiglione Falletto, Serralunga d'Alba, Monforte d'Aba 등의 마을이 있는 동쪽 마을은 높은 탄닌과 묵직한 바디감의 탄탄한 와인으로 15년을 전후한 숙성기간을 요하며, La Morra, Barolo 등의 마을이 있는 서쪽은 동쪽에 비해 좀 더 부드럽고 우아하며 아로마가 풍부한 와인을 생산하는데 보통 10년을 전후한 숙성기간을 요하는 와인이 생산된다.

산지는 바롤로 마을을 포함한 바롤로 존(Barolo Zone)으로서 11개 마을이 여기에 해당되며, 와인 레이블에는 생산지(마을 이름), 생산자, 단일 포도밭일 경우 포도밭의 이름이 표기되기도 한다. 개별 포도밭의 이름이 표기되는 것은 프랑스 부르고뉴의 개념과 비슷하며 각 포도밭마다의 토양, 미세기후, 클론의 차이에 따라 다소의 차이를 내며 매우 섬세한 와인이 생산된다.

각 마을과 마을의 주요 포도밭 이름은 다음과 같고, 모든 포도밭 이름을 표기하지는 못했다.

| 번호 | 마을 | 포도밭(Cru) |
|---|---|---|
| 1 | La Morra | Bricco, Brunate, Belvedere, Chiesa, Cerequio, Capallotti, Roggeri |
| 2 | Barolo | Cannubi, Sarmassa, Zonchera |
| 3 | Castiglione Falleto | Bricco, Bricco Boschis, Meriondino, Pira, Rarussi, Rocche |
| 4 | Serralunga d'Alba | Arione, Bosco Areto, Briccolina, Ceretta, Collareto, Falletto, Francia, Ornato, Serra, Sori Bandana, Sperss |
| 5 | Monforte d'Alba | Bussia Soprana, Bussia Sottana, Ginestra, Grassi, Le Coste, Mosconi, Pianpolvere, Ravera, Santa Stefano. |
| 6 | Cherasco | |
| 7 | Verduno | Monvigliero |
| 8 | Roddi | |
| 9 | Grinzane Cavour | Castello |
| 10 | Diano d'Alba | |
| 11 | Novello | Sori del Castello |

(생산량의 대부분이 1~5에서 생산되며, 6~11은 매우 적은 양을 생산하고 있다.)

– 바롤로 와인을 생산하는 주요 회사

- 끌레리꼬(Clerico)
- 피오 세자레(Pio Cesare)
- 가야(Gaja)
- 폰타나프레다(Fontanafredda)
- 마스까렐로(Mascarello)
- 산드로네(Sandrone)
- 지아고사(Giagosa)
- 보르곤노(Borgogno)
- 꼰테르노(Conterno) 등

Ⓑ 바르바레스코(BARBARESCO) – DOCG

바르바레스코(Barbaresco)는 랑헤(Langhe) 지역에서 바롤로(Barolo)와 10여 마일 정도 떨어져 위치하고 있어 토양이나 기후조건이 비슷하다. 지형은 바롤로는 수많은 작은 언덕들로 이루어진 반면 바르바레스코는 완만한 지형이다. 바르바레스코 와인은 바롤로에 비해 좀 더 일찍 숙성되고 유연하며 부드럽다.

네비올로 100%를 사용하여 와인을 양조하는데 칼라는 맑은 가넷 색상으로 숙성이 깊어질수록 짙은 오렌지빛이 감돈다. 잘 숙성된 와인에서는 가죽, 담배, 토스트, 바닐라, 계피 향과 함께 약간의 스파이시함도 느낄 수 있다. 일반적 바르바레스코 와인은 2년 정도 숙성시키고 리저브(Reserve)급 와인은 4년 정도 숙성시킨다.

바르바레스코가 바롤로와 함께 이탈리아 최고의 와인으로 자리매김 하기까지는 그리 오래지 않았다. 바르바레스코를 만들게 된 맨 처음의 이유는 아주 단순했다. 바롤로 와인을 만드는 데 필요한 자금 회전이 필요했기 때문이다. 바롤로는 오랜 숙성기간을 필요로 하는데, 이 기간에 필요한 자금을 조달할 계획으로 바르바레스코 지역에 산지를 조성하게 된 것이다. 따라서 처음의 바르바레스코는 네비올로(Nebbiolo) 포도로 만든 테이블급 와인이었으며 호칭도 바르바레스코가 아닌 네비올로로 불렀다.

이렇게 네비올로라 불리던 바르바레스코에 지금의 이름이 붙여진 것은 1894년 이 지역의 양조학자인 도미치오 카바차(Domizio Cavazza) 교수에 의해서다. 당시 Alba 양조학교의 교수였던 그는 네비올로라 불리는 바르바레스코가 매우 독특한 개성과 대단한 잠재력이 있는 와인임을 발견한다. 그래서 그는 자신도 이 지역에 포도밭을 소유하고 있던 터라 주위의 다른 소유주들과 의논하여 바르바레스코 협동 와인 양조장(Cantine sociali di Barbaresco)을 설립하고 생산된 와인을 바르바레스코(Barbaresco)라 부르게 되었다. 타고난 훌륭한 토양에 도미치오 카바차(Domizio Cavazza) 교수의 양조기술력이 더해져 오늘날과 같은 세계 정상의 와인으로 서게 되었다.

흔히들 바롤로가 왕이라면 바르바레스코를 여왕으로 표현한다. 이는 그 맛에서 바롤로는 좀 더 강렬하고 남성적이며 숙성기간이 긴 데 비해 바르바레스코는 부드

럽고 유연하며 숙성 또한 바롤로에 비해 일러 좀 더 빠르게 마실 수 있기 때문으로 생각한다. 아무튼 바롤로와 바르바레스코는 세계 정상임은 그 누구도 부인할 수 없을 것이다. 바르바레스코는 1966년 4월 23일 DOC를 획득하였고 1980년 10월 3일 DOCG를 획득하였다.

– 산지특성

Langhe(랑헤) 지역 내 Alba(알바)시의 북동쪽, 해발 300~400m에 산지들이 위치해 있으며 바르바레스코 마을을 중심으로 3개의 와인 산지 즉, Barbaresco, Neive, Treiso 산지 전체를 바르바레스코라 한다. 이들 마을의 주요 포도밭 이름은 다음과 같고, 모든 포도밭 이름을 표기하지는 못했다.

| 마을 | 포도밭(Cru) |
|---|---|
| Barbaresco | Asili (Ceretto), Bricco, Casotto-Loreto, Cavanna, Cole, Faset, Martinenga(Marchese di Gresy),Moccagatta,Montaribaldi, Montefico, Montestefano(Produttori del Barbaresco), Morassino, Ovello, Pagliuzzi, Paje(Roagna-I Paglieri), Pora, Rio Sordo, Roccalini, Rabaja(Bruno Rocca, Cascina Luisin), Roncaglie, Ronchi, Secondine, vitalotti 등 |
| Neive | Albesani, Basarin(Moccagatta), Bordini, Bricco, Bricco Mondino, Canova, Cotta, Curra, Fausoni, Gallina(La Spinetta), Gaia Principe, Marcorino, Messoirano, San Giuliano, Santo Stefano, Serraboella(Cigliut-ti), Serracapelli, Starderi(La Spinetta) 등 |
| Treiso | Bernardot or Bernardotti (Ceretto-Bricco Asili) Bordino, Bricco(Pio Ce-sare), Casot, Castellizzano, Manzola, Marcarini, Montersino, Nervo(Elvio Pertinace), Pajore, Rizzi, Rombone, Valeirano 등 |

ⓒ 아스띠(ASTI) – DOCG

모스카토(Moscato) 품종으로 프라장테 스타일의 달콤한 와인과 스파클링 와인인 스푸만테(Spumante)를 만드는 지역이다. 와인에 미세한 기포가 이는 것을 프라장테라 하는데 좀 더 산뜻한 와인을 위한 양조기법이다. 모스카토 다스띠(Moscato d'Asti)는 알코올 5~5.5% 정도의 달콤하면서 상큼한 매우 부드러운 와인이다. 아스띠 스푸만테(Asti Spumante)는 세계인의 사랑을 받는 발포성 와인이다.

아스띠 주요 와인은

- MOSCATO D'ASTI(모스카토 다스띠) – DOCG
- BARBERA D'ASTI(바르베라 다스띠) – DOCG
- DOLCETTO D'ASTI(돌체토 다스띠) – DOC 등이 있다.

Ⓓ GAVI or CORTESE DI GAVI(가비 또는 코르테세 디 가비) – DOCG

Gavi는 코르테세(Cortese) 품종으로 화이트 와인만 생산하는 지역이다. 병해충에 저항력이 매우 강한 코르테세는 풍부한 산도와 아로마를 자랑하는 와인을 만든다.

가비(Gavi)라는 마을의 이름에 대해 전해지는 이야기가 있다. 아주 먼 옛날 이탈리아와 인접한 현재의 프랑스 영토에 작은 왕국이 있었다. 이 왕국에는 Gavia라는 이름의 공주가 있었는데 그만 왕궁의 근위병과 사랑에 빠지고 만다. 신분의 벽이 컸던 그 들의 사랑은 항상 조심스러웠고, 신분적 한계로 인한 힘든 상황에서도 둘의 사랑은 깊어만 갔다. 둘은 헤어질 수 없어 결국 왕궁을 떠나기로 결심하고 도망을 한다. 하지만 사랑에만 눈 먼 이들은 도망 후의 준비도 부족했고 또 왕의 추적으로 결국 붙잡혀 궁으로 들어오게 된다. 도주에 실패한 이들에게는 심문이 있었고 이들의 가슴 아픈 사랑은 왕에게도 보고가 된다. 전후 사정을 모두 파악한 왕은 딸의 감동적 사랑을 인정하고 둘을 맺어줘 정착하게 한다. 왕이 공주를 바라보는 신분적 시각보다는 아빠가 딸을 바라보는 부정이 앞섰을 것이다. 예나 지금이나 자식이기는 부모 없기는 마찬가지인가보다. 아무튼 이들은 왕의 배려로 한 마을에 정착하는데 그 마을 이름을 공주의 이름을 따 가비(Gavi)라 했다.

가비(Gavi) 와인을 마실 때 이들의 사랑도 느끼면서 마신다면 우리 마음이 더 깊은 사랑으로 회복되지 않을까 싶다.

Ⓔ 그 외 DOCG 와인

– 가티나라(Gattinara / Rosso)

– 겜메(Ghemme / Rosso)

– 바르베라 다스띠(Barbera d'Asti / Rosso)

– 니짜(Nizza / Rosso)

– 바르베라 델 몬페라토 수페리오레(Barbera del Monferrato Superiore / Rosso)

- 브라케토 다퀴(Brachetto d'Acqui / Rosso, Spumante)
- 돌체토 디 도들리아니(Dolcetto di Dogliani(Superiore) / Rosso)
- 돌체토 디 오바다(Dolcetto di Ovada(Superiore) / Rosso)
- 돌체토 디 디아노 달바(Dolcetto di Diano d'Alba / Rosso)
- 로에로(Roero /Bianco, Rosso, Spumante)
- 에르발루체 디 깔루소(Erbaluce di Caluso / Bianco)
- 루체 디 가스따놀레 몽페리토(Ruché di Castagnole Monferrato / Rosso)
- 알타 랑가(Alta Langa / Spumante)

㉯ DOC 산지

- 아퀴 또는 브리케토 다퀴(ACQUI or BRACHETTO D'ACQUI)

레드 품종인 Brachetto만을 사용한 스위트 와인으로, 스틸 와인 그리고 스푸만테도와 알코올이 낮은 프라장테도 생산한다. 생산량이 극히 적어 20여 개의 와이너리에서만 생산하고 있으며 100여 년 전까지만 해도 귀족들만 마시던 와인이었다고 한다.

- 알부냐노(ALBUGNANO)

Nebbiolo 80% 정도와 Freisa, Barbera, Bonarda의 품종 중 20% 정도를 1~3종 블렌딩한 와인이다.

- 바르베라 델 몬파레토(BARBERA DEL MONFERRATO)

Barbera, 80% 정도와 Freisa, Grignolino, Dolcetto의 품종 중 20% 정도를 1~3종 블렌딩한 와인이다.

- 보카(BOCA)

Nebbiolo, Vespolina, Bonarda novarese를 블렌딩하여 와인을 생산한다.

- 브라마테라(BRAMATERRA)

Nebbiolo를 주력 품종으로하고 Croatina, Bonarda, Vespolina의 품종을 보조적으로 1~3종 블렌딩한 와인이다.

- 까레마(CAREMA)

Nebbiolo를 주 품종으로 한 와인이다.

- 코르테세 델랄또 몬페라토(CORTESE DELL'ALTO MONFERRATO)

  코르테세 품종으로 화이트 와인과 스푸만테가 있으며 아스띠 지역에서 생산한다.
- 에르바루체 디 깔루소 또는 깔루소(ERBALUCE DI CALUSO or CALUSO)

  화이트와 스푸만테가 있다.
- 파라(FARA)

  Nebbiolo, Vespolina, Bonarda novarese의 품종을 블렌딩한 레드 와인이다.
- 프레이사 다스띠(FREISA D'ASTI)

  드라이한 레드 와인과 스위트한 프라장테 스타일의 레드 와인을 생산한다.
- 프레이사 디 끼에리(FREISA DI CHIERI)

  드라이한 레드 와인과 스위트한 프라장테 스타일의 레드 와인을 생산한다.
- 가비아노(GABIANO)

  Barbera을 주품종으로 Freisa와 Grignolino 품종을 보조적으로 용한 레드 와인이다.
- 그리뇰리노 델 몬페라토 카사레세(GRIGNOLINO DEL MONFERRATO CASALESE)

  Grignolino 품종의 드라이 레드 와인이다.
- 로아쫄로(LOAZZOLO)

  Moscato 품종의 스위트 화이트 와인으로 아스띠 지방에서 생산한다.
- 말바시아 디 카조르조 다스띠(MALVASIA DI CASORZO D'ASTI)

  Malvasia nera di Casorzo 품종의 스위트한 레드 와인이다.
- 루비노 디 칸타베나(RUBINO DI CANTAVENNA)

  Barbera를 주품종으로 Freisa와 Grignolino 품종을 보조 품종으로 사용한 레드 와인이다.
- 바르베라 달바(Barbera d'Alba)
- 바르베라 다스띠(Barbera d'Asti)
- 콜리 토르토네시(Colli Tortonesi)
- 돌체도 다퀴(Dolcetto d'Acqui)
- 돌체토 달바(Dolcetto d'Alba)

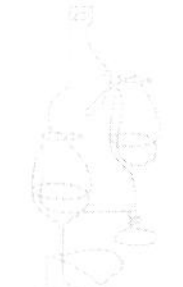

– 돌체토 다스띠(Dolcetto d'Asti)

– 네비올로 달바(Nebbiolo d'Alba)

– 삐에몬테(Piemonte) 등이 있다

### (3) 리구리아(Ligulia)

리구리아는 바위가 많은 해안 지방으로서 계단식 밭을 만들어 포도를 재배하고 있다. 이 지역에서 눈여겨볼 만한 포도품종은 화이트 품종인 베르멘티노(Vermentino)가 아닌가 싶다. 향이 매우 진하고 초록빛이 감도는 옅은 황색의 와인은 섬세하면서도 여유를 느끼게 해준다. 드라이 와인에서 스위트 와인까지 다양하게 생산되고 있다.

#### ① 주요 포도품종

〈White〉

– 부스코(Bosco)

– 알바롤라(Albarola)

– 베르멘티노(Vermentino)

〈Red〉

– 로쎄제(Rossese)

#### ② 주요 와인 산지

– 친퀘 테레(Cinque Terre) – DOC

– 친퀘 테레 샤케트라(Cinque Terre Sciacchetra) – DOC

– 콜리네 디 레반토(Colline di Levanto) – DOC

– 리비에라 리구레 디 포넨테(Riviera Ligure di Ponente) – DOC

– 골포 델 티굴리오(Golfo del Tigullio ) – DOC

– 발 포세베라(Val Polcevera) – DOC

### (4) 롬바르디아(Lombardia)

롬바르디아는 알프스의 설경과 가르다(Garda), 코모(Como) 등의 호수들과 어울려 아름다운 경관을 자랑하는 지역이다.

① **주요 포도품종**

〈White〉

- 트레비아노(Trebbiano)
- 샤도네(Chardonnay)
- 베르디끼오(Verdicchio)

〈Red〉

- 모스카토 디 스칸조(Moscato di Scanzo)
- 네비올로(Nebbiolo)
- 산지오베제(Sangiovese)
- 마르제미노(Marzemino)
- 삐노 네로(Pinot nero)

② **주요 와인 산지**

- 프란챠코르타(Franciacorta) – DOCG

  스파클링 와인만을 생산하는 지역으로서 스푸만테라 하지 않고 마을 명칭을 와인이름으로 사용하여 프란챠코르타(franciacorta)라 한다. 프랑스의 샹파뉴와 같은 개념이다. 반드시 병입 발효 방식인 전통방식에 의해서 와인을 양조해야 하며 Chardonnay, Pinot bianco, Pinot nero 품종을 사용한다.

- 발텔리나 수페리오레(Valtellina Superiore) – DOCG

  네비올로(Nebbiolo) 품종을 사용한다.

- 모스카토 디 스칸조 또는 스칸조(Moscato di Scanzo or Scanzo) – DOCG
- 올테레포 파베세 메토도 클라시코(Oltrepo Pavese Metodo Classico) – DOCG

  화이트 및 로제 스푸만테를 생산한다.

- 카프리아노 델 콜레(Capriano del Colle) – DOC

  레드 와인은 산지오베제(Sangiovese)와 마르제미노(Marzemino)를 중심으로 약간의 바르베라(Barbera)를 블렌딩하고 화이트는 트레비아노(Trebbiano) 품종으로 만든다.

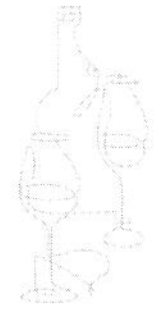

– 루가나(Lugana) – DOC

트레비아노(Trebbiano) 품종으로 화이트와 스푸만테를 생산한다.

– 가르다 콜리 만토바니(Garda Colli Mantovani) – DOC

– 람부르스코 만토바노(Lambrusco Mantovano) – DOC

– 산 콜롬바노 알 람브로(San Colombano al Lambro) – DOC

– 테레 디 프랜차코르타(Terre di Franciacorta) – DOC

### (5) 에밀리아 로마냐(Emilia Romagna)

에밀리아 로마냐는 와인보다는 오히려 음식으로 더 유명한 지역이다.

볼로냐(Bologna)는 문학과 영화가 발달한 지역이기도 하며 스파게티 볼로네이즈의 고향이고, 팔마(Palma)는 팔마산 치즈와 프로슈토햄 등으로 유명하고 매우 부유한 마을로 알려져 있다. 모덴하(Modenha) 는 와인을 발효시켜 만든 식초인 발사믹으로 유명한 마을이며 특히, Alcheto 발사믹으로 유명하다.

#### ① 주요 포도품종

〈White〉

– 알바나(Albana)

〈Red〉

– 람브루스코(Lambrusco)

– 산지오베제(Sangiovese)

#### ② 주요 와인 산지

– 알바나 디 로마냐(Albana di Romagna) – DOCG

알바나(Albana) 품종으로 스위트한 화이트 와인을 만든다.

– 콜리 볼로네지(Colli Bolognesi) – DOC

– 콜리 볼로네지 클라시코 피뇨레토(Colli Bolognesi Classico Pignoletto) – DOC

피뇨레토(Pignoletto) 품종으로 드라이 화이트 와인을 생산한다.

– 콜리 디 팔마(Colli di Parma) – DOC

– 콜리 로마냐 센트랄레(Colli Romagna Centrale) – DOC

– 람브루스코 그라스빠로싸 디 가스텔베뜨로(Lambrusco Grasparossa di Castelv–etro) – DOC

람부르스코 그라스빠로싸(Lambrusco Grasparossa)종으로 프라장테(Frizzante) 스타일의 레드 와인으로 스위트 와인과 드라이 와인을 생산한다.

– 람브루스코 살라미노 디 산타 크로체(Lambrusco Salamino di Santacroce) – DOC

람부르스코 살라미노(Lambrusco Salamino)종으로 프라장테(Frizzante)스타일의 레드 와인으로 스위트 와인과 드라이 와인을 생산한다.

– 오르투르고(Ortrugo) – DOC

– 로마냐 알바나 스푸만테(Romagna Albana Spumante ) – DOC

알바나(Albana) 품종으로 스푸만테를 생산한다.

– 산지오베제 디 로마냐(Sangiovese di Romagna) – DOC

산지오베제(Sangiovese) 품종만으로 레드 와인을 생산한다.

– 트레비아노 디 로마냐(Trebbiano di Romagna) – DOC

트레비아노(Trebbiano) 품종으로 화이트 와인, 프라장테, 스푸만테를 생산한다.

## 2) 북동부지역 와인

베네토(veneto), 트렌티노 알토 아디제(Trentino Alto–Adige), 프리울리–베네치아 줄리아(Friuli–Venezia Giulia)의 세 지역으로 이루어진 북동부 지역은 이탈리아 와인의 20% 정도를 차지하고 있는 지역이며 생산량에 비해 DOC와인이 많이 분포되어 있는 지역이다.

포도밭의 환경은 고도가 높은 산에서부터 강의 계곡까지 다양하게 분포되어 있어 와인의 스타일도 다양하게 나타나고 있다.

### (1) 베네토(Veneto)

로미오와 줄리엣으로도 유명한 이 지역은 소아베, 발폴리첼라, 바르돌리노라는 이탈리아 와인에서 빼놓을 수 없는 와인이 생산되는 곳으로 이탈리아에서 생산량이 가

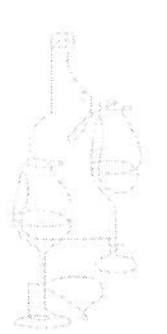

장 많은 지역이다.

① **주요 포도품종**

〈White〉

- 가르가네가(Garganega)
- 프로쎄코(Prosecco) : 스푸만테(spumante)를 생산하는 데 적합하다.
- 트레비아노(Trebbiano)

〈Red〉

- 코르비나(Corvina or Corvina veronese) : 발폴리첼라(Valpolicella)에서 주로 재배되는 품종으로 신선하면서도 부드러운 탄닌이 느껴지는 와인을 생산한다.
- 론디넬라(Rondinella)
- 몰리나라(Molinara) 등

② **주요 와인 산지**

- 아마로네 델라 발폴리첼라(Amarone della Valpolicella) – DOCG

  아마로네(Amarone) 와인이란 수확한 포도를 인위적으로 말려 당도를 높여 양조한 드라이 와인을 말한다. 이는 포도를 송이째 수확하여 3, 4개월 동안 대나무나 기타 나무로 엮은 발 위에서 수분의 30~40% 정도를 건조시키는 것으로, 이를 통해 당도가 높아진다. 이러한 공정을 아파시멘토(Appassimento)라고 한다. 이렇게 건조된 포도송이는 줄기를 분리한 다음 양조하는데 높아진 당분을 완전히 발효하여 높은 알코올의 드라이 와인을 생산한다.

  포도품종은 코르비나(Corvina veronese), 론디넬라(Rondinella), 몰리나라(Molinara)를 블렌딩한다.

- 레쵸토 델라 발폴리첼라(Recioto della Valpolicella) – DOCG

  레쵸토(Recioto)는 아마로네(Amarone)와는 반대로 아파시멘토(Appassimento) 공정을 거쳐 스위트하게 만든 와인이다. 건조된 포도송이의 당분을 모두 발효하지 않고 남겨두어 와인 속의 잔당에 의한 스위트 와인을 생산한다.

  코르비나(Corvina veronese), 론디넬라(Rondinella), 몰리나라(Molinara) 포도를 블렌딩한다.

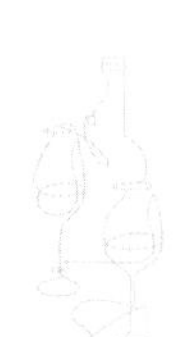

- 레쵸토 디 소아베(Recioto di Soave) – DOCG

  베네토 와인 중에서 1998년 최초로 DOCG로 승격한 와인으로 가르가네가(Garganega)와 트레비아노(Trebbiano)를 블렌딩하여 만든다. 아파시멘토(Appassimento)를 통한 향미가 풍부한 달콤한 와인이다.

- 바르돌리노 수페리오레(Bardolino Superiore) – DOCG

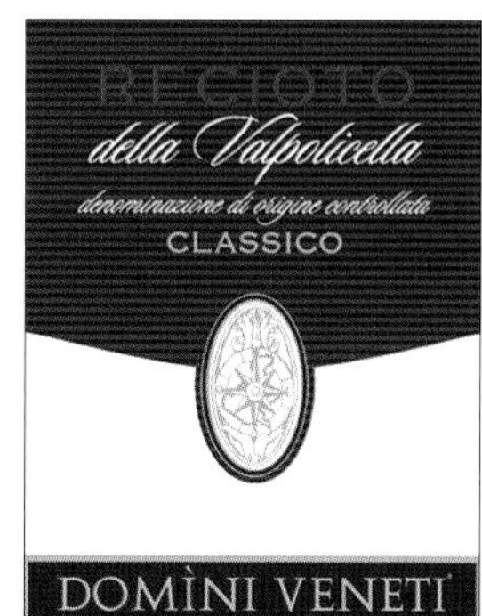


  Corvina veronese와 Rondinella 품종으로 와인을 양조하며 경우에 따라 Barbera나 Sangiovese를 첨가하기도 한다. Superiore가 표기되면 표기되지 않은 와인보다 숙성을 오래 했다고 이해하면 좋다. Bardolino Superiore는 약 1년 정도의 숙성 기간을 갖는다.

  이렇게 숙성을 오래 할 수 있는 것은 그만큼 포도의 성분이나 작황이 좋은 곳에서만 가능하다. 따라서 같은 바르돌리노(Bardolino) 지역에서도 바르돌리노 수페리오레(Bardolino Superiore)는 별도의 DOCG를 부여받았다.

- 소아베 수페리오레(Soave Superiore) – DOCG
- 바르돌리노 수페리오레(Bardolino Superiore) – DOCG
- 레쵸토 디 감벨라라(Recioto di Gambellara) – DOCG
- 콜리 아쏠라니 프로쎄코 (Colli Asolani Prosecco) – DOCG
- 바르돌리노(Bardolino) – DOC

  코르비나(Corvina), 론디넬라(Rondinella), 몰리나라(Molinara)와 약간의 네그라라(Negrara) 포도를 혼합하여 만든다. 1968년에 DOC로 인정받았다.

- 바르돌리노 클라시코(Bardolino Classico) – DOC

  어떤 지역에서 우수한 와인이 생산되면 인근지역으로 생산지가 같은 이름으로 점점 확대되어 가는 경우가 있다. 이럴 경우 맨 처음 시작한 생산지는 자신들의 이름이 너무 넓은 지역까지 사용되어서 뭔가 다른 표기를 원하게 된다. 그래서 마을 이름 뒤에 Classico라는 단어를 사용하는데 '원조'라는 의미로 이해하면 좋을 듯하다. 따라서 바르돌리노(Bardolino)보다는 바르돌리노 클라시코(Bardolino

Classico)가 좀 더 나은 와인으로 평가된다.

– 소아베(Soave) – DOC

Soave는 "향기로운"이라는 의미로서 소아베 와인 이미지와 너무도 잘 어울린다. 가르가네가(Garganega)와 트레비아노(Trebbiano)로 만든 소아베는 드라이하며 깔끔하고 신선한 와인으로서 생산 후 1~2년 내에 마시는 것이 좋다. 어지간한 음식과는 두루 어울리는 와인으로 맛이나 가격 모두 부담 없이 즐길 수 있는 와인이다.

– 소아베 스푸만테(Soave Spumante) – DOC

미디움 바디의 강한 힘이 느껴지며 경쾌한 향과 맛을 느낄 수 있다.

– 루가나(Lugana) – DOC

Trebbiano로 만든 화이트 와인으로 중세 때부터 왕들이 즐겨 찾는 왕의 와인으로도 유명하다.

– 발폴리첼라 수페리오레(Valpolicella Superiore) – DOC

코르비나(Corvina veronese), 론디넬라(Rondinella), 몰리나라(Molinara) 포도를 혼합하여 만들며, 전통적인 발폴리첼라(Valpolicella)보다 숙성을 오래 한 와인으로 깊은 바디와 무게감을 느낄 수 있다.

– 발폴리첼라(Valpolicella) – DOC

– 발폴리첼라 리파쏘(Valpolicella Ripasso) – DOC

– 바그놀리 디 쏘프라(Bagnoli di Sopra) – DOC

– 콜리 베리치(Colli Berici) – DOC

### (2) 트렌티노 – 알토 아디제(Trentino–Alto Adize)

스위스와 오스트라아의 국경과 맞닿아 있는 이탈리아의 가장 북쪽 지역이다. 이곳 사람들은 오스트리아의 영향을 받아 주로 독일어를 사용하고 있으며 와인 레이블에도 오스트리아 스타일로 지명을 표기하기도 한다. 예를 들어 Alto Adige를 Sudtirol("티롤의 남쪽"이라는 뜻)으로 표기하기도 한다.

#### ① 주요 포도품종

〈White〉

– 벨트리네르(Veltliner)

– 모스카토(Moscato)

– 실바너(Sylvaner)

– 게뷔르츠트라미네르(Gewurztraminer)

– 뮐러 투르가우(Muller Thurgau) 등

〈Red〉

– 마르제미노(Marzemino)

– 테놀데고(Teroldego)

– 스키아바(Schiava/Vernatsch) 등

#### ② 주요 와인 산지

– 알토 아디제(Alto Adige) – DOC

– 칼다로 또는 라고 디 칼다로(Caldaro or Lago di Caldaro) – DOC

– 카스텔레르(Casteller) – DOC

– 테롤데고 로탈리아노(Teroldego Rotaliano) – DOC 등이 있다.

### (3) 프리울리 베네치아 줄리아 (Friuli Venezia Giulia)

아드리드해의 북쪽 끝부분과 오스트리아와 슬로베니아의 국경에 위치 한 이곳의 와인들은 풍부한 과일 향과 가볍게 즐길 수 있는 와인들이 다수를 차지하고 있다.

#### ① 주요 포도품종

〈White〉

– 말바시아 이스트리아나(Malvasia Istriana)

– 리볼라 지알라(Ribolla Gialla)

– 베르두초(Verduzzo)

– 쏘비뇽(Sauvignon)

– 샤도네(Chardonnay)

– 삐노 비앙코(Pinot Bianco)

– 삐노 그리조(Pinot Grigio)

〈Red〉

– 레포스코(Refosco)

– 피콜릿(Picolit)

– 삐노 네로(Pinot Nero)

– 메를로(Merlot)

– 까베르네 프랑(Cabernet Franc)

– 까베르네 쏘비뇽(Cabernet Sauvignon)

**② 주요 와인 산지**

– 라만돌로(Ramandolo) – DOCG : 화이트 귀부 와인이다.

– 까르소(Carso) – DOC

화이트는 말바시아 이스트리아나(Malvasia Istriana), 레드는 테라노(Terrano)를 주요 품종으로 사용한다. Carso(까르소)라는 말은 바위의 땅이라는 의미로 이 곳의 지형을 미루어 짐작할 수 있게 한다.

– 프리울리 아퀼레이아(Friuli Aquileia) – DOC

– 프리울리 안니아(Friuli Annia) – DOC

– 콜리 오리엔탈리 델 프리울리(Colli Orientali del Friuli) – DOC

– 콜리 오리엔탈리 델 프리울리 로사쪼(Colli Orientali del Friuli Rosazzo) – DOC

– 콜리오 고리치아노 혹은 콜리오(Collio Goriziano or Colli) – DOC

– 프리울리 그라베(Friuli Grave) – DOC

– 프리울리 이존초(Friuli Isonzo) – DOC

– 그라뻬 델라 뜨라디찌오네(Grappe della Tradizione) – DOC

그라파(Grappa)로서 와인을 만들고 남은 껍질, 씨 등을 증류해서 만든 식후주를 일컫는다.

– 비띠니 비앙끼(Vitigni Bianchi) – DOC : 그라파(Grappa)이다. 등

## 3) 중부지역 와인

각종 문화 유적과 웅장한 역사가 숨 쉬고 있는 이탈리아 중부지역은 관광뿐 아니라 와인 산업으로서도 이탈리아 와인의 중심축 역할을 하고 있다.

토스카나 지방을 중심으로 전통을 지키면서도 독창적인 와인들이 계속해서 생산되고 있고 앞으로의 잠재성 또한 기대할 만하다. 특히 토스카나 지방 와인들은 무거운 와인에서 가벼운 와인까지 다양한 장르가 생산되고 있으며 국경을 초월해 많은 사람들에게 사랑 받는 와인이다. 파스타 및 피자 등과 훌륭한 궁합을 이룬다.

토스카나, 움브리아, 마르케, 라치오, 아부르쪼, 몰리제의 6개 지역으로 구성되어 있으며 기온차가 적당할 만큼의 언덕과 충분한 햇빛, 그리고 강수량 등 와인을 생산하기에 천혜의 기후 조건을 갖추고 있다.

### (1) 토스카나(Toscana)

토스카나는 산지오베제(Sangiovese) 품종으로 가장 아름다운 와인을 만들어 내는 지역으로서 삐에몬테 지방과 더불어 이탈리아 와인의 양대 산맥이라 할 수 있다.

적절한 산도와 밀도감은 음식 맛을 배가시켜주기에 충분하며, 수퍼 토스카나와 같이 국제 감각이 있는 와인들은 토스카나 와인의 잠재력과 성장력을 상징적으로 보여준다.

또한 토스카나에서 가장 넓은 면적을 차지하고 있는 끼안띠(Chianti)는 중저가 가격대를 형성하며 이탈리아 와인의 상징처럼 여겨지고 있으며, 적절한 와인산도는 음식과 훌륭한 궁합으로 세계 와인시장에서 큰 인기를 누리고 있다.

특히 토스카나 포도밭들은 적절한 고도의 산과 언덕에 위치해 있어 밤과 낮의 기온차로 인해 탄탄한 산도를 형성하고 한낮의 뜨거운 햇빛은 당도와 밀도를 높게 한다. 따라서 매우 역동적이고 생동감 있는 와인들이 생산된다.

#### ① 주요 포도품종

– 산지오베제(Sangiovese)

이탈리아에서 가장 넓은 분포도를 보이는 레드 품종의 하나로 토스카나 지방의

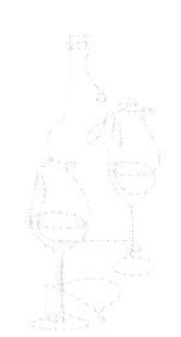

주력 품종이다. 산도가 높고 과일 향이 풍부하며 어떠한 음식과도 곧 잘 어울리며 토스카나의 넓은 산지인 Chianti를 만드는 품종이기도 하다.

– 베르나챠(Vernaccia)

화이트 품종으로서 신선하면서 밀도감이 있다.

– 알레아티코(Aleatico)

부드러운 아로마와 약간 달콤한 맛이 나는 와인을 만든다. 보랏빛 칼라에 붉은색 과일의 향과 맛이 느껴진다.

② **주요 와인 산지**

– 브루넬로 디 몬탈치노(Brunello di Montalcino) – DOCG

산지오베제(Sangiovese)의 변종인 부르넬로(Brunello)를 100% 사용해서 몬탈치노(Montalcino) 지역에서 만든 와인이다. 이 와인은 지역의 전통에 의해 만들어진 것이 아니라, 페루쵸 비온디–산티(Ferruccio Biondi–Santi)라는 와인 생산자에 의해 처음 만들어 졌다.

그는 1870년경 자신의 포도밭에 브루넬로(Brunello)라고 하는 산지오베제(Sangiovese) 변종을 심고 와인을 만든다. 그 당시 과학적 뒷받침도 없던 시절에 증명되지도 않은 변종을 심기란 쉽지 않았을 텐데 그의 도전정신이 오늘날 부르넬로 몬탈치노를 있게 했다고 본다.

현재 부르넬로 몬탈치노는 작은 농장, 개인 소유지, 국제 조합 등 백 개 이상의 상표로 만들어지고 있다.

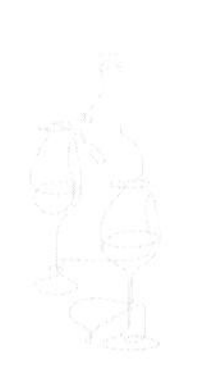

– 끼안띠(Chianti) – DOCG

이탈리아 와인 하면 쉽게 떠오르는 것이 끼안띠일 것이다. 그만큼 끼안띠는 토스카나를 넘어 이탈리아 와인의 큰 상징으로 성장했다. 끼안띠는 토스카나 지방의 주요 품종인 산지오베제(Sangiovese)만으로 양조한다.

토스카나의 대부분을 차지하고 있는 끼안띠 와인은 오래전까지만 해도 둥근 호리병 밑 부분을 짚으로 감싸 병 모양이 독특했었다. 유리병이 귀하던 시절 병을 보호하고자 고안했던 것인데, 끼안띠 와인의 상징이 되었었다. 현재는 오히려 원가 상승요인으로 장용해 짚으로 감싼 병은 출시되지 않고 있지만, 끼안띠를 오래 기억해온 사람들 사이에는 향수가 있는 와인병이다.

현재는 토스카나 지방의 대부분을 차지하는 넓은 지역에서 와인을 생산하지만 끼안띠가 처음부터 넓은 지역은 아니었다. 18세기까지 끼안띠는 피렌체와 시에나 사이에 그리 넓지 않은 지역이었으나 피렌체 공국에서 끼안띠 와인 산지를 추가로 지정하면서부터 확장되기 시작하였다. 1716년 끼안띠로 지정된 이후 1932

년 8개의 산지로 세분하였고 1967년 DOC를 거쳐 1984년 7월 2일 DOCG로 등록되었다.

1932년 분류될 당시 Arezzo, Firenze, Pisa, Pistoia, Prato, Siena의 6개의 지역을 중심으로 Classico, Colli Aretini, Colli Senesi, Colli Fiorentini, Colline Pisane, Montalbano, Montespertoli, Rufina의 8개의 산지였으나 1996년 Classico가 독립된 산지로 분리되면서 현재는 7개의 산지로 구성되어 있다.

- Colli Aretini(Arezzo를 중심으로 한 산지)
- Colli Senesi(Siena를 중심으로 한 산지)
- Colli Fiorentini(Firenze를 중심으로 한 산지)
- Colline Pisane(Pisa를 중심으로 한 산지)
- Montalbano(Firenze, Pistoia, Prato 사이의  산지)
- Montespertoli(Pisa와 Arezzo 중간의 산지, 1996년)
- Rufina(Firenze를 중심으로 한 산지)

– 끼안띠 클라시코(Chianti Classico) – DOCG

끼안띠 클라시코(Classico)는 끼안띠의 원조격 산지이다.

1716년 끼안띠의 경계가 이루어질 당시 시에나와 피렌체 사이의 Radda, Castellina, Gaiole 그리고 나중에 지정된 Greve 마을이 끼안띠의 전체였다. 이후 끼안띠 산지는 계속해서 확장되었고 1716년 지정되었던 Radda, Castellina, Gaiole, Greve마을을 중심의 끼안띠가 1932년 끼안띠 클라시코(Chianti Classico)라고 산지 이름이 바뀐 것이다. 끼안띠 클라시코는 1996년 법률적으로 완전히 독립되었으며 면적은 약 42,000에이커이다.

이 지역 생산자들은 검은 수탉을 로고로 사용하며 1716년을 표기하여 자신들이 끼안띠의 원조임을 암시하고 있다. 끼안띠 클라시코 지역에 들어서면 시내 곳곳에 수탉 조형물을 쉽게 볼 수 있는데, 검은 수탉이 상징물이 된 재미있는 유래가 전해진다.

13세기 당시 피렌체와 시에나는 서로 다른 지방 국가 형태로 존재하면서 수많은 전쟁을 해오고 있었다. 양국의 중간에 놓여있는 지금의 끼안띠 클라시코 지역은 상대적으로 지대가 높은 위치에 있어 전략적으로 중요한 요충지였다. 때문에 절대 양보할 수 없는 이 지역을 놓고 일전 일퇴의 지리한 싸움을 하였다. 전쟁이 길어질수록 양국 모두 국력은 쇠약해지고, 이러한 틈은 다른 주변국들에게 위험한 신호가 된다. 전쟁에 피로한 피렌체와 시에나를 주변국들이 노리는 형국에 놓이게 된다.

이에 피렌체와 시에나는 서로가 전쟁을 통해서라도 반드시 차지해야 하는 땅이지만 국가 존립을 위해 종전을 모색하게 되고, 종전의 방법을 우습게도 수탉을 이용하기로 결정한다. 두 나라는 각각 수탉 한 마리씩을 준비하여 정해진 날 아침에 먼저 우는 쪽이 승리하는 것으로 정하였다. 결전의 날 서로 나름대로 방법을 모색해 닭을 먼저 울게 하는데 시에나는 닭을 배불리 먹이고 피렌체는 굶겼다.
결과적으로 배고픈 피렌체의 수탉이 먼저 울어 피렌체가 승리했다는 이야기다.

토스카나의 맹주를 꿈꾸며 전쟁하던 나라의 종전 결정이 우스꽝스럽게 느껴지기도 하지만 지금에 비추어 인간미가 느껴지기도 한다. 이후 피렌체는 와인 산지를 확장하였고 오늘날 토스카나 지방의 대부분을 차지하는 끼안띠의 시작이었다.

– 비노 노빌레 디 몬테풀치아노(Vino Nobile di Montepulciano) – DOCG

Montepulciano는 시에나 근교의 지역이름으로서 Vino Nobile di Montepulciano란 몬테풀치아노의 노블 와인이란 뜻이다. (참고로 아부르쪼(Abruzzo) 지방에서는 Montepulciano가 포도품종 명칭으로 사용되고 있다.)

시용되는 포도품종은 Sangiovese를 중심으로 Canaiolo nero, Malvasia, Trebbiano 품종을 혼합하여 만든 고급 와인이다.

– 베르나챠 디 산 지미냐노(Vernaccia di San Gimignano) – DOCG

베르나챠(Vernaccia) 품종으로 산 지미나노(San Gimignano) 지역에서 생산하는 산미가 강하지 않은 고급 화이트 와인이다.

화이트 와인으로서는 최초로 1966년 DOC를 받았고, 1993년에 DOCG로 승격되었다.

– 베르나챠 디 세라페트로나(Vernaccia di Serrapetrona) – DOCG

– 베르나챠 이 오리스타노(Vernaccia di Oristano) – DOC

### ③ 수퍼 토스카나 와인(Super Toscana Wine)

수퍼 토스카나 와인(Super Toscana Wine)은 토스카나 지방에서 생산하는 보르도 스타일의 와인을 말한다. 까베르네 쏘비뇽, 메를로, 까베르네 프랑 등 보르도의 국제적 품종을 블렌딩하여 국제 와인시장에서 큰 호평을 받고 있는 와인이다.

수퍼 토스카나 와인의 시작은 현재의 위상처럼 대단한 기획에 의한 것이기보다 개인적 호기심에서 출발했다고 볼 수 있다.

마르체시 마리오 인치자 델라 로체타(Marchesi Mario Incisa Della Rochetta)라는 사람이 자신이 좋아하는 와인을 만들기 위해 1944년 이탈리아 중서부 해안가 볼게리(Bolgheri) 지역에 까베르네 쏘비뇽, 메를로, 까베르네 프랑 등 보르도 지방의 묘목을 들여와 양조하였다. 처음 이 와인은 상업적 용도가 아닌 개인이나 주변에서 소비되는 정도의 와인에 불과했는데 그 맛이 탁월해 주변에 알려지기 시작했고, 더불어 포도 재배 면적도 조금씩 늘렸다. 급기야 1968년 타누타 산 귀도(Tenuta San Guido)사가 사시카이아 지역에서 사시카이아라는 브랜드로 첫 선을 보이면서 수퍼 토스카나 와인이 탄생한 것이다. "수퍼 토스카나"라는 말은 이때 붙여진 별칭이었다.

수퍼 토스카나 와인들은 이탈리아 와인 규정상 외래 품종을 사용하기 때문에 DOC 등급을 받지 못하고 대부분 IGT등급 범주에 속한다. 예외적으로 사시카이아 등은 DOC 등급을 받기도 했지만 대부분은 IGT등급이다. 대표적인 와인이 Tignanello, Sassicaia, Solaia, Ornellaia, Masseto 등이 있으며 매년 60헥타르에서 10만 병 정도가 생산된다.

– 사시카이아(Sassicaia)

프랑스의 그라브와 같은 개념으로 "자갈이 많다"는 의미를 가진 사시카이아는 보르도 스타일 와인으로서 까베르네 쏘비뇽을 중심으로 블렌딩한 와인이다.

한때 국내에서 품귀까지 빚었던 사시카이아는 세계적으로 권위 있는 와인으로 자리매김 되었으며 이탈리아 와인의 잠재성을 과시한 와인이라고 해도 과언은 아닐 것이다.

– 티냐넬로(Tignanello)

산지오베제, 까베르네 쏘비뇽 등으로 블렌딩하여 만든 수퍼 토스카나 와인이다.

– 솔라이아(Solaia)

까베르네 쏘비뇽과 산지오베제를 블렌딩하여 만든 와인으로서 태양의 의미를 담고 있으며 이탈리아 700년의 전통 가문인 안티노리(Antinori)에서 생산한다.

등급은 IGT급이지만 이탈리아 최고급 와인이며 가격도 프랑스 메독 지방의 그랑 크뤼 1등급 와인들과 비슷하다.

### (2) 움브리아(Umbria)

이탈리아 중심부에 있어 "이탈리아 초록 심장"이라고 표현할 정도로 아름다운 지역이다. 온화한 기후에 티베르강이 흐르고 강 사이 언덕에는 와인 산지들이 있어 다양한 와인을 생산한다. 토착품종과 메를로(Merlot), 까베르네 쏘비뇽(Cabernet Sauvignon) 등 외래 품종이 다양하게 재배된다.

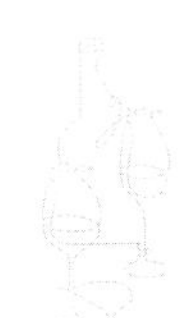

① 주요 포도품종

〈White〉

– 그레케토(Grechetto)

〈Red〉

– 사그란티노(Sagrantino)

– 산지오베제(Sangiovese)

② 주요 와인 산지

– 사그란티노 디 몬테팔코(Sagrantino di Montefalco) –DOCG

파시토 와인(포도를 말려서 만든와인)으로서 스위트한 레드 와인이다.

– 토르지아노 로소 리제르바(Torgiano Rosso Riserva) – DOCG

– ORVIETO(오르비에토) – DOC

움브리아에서 와인 양조의 중심지로서 역사적 경제적으로도 중요한 위치에 있는 마을이다. 중세부터 내려오는 중후한 마을로도 유명하다.

시인 가브리엘레 단눈치오(Gabriele D'Annunzio)가 "병속에 든 이탈리아의 태양"이라고 묘사했던 오르비에토는 쎄코(Secco : 드라이)와 아보카토(Abbocca-to : 세미드라이) 두 가지 타입의 화이트 와인이 생산된다.

– 콜리 아메리니(Colli Amerini) – DOC

– 라고 디 코르바라(Lago di Corbara) – DOC

### (3) 마르케(Marche)

석회질의 점토와 석회암이 풍부한 토양 구조를 가진 마트케는 훌륭한 화이트 와인이 많이 생산되는 지역이다. 생산량의 20% 정도가 DOCG(4개), DOC(15개)이며 나머지 80% 정도가 Vino di Tavola와 IGT Marche를 생산하는 지역이다

① 주요 포도품종

– 트레비아노(Trebbiano) : 이탈리아 중부지방에서 폭넓게 재배되는 화이트 품종으로 프랑스에서는 꼬냑에 사용되는 위니 블랑(Ugni Blanc)이라고도 한다.

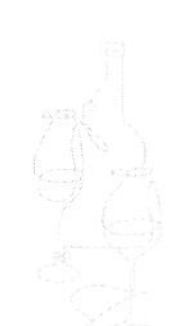

– 베르디끼오(Verdicchio) : 마르케에서 수백 년을 재배되어온 화이트 품종으로 14세기 이후 기록에도 남아있을 정도로 마르케의 떼루아와 잘 어울리는 품종이다.

**② 주요 와인 산지**

– 카스텔리 디 제시 베르디끼오 리제르바(Castelli di Jesi Verdicchio Riserva) – DOCG

– 코네로(Conero) – DOCG

– 베르나챠 디 세라페트로나(Vernaccia di Serrapetrona) – DOCG

– 베르디끼오 디 마텔리카 리제르바(Verdicchio di Matelica Riserva) – DOCG

– 베르디끼오 데이 카스텔리 디 제시(Verdicchio dei Castelli di Jesi) – DOC

### (4) 라치오(Lazio)

라치오 지방은 화산성 토양에 일조량이 풍부한 지역으로 화이트 와인 생산에 매우 적합한 곳이다.

**① 주요 포도품종**

– 말바시아(Malvasia)

– 트레비아노(Trebbiano)

**② 주요 와인 산지**

– 카넬리노 디 프라스카티(Cannellino di Frascati) – DOCG

– 프라스카티 수페리오레(Frascati Superiore) – DOCG

– 카스텔리 로마니(Castelli Romani) – DOC

– 콜리 델라 사비나(Colli della Sabina) – DOC

– 에스트 에스트 에스트 디 몬테피아스코네(Est! Est!! Est!!! di Montefiascone) – DOC

### (5) 아브루쪼(Abruzzo)

로마에서 동쪽으로 80여 km 떨어진 아브루쪼(Abruzzo)는 2/3가 산으로 이루어졌고 1/3이 언덕으로 이루어진, 와인을 생산하기에 아주 적합한 떼루아를 가진 지역이다.

① **주요 포도품종**

- 몬테풀치아노(Montepulciano)

  레드 품종으로 부드러운 탄닌과 적절한 산도가 조화로운 거칠지 않고 유순함이 매력인 와인을 만든다. 누구나 부담 없이 접근할 수 있는 아브루쪼 지방의 대표 품종이다. 같은 이름으로 토스카나에서는 비노 노빌레(Vino Nobile)를 생산하는 마을 명칭으로 사용되고 있어 지역에 따라 포도품종명과 마을명을 혼동하지 않아야 한다.
- 트레비아노(Trebbiano)

② **주요 와인 산지**

- 콜리네 테라마네 몬테풀치아노 다브루쪼(Colline Teramane Montepulciano d'Abruzzo) – DOCG
- 몬테풀치아노 다브루쪼(Montepulciano d'Abruzzo) – DOC
- 트레비아노 다브루쪼(Trebbiano d'Abruzzo) – DOC

### (6) 몰리제(Molise)

몰리제는 Valle d'Aosta 다음으로 작은 와인 산지로서 1963년까지 아브루쪼에 속해 있다가 1970년부터 분리된 지역이다. 산악지대가 많은 지역으로 화이트 와인을 많이 생산한다.

① **주요 포도품종**

- 트레비아노 토스카노(Trebbiano Toscano)
- 봄비노(Bombino)
- 그레코(Greco)

② **주요 와인 산지**

- 비페르노(Biferno) – DOC
- 펜트로 디 이세르니아(Pentro di Isernia) – DOC
- 몰리제(Molise) – DOC

– 틴띨리아(Tintilia) – DOC

## 4) 남부 및 섬 지역

### (1) 캄파니아(Campania)

**① 주요 포도품종**

– 알리아니코(Aglianico) : 캄파니아의 깜파냐(Campagna) 마을에서 주로 재배되는 레드 품종으로, 남부의 네비올로라고 할 정도로 부드러운 바디와 풍부한 부케를 지녔다.

– 피아노(Fiano) : 포도 껍질은 단단하고 알맹이는 옅은 호박색을 띈 화이트 품종이다.

– 그레코(Greco) : 화이트 종으로 기원전 7세기경 그리스 식민지 때 들어 온 것으로 추정된다. 늦 수확으로 알코올과 산도가 높고 약한 볏짚색 와인이 된다.

– 팔랑기나(Falanghina) : 껍질이 두꺼우며, 옅은 노랑색의 타원형 포도 알맹이로 껍질이 두꺼운 화이트 품종이다.

**② 주요 와인 산지**

– 아베르사 아스프리니오(Aversa Asprinio) – DOC

– 카스텔 산 로렌쪼(Castel San Lorenzo) – DOC

– 팔레르노 델 마시코(Falerno del Massico) – DOC

– 솔로파카(Solopaca) – DOC

– 이르피나(Irpina) – DOC

– 캄피 플레그레이(Campi Flegrei) – DOC

– 페니솔라 쏘렌티나(Penisola Sorrentina) – DOC

### (2) 풀리아(Pulia)

이탈리아를 장화모양으로 봤을 때 발뒤꿈치에 해당하는 위치에 있다. 드라이에서 스위트까지 화이트, 로제, 레드 등 다양한 와인을 생산한다.

① 주요 포도품종

〈White〉

- 비앙코 달레싸노(Bianco d'Alessano)
- 말바시아(Malvasia)
- 트레비아노(Trebbiano)
- 봄비노 비앙코(Bombino Bianco)
- 베르데카(Verdeca)

〈Red〉

- 우바 디 트로이아(Uva di Troia) or 봄비노 네로(Bombino Nero)
- 몬테풀치아노(Montepulciano)
- 산지오베제(Sangiovese)

② 주요 와인 산지

- 카스텔 델 몬테 봄비노 네로(Castel del Monte Bombino Nero) – DOCG
- 카스텔 델 몬테 네로 디 트로이아 리제르바(Castel del Monte Nero di Troia Reserva) – DOCG
- 프리미티보 디 만두리아 돌체 나뚜랄레(Primitivo di Manduria Dolce Naturale) – DOCG
- 카스텔 디 몬테(Castel del Monte) – DOC
- 지오이아 델 콜레(Gioia del Colle) – DOC
- 모스카토 디 트라니(Moscato di Trani) – DOC
- 프리미티보 디 만두리아(Primitivo di Manduria) – DOC
- 타볼리에레 델레 뿌글리에 또는 '타볼리에레'(Tavoliere delle Puglie or 'Tavoliere') – DOC

### (3) 바실리카타(Basilicata)

바실리카타는 평지가 불과 8% 정도이고 나머지가 산과 언덕으로 이루어진 지역으로 낮과 밤의 기온차가 많이 난다. 생산되는 와인의 98%가 IGT와 Vino da Tavola 와

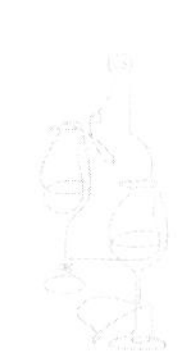

인을 생산한다.

**① 주요 포도품종**

– 알리아니코(Aglianico) : Red 품종

**② 주요 와인 산지**

– 알리아니코 델 불투레(Aglianico del Vulture) – DOC

– 테레 델라타 발 다그리(Terre dell'Alta Val d'Agri) – DOC

– 마테라(Matera) – DOC

### (4) 칼라브리아(Calabria)

칼라브리아는 고대 그리스인들이 처음으로 포도재배와 와인양조를 시작한 지역으로 해변에서 고원지대까지 산악지역이 많아 기후 변화가 심하다.

이 지역에서 생산되는 DOC 와인은 약 5% 정도이며, 산지는 12개이다. 이 중 과일향이 풍부한 치로(Ciro) 와인이 유명하다. 이오니아해의 낮은 언덕에서 생산되는 치로는 칼라브리아의 잠재력을 일깨워준다고 할 수 있다.

**① 주요 포도품종**

〈White〉

– 그레코 비앙코(Greco Bianco)

– 트레비아노 토스카노(Trebbiano Toscano)

– 말바지아 비앙카(Malvasia Bianca)

〈Red〉

– 갈리오포(Gaglioppo)

– 그레코 네로(Greco Nero)

**② 주요 와인 산지**

– 치로(Cirò) – DOC

– 라메치아(Lamezia) – DOC

– 그레코 디 비앙코(Greco di Bianco) – DOC

– 베르비카로(Verbicaro) – DOC

### (5) 시칠리아(Sicilia)

시칠리아는 화산섬으로 지중해에서 가장 큰 섬으로, 와인 생산량은 베네토(Veneto) 다음으로 많다. 생산량의 약 70%를 협동조합 형태로 생산하고 있지만, 고급 와인 소비층의 수요에 맞춰 최상급 와인을 생산하는 개인 포도원이 늘어나는 추세다. 이 중 가장 유명한 와이너리는 돈나푸가타(Donnafugata)일 것이다. 돈나푸가타는 "도망 중인 여인"이란 뜻이 있다. 마리아 카롤리나(Maria Carolina) 왕비가 나폴레옹 군대를 피해 시칠리아로 피신했던 장소가 돈나푸가타 와인의 포도밭이었다고 한다. 이러한 사건에서 돈나푸가타라는 와이너리 이름과 레이블의 여인 이미지가 유래했다.

**① 주요 포도품종**

– **네로 다볼라(Nero d'Avola)** : 시칠리아의 최고 품종으로서 알코올 도수가 높고 산도와 탄닌의 균형감이 좋으며 바디(body)감이 묵직하다.
– **인졸리아(Inzolia)** : 시칠리아 토착 화이트 품종으로서 토스카나에서는 안소니카(Ansonica)로 더 많이 알려져 있다.
– **지빕보(Zibibbo)** : 이집트가 원산지인 화이트 품종으로 아프리카어로 '건포도'를 의미하는 Zibibbo에서 유래되었다. 늦 수확으로 당도와 산도가 높은 담황색 와인이 만들어진다. 스위트한 프라장테 스타일이나 스푸만테 형태로도 생산된다.

**② 주요 와인 산지**

– 세라수올로 디 비토리아(Cerasuolo di Vittoria) – DOCG
– 비토리아(Vittoria) – DOC
– 알카모(Alcamo) – DOC
– 말바시아 델레 리파리(Malvasia delle Lipari) – DOC
– 마르살라(Marsala) – DOC
– 모스카토 디 판텔레리아(Moscato di Pantelleria) – DOC
– 삼부카 디 시칠리아(Sambuca di Sicilia) – DOC

– 산타 마르게리타(Santa Margherita) – DOC

– 마르살라(Marsala) – DOC

주정강화와인으로서 드라이(Dty)와 스위트(Sweet)가 있다

### (6) 사르데냐 (Sardegna)

사르데냐는 지중해 중간에 위치하여 역사적으로 이탈리아보다는 스페인의 영향을 많이 받아 와인에서도 스페인 와인 같은 뉘앙스를 느끼게 된다.

#### ① 주요 포도품종

〈White〉

– 말바시아(Malvasia)

– 모스카토(Moscato)

– 베르멘티노(Vermentino)

– 베르나챠 디 오리스타노(Vernaccia di Oristano)

– 누라구스(Nuragus)

– 토르바토(Torbato)

– 세미다노(Semidano)

〈Red〉

– 칸노나우(Cannonau) : 그르나쉬(Grenache) 품종을 칸노나우라 한다.

– 지로(Giro)

– 그레코 네로(Greco nero)

– 보발레(Bovale)

#### ② 주요 와인 산지

– 베르멘티노 디 갈루라(Vermentino di Gallura) – DOCG

– 아르보레아(Arborea)

– 지로 디 깔리아리(Girò di Cagliari)

– 말바시아 디 깔리아리(Malvasia di Cagliari)

– 모니카 디 샤르데냐(Monica di Sardegna)
– 모스카토 디 샤르데냐(Moscato di Sardegna)
– 베르나챠 디 오리스타노(Vernaccia di Oristano)
– 나라구스 디 깔리아리(Nuragus di Cagliari)
– 베르멘티노 디 샤르데냐(Vermentino di Sardegna)

PART 6

# 독일 와인

The WINE

# 01

# 독일 와인의 특징

독일 와인 생잔지는 와인 생산국 중 가장 북쪽에 있으며, 대부분 양조용 포도를 재배할 수 있는 북방 한계선에 위치한다. 이곳에서 와인이 생산되기 시작한 것은 로마 사람들에 의한 기원전 100년경부터이며, 현재와 같은 포도원의 근간을 이루기 시작한 것은 중세의 수도원들에 의해서다. 성찬 예식에 필요한 와인을 생산하기 위해 수도원 단위로 와인을 생산하며 포도원이 구획되고 양조 기술도 발전해 왔다.

독일 와인의 가장 큰 특징이라면 첫째, 비교적 알코올이 낮고 산도와 당도가 풍성한 질 좋은 화이트 와인이 많이 생산된다는 점이다. 이는 지리적 여건상 일교차가 큰 기후로 인해 산도가 풍성하며 이러한 산도를 바탕으로 늦 수확하여 당도가 높은 와인을 생산하는 것이다.

밀도감 있고 산과 당이 잘 어울리는 독일와인이 여타 생산국 와인에 비해 인지도는 그리 높지 못한 편이다. 이는 일반적으로 드라이 레드 와인을 선호하는 소비 패턴과 독일 와인은 스위트하다는 고정관념이 만든 결과일 것이다. 여기에 독일어로 된 레이블을 읽기가 어렵다는 점도 한몫한다. 하지만 독일 와인을 접해본 사람들은 그 매력에 쉽게 빠진다. 낮은 알코올과 입안에서 느껴지는 밀키함과 새콤달콤함은 와인소비를 시작하는 젊은 여성들이 꽤나 좋아한다.

필자는 한국 음식만큼 독일 와인과 어울리는 와인도 드물 것이라고 생각한다. 김치찌개나 전과 같은 요리에 특히 명절 음식에 독일 리슬링이나 게브라츠트라미너와 같

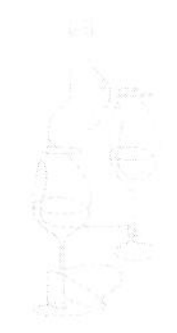

은 와인과 매칭한다면 더할 나위 없을 것이다. 독일 와인이라고 모두가 스위트하진 않다. 독일도 소비자 소비 패턴에 맞춰 드라이한 와인 또, 레드 와인도 다양하게 생산하고 있다.

독일 와인의 특징 두 번째는 와인 등급을 산지가 아닌 생산된 와인에 부여한다는 점이다. 여느 유럽 와인과는 사뭇 다른 등급체계를 갖고 있다. 매우 합리적인 등급체계가 아닌가 생각한다. 등급 결정의 핵심은 와인의 잔당이고 이 잔당은 늦 수확에 의해 높여야 좋은 등급을 받을 수 있다.

셋째는 포도 재배지 소유구조가 프랑스의 부르고뉴처럼 다양하게 분할되어 있다는 것이다. 이는 교회가 대단위로 소유해 오던 것을 19세기 초 나폴레옹이 이곳을 점령했을 때 나폴레옹 법령 즉, 모든 상속인은 균등하게 재산을 상속해야 한다는 상속법에 의해 토지의 소유가 많이 분할되었다. 이는 생산자의 영세화를 가져왔고, 이러한 환경은 소규모 포도 재배자들이 모여 조합을 만들고, 조합 단위로 와인을 생산하는 방식이 생겨났다.

독일 와인 모두가 조합 형태라는 뜻이 아니다. 프랑스 부르고뉴처럼 자신의 포도원에서 자신들의 이름으로 고급와인을 생산하는 경우 외에 조합 형태의 와인도 있다는 의미이다.

# 02

# 기후 및 토양

독일 와인 산지 기후는 우리나라와 비슷한 대륙성 기후다. 겨울에 춥고 여름에 더우며 7, 8월에 비가 많아 포도나무 재배에 여간 어려운 것이 아니다. 포도나무가 과 성장하여 열매로 가야 할 성분이 나무의 성장에 치우치지 않도록 세심한 관리가 필요하며 수확 시기의 비 또는 기후 변화에 매우 민감하게 반응해야 한다.

포도 재배지는 남향의 언덕과 경사면에 위치하며, 강을 끼고 산지가 조성되어 있다. 경사면의 각도는 경우에 따라 사람의 보행이 불가능해 로프나 도르레를 사용하는 경우도 있을 정도이다. 이러한 경사도는 강에서 반사되는 햇볕까지도 활용할 수 있다. 또 바닥은 편암들로 이루어져 낮의 열기를 보관하여 밤에 보온용으로 사용하기 안성맞춤이다.

독일 와인 산지가 대부분 강을 끼고 있는 또 다른 이유는 강의 안개에 의해 독일 최고급 와인을 만드는 노블롯에 유리하기 때문이다.

이러한 독일와인 산지의 환경은 다양한 지질층과 맞물려 같은 산지에서도 미세기후대가 많이 나타나는 특징도 가지고 있다.

## 1) 미세기후(Microclimate)란?

같은 조건의 기후대 내에서도 포도원 또는 포도나무가 처한 미세한 환경에 따라 포

도의 생육 조건이 달라지며 이에 따라 와인에 미치는 영향이 다르게 나타나는 것을 말한다. 즉, 방향이나 경사도 강의 위치 등에 따라 기후의 미세한 차이가 포도에 영향을 미친다는 것이다. 이러한 현상은 마을 또는 밭 단위별로도 나타날 수도 있으며 같은 밭 내에서도 차이를 나타낼 수도 있다. 같은 마을에서 같은 품종으로 와인을 양조했음에도 불구하고 밭 단위별로 다른 와인이 생산되는 경우를 그 예로 들 수 있다.

미세기후(Microclimate)에 영향을 주는 조건들에는 어떤 것들이 있는지 알아보자.

① **방향** : 포도밭이 향하고 있는 방향은 포도 열매가 받을 햇빛의 양 그리고 바람의 영향과 관련된다. 좀 더 햇빛을 많이 받는 방향의 포도밭이 좋은 조건의 포도밭이라 할 수 있다. 이러한 이유로 독일 포도밭이 주로 남향에 위치해 있다. 또 같은 남향일지라도 남동이나 남서에 의해서도 그 영향은 달라진다.
남동향의 포도원은 남서향의 포도원에 비해 이른 아침부터 햇볕을 받기 때문에 포도가 익어가는 여름철에는 이른 시간부터 포도가 왕성한 햇빛을 제공 받고 수확기인 가을철에는 밤새 차가워졌던 땅의 기온이 빨리 상승되어 열매의 완숙도를 높여 준다.
적절한 바람은 여름에 포도를 식혀주고 산도를 형성하는 데 일조하며,수확기에 포도를 건조시켜 포도의 건강에 도움을 준다. 바람의 세기와 양은 포도밭의 방향에 따라 다르게 나타난다.
이렇듯 포도밭의 방향은 포도에 영향을 주어 결국 와인의 품질에 관여한다.

② **경사도** : 포도밭이 얼마나 가파르냐 하는 경사도는 햇빛이 포도에 닿는 정도와 연관성이 있다. 경사의 정도가 클수록 포도송이 한 알 한 알까지 깊게 햇빛이 전달될 수 있는데, 이는 포도의 당도에 영향을 주어 결국 와인의 알코올과 바디에 영향을 준다.
이러한 이유로 독일 포도원들이 대부분 경사면에 위치해 있다.

③ **토질** : 토질은 와인의 성격과 성분 그리고 품질에 절대적 영향을 미친다. 땅의 양분이 포도로 전해져 와인과 연결되기 때문이다. 따라서 토질의 구성과 성분에 의해 포도나무의 품종이 결정되고, 토질과 품종의 조화가 결국 와인의 성격으로 이어진다.

토질이 자갈과 모래가 많으면 배수는 잘되고 뿌리는 깊게 내려 깊은 땅속의 다양한 성분을 포도로 보내주게 된다. 이 때문에 척박한 토양에서 좋은 와인이 생산되는 것이다.

④ 강 : 독일 와인 산지가 대부분 강을 끼고 있는데 강의 영향은 다음과 같다.

첫째, 강 수면에 의한 햇빛의 반사로 포도에 충분한 햇빛을 더해 준다.

둘째, 강에서 발생한 안개에 의해 밤과 낮의 기온차를 줄여준다.

셋째, 강의 안개에 의해 부족한 수분을 공급해 준다.

넷째, 포도 수확기의 안개는 포도에 Noble Rot 형성을 유리하게 하여 최고급 스위트 와인을 만들 수 있는 환경을 만들어 준다.

이러한 강의 영향은 포도원 주위에 얼마나 가까이 있는지에 따라 다르게 나타날 수 있으며 독일 와인에서 매우 중요한 입지 조건이라고 할 수 있다.

이처럼 포도원에 미치는 미세기후(Microclimate)는 포도밭의 환경이 되고 결국 와인의 성격으로 발전한다고 할 수 있다.

# 03

# 품질검사

독일 와인은 재배지에 의한 등급 결정이 아니라 생산된 와인에 등급을 부여하기 때문에 등급 심사는 매우 객관적이고 합리적이어야 한다.

등급을 위한 품질 평가 위원들은 이 분야의 전문가들로 구성되어 있으며 이들의 시음을 통해 품질 수준이 결정된다.

어디에서 생산되었는가보다 생산된 와인이 어떤 와인인가가 중요하기 때문에 품질와인(QbA)과 프레디카트 와인(QmP)은 3단계에 걸쳐 평가한다.

1단계 : 포도 수확 당시 포도가 얼마나 잘 익었는지를 알아보는 포도 성숙도에 대한 품질검사를 한다. 받고자 하는 품질등급에 해당하는 포도의 수준을 파악하여 품질 수준을 가늠할 수 있다.

2단계 : 포도의 성숙도 평가가 끝나고 양조된 와인의 잔당과 알코올 함량 등을 측정하여 평가하여 등급 수준에 맞는지 평가한다.

3단계 : 최종 심사단계로서 관능검사(sensoric examimation)라고 하는 블라인드 테스팅에 의해 최종 종합적인 평가가 이루어지는데 이때 받고자 하는 등급의 합격 여부가 결정된다.

와인 품질평가위원들은 생산자 정보를 비밀로 한 상태에서 검사 신청서에 있는 원산지, 포도품종, 품질등급, 제조연도를 확인하고 와인의 색, 향, 맛, 당도, 산도 등을 심사하여 합격 여부를 결정한다. 여기에서 합격한 와인만 해당 등급을 부여받고 와인 레이블에 A.P No.(품질관리번호)를 부여받아 와인 레이블에 표기한다.

A.P No.(품질관리번호)는 우리나라 국민이면 가지고 있는 주민등록번호와 비슷한 개념으로 해당 번호만 보면 원산지 등을 추적할 수 있다. 이 와인들은 각 2병씩 봉인된 상태로 보관되어 차후에 발생할지도 모를 문제에 대응할 수 있는 용도로 사용된다.

# 04

# 품질등급

## 1. 품질등급

독일 와인 품질등급의 기준은 잔당 함유량이고 이 잔당은 포도의 늦 수확에 의해 높여야 한다. 그리고 사용된 포도품종은 와인 레이블에 표기된다.

와인 생산국으로서 최북방인 독일은 포도 수확 시기도 다른 유럽에 비해 다소 늦게 이루어진다. 이웃한 유럽의 프랑스나 이탈리아 등은 통상 9월에는 모든 수확을 마치지만 독일은 9월부터 10월까지도 수확한다. 프레디카트 급에서 당도를 높이기 위한 와인이라면 이보다 늦은 11월 또는 12월까지 이어지기도 하는데 높은 당도와 풍부한 아로마를 얻을 수 있기 때문이다. 이러한 늦 수확 과정은 좋은 품질등급을 받기 위한 것으로, 독일 정부는 1971년 7월 19일 새로운 와인법을 공포하고, 1982년에 다시 개정하여 다음과 같은 4단계로 품질등급으로 분류하였다.

- **타펠바인(Tafelwein)**
- **란트바인(Landwein)**
- **쿠발리테츠바인(Qualitaetswein bestimmter Anbaugebiete) – QbA**
- **프레디카트바인(Qualitaetswein mit Pradikat) – QmP**
  - 카비네트(Kabinett)
  - 슈페트레제(Spaetlese)
  - 아우스레제(Auslese)
  - 베렌아우스레제(Beerenauslese)
  - 트로켄베렌아우스레제(Trockenbeerenauslese)
  - 아이스바인(Eiswein)

## 1) 타펠바인(Tafelwein)

가장 낮은 등급으로 독일 전체의 5%정도가 해당되며 테이블급 와인이다.

타펠바인(Tafelwein)은 포도재배가 독일에서 이루어졌는지 독일 밖에서 이루어졌는지로 구분되며 독일에서 이루어졌으면 레이블에 'Deutsche'(도이치)라는 단어를 표기한다.

### (1) 도이쳐 타펠바인(Deutscher Tafelwein)

독일에서 생산된 포도로 양조한 테이블급 와인이다.

### (2) 유로 타펠바인(Euro Tafelwein)

'Deutsche'라는 단어를 레이블에 표기할 수 없으며 유럽 여러 나라에서 만들어진 와인을 독일 와인 회사들에 의해 유통되는 와인이다.

## 2) 란트바인(Landwein)

1982년에 법이 개정되면서 도입된 등급으로 프랑스의 뱅 드 뻬이에 해당하는 등급으로서 타펠바인보다 약간 상위의 등급이다. 17개의 특정지역에서 만들어지고 레이블

에 지역이 명시된다. 독일 와인의 약 5% 정도를 차지하며 당도가 매우 낮은 드라이 와인이다.

### 3) 쿠발리테츠바인(Qualitatswein bestimmter Anbaugebiete) – QbA

쿠발리테츠바인 베슈팀터 안바우게비테(Qualitatswein bestimmter Anbaugebiete) 와인은 약자로 QbA라고 표현하며 독일의 특정 지역에서 생산되는 고급와인을 의미한다.

독일 와인의 약 60%를 차지할 정도로 많은 양이 생산되며 법률로 지정된 13개 지역에서만 생산된다. 또 쿠발리테츠바인(품질와인)은 법이 정한 범위에서 보당(Chaptalisation, 양조 시 당을 첨가하는 것)을 허용하고 있어 보당에 의해 어느 정도 당을 조절할 수 있다.

포도품종은 법률로서 인정된 해당 지역의 포도로만 양조가 가능하며, 생산된 지역적 특성이 와인에 잘 나타난다. 포도는 늦 수확까지는 아니어도 충분히 익었을 때 수확되며 매우 산뜻하고 마시기 편해 대부분 매우 경쾌하고 발랄한 와인이다.

### 4) 프레디카트 와인(Qualitaetswein mit Pradikat) – QmP

쿠발리테츠바인 밋트 프레디카트(Qualitaetswein mit Pradikat)는 약자로 QmP라고 표현하며 Qba와 마찬가지로 특정 지역에서 생산되는 와인이다. 독일의 최상위급 와인으로 보당이 허용되지 않으며 늦 수확에 의해서만 당을 높일 수 있다.

Qmp 와인은 Qba에 비해 좀 더 특징적이고 세부적인 와인으로 13개 산지 내의 단일 마을에서 나온 것이어야 가능하며 독일 와인의 약 30%를 차지한다. Qmp 와인의 가장 큰 특징은 늦 수확을 통한 와인의 잔당에 따라 다시 6등급으로 세분한다는 것이다.

#### (1) 카비네트(Kabinett)

카비네트란 말은 상자에 와인을 따로 보관했었다는 데서 등급 명칭이 유래됐다. 사과나 감귤류의 향미가 풍기는 이 와인은 Qmp와인의 가장 대중적 와인이라 할 수 있으며 약간 스위트함이 느껴지고 섬세하고 약간 가벼운 듯하여 음식 없이도 마실 수 있는 편안한 와인이다. 포도 수확 시기는 Qba와 비슷하나 충분히 익은 포도로 만든다.

### (2) 슈페트레제(Spaetlese)

등급을 문자 그대로 이해하면 된다. Spaet(late/늦다), lese(harvest/수확) – 로서 말 그대로 늦게 수확하여 만든 와인이란 뜻이다. 이는 정상적인 수확 시기보다 최소 7~9일 정도 늦게 수확하여, 와인에서 농익은 파인애플이나 망도 등의 과일 향이 피어난다. 카비네트(kabinett)에 비해 맛과 향의 농도가 짙고 풍부하다.

### (3) 아우스레제(Auslese)

Aus(select/선별), lese(harvest/수확) – 로서 이는 슈페트레제 와인처럼 단순히 늦게 수확한 것이 아니라 과숙한 구역의 포도만을 선별적으로 수확하여 만든 와인이란 뜻이다. 슈페트레제보다도 늦게 수확하며 당도와 향이 매우 풍부하다. 디저트 와인으로 사용한다.

### (4) 베렌아우스레제(Beerenauslese)

beeren(berries/포도알 또는 포도송이), Aus(select/선별), lese(harvest/수확) – 로서 과숙한 포도만을 송이 단위로 골라 수확하여 만든 와인으로, 포도송이 중 일부 알맹이는 노블롯(Noble Rot)의 영향을 받기도 한다.

사진 : Wikipedia

아우스레제보다 늦게 수확하며 진한 풍미와 당도 그리고 산미를 즐길 수 있으며 노블롯(Noble Rot)에 의한 포도가 아니라도 이 등급을 충족할 당도가 있으면 베렌아우스레제 등급을 받는다.

### (5) 트로켄베렌아우스레제(Trockenbeerenauslese – TBA )

Trocken(dried/건포도처럼 생긴 포도), beeren(berries/포도알), aus(select/선별), lese(harvest/수확) – 로서 노블롯(Noble Rot)에 의한 귀부 와인이란 뜻이다.

귀부현상이 일어나는 특별한 지역에서만 생산되는 독일 최고의 와인으로 산과 당의 조화가 일품이다.

### (6) 아이스바인(Eiswein)

겨울까지 기다려 포도가 얼 때 수확하여 만든 와인이다. 매우 높은 당도와 산도가 조화로운 매혹적인 스위트 와인으로 트로켄베렌아우스바인과 함께 독일 최고의 와인이다.

포도가 포도나무에 붙어 있을 수 있는 최장 시간 동안 붙어 있다가 수확되어 만들어진 와인으로 인간의 수고를 가장 많이 요한다. 일반적으로 크리스마스 이전까지는 수확한다.

아이스바인을 만들기 위해서는 추운 날을 선택해야 하며 특히 해가 뜨기 전 새벽에 수확한다. 햇빛에 의한 포도 열매의 해빙을 막기 위해서다.

참고로 아이스 와인은 냉동시설을 갖추어 인위적으로도 만들 수 있다. 포도를 얼려서 기술적으로 당분만 추출하면 되기 때문이다. 실제로 캐나다와 호주에서는 이러한 아이스 와인이 많이 생산되고 있다. 하지만 독일에서의 아이스바인은 법적인 요건으로서 반드시 자연 상태에서 얼려 만든 와인만을 아이스바인이라고 할 수 있다.

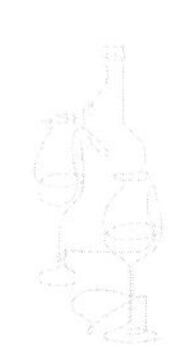

# Classic / Selection

## 1. Classic / Selection

세계적인 와인의 드라이한 소비 패턴에 맞추어 독일에서도 새로운 등급인 클래식과 셀렉션 등급을 2000년 빈티지부터 도입하게 되었다.

### (1) 클래식(Classic)

13개 재배지역에서 전통적인 품종으로 드라이하며 바디감 넘치는 와인이다.

### (2) 셀렉션(Selection)

최고급 드라이와인으로서 재배지와 수확량 등을 통제하며 손 수확하여 양조하여야 한다. 셀렉션 와인을 생산하기 위해서는 생산하고자 하는 해의 3월 1일까지 관청에 신청해야 하며 관청은 포도밭에서부터 품질 관리를 시작한다.

판매는 이듬해 9월 1일부터 가능하며 최소 알코올 함량은 12.2%, 수확량은 헥타르당 60헥토리터로 제한한다.

# 06

# 젝트(Sekt)

독일의 스파클링 와인을 젝트(Sekt)라 한다. 독일의 젝트 와인은 대부분 탱크방식(Charmat method)에 의해 양조되지만 일부 고급 젝트는 전통방식(Traditional Method)인 병에서 발효되기도 한다.

독일은 프랑스, 이탈리아, 스페인 등 유럽 여러 나라 포도를 수입해서 젝트를 만들 수 있다. 독일에서 재배된 포도로 양조했으면 도이쳐 젝트(Deutscher Sekt)라 하고 젝트(Sekt)만 표기되어 있으면 수입한 포도를 사용했다는 의미로 전체의 90% 가까이 차지한다. 또 독일의 13개 지역에서 재배된 포도로 양조된 젝트라면 Deutscher Sekt bA라는 최상급의 아뻬라시옹을 갖게 된다.

포도품종은 리슬링(Riesling), 삐노 블랑(Pinot Blanc), 삐노 누아(Pinot Noir), 삐노 그리(Pinot Gris)를 사용한다.

07

# 포도품종

## 1. 포도품종

### 1) 화이트(White) 품종

#### (1) 리슬링(Riesling)

독일 화이트 와인의 대표적 품종으로서 20% 이상이 리슬링으로 양조되고 있다. 산도와 당도가 풍부하면서도 조화를 이루어 장기 숙성용 와인에도 어울리는 품종이다. 실제로 필자가 독일 여행 때 200년이 넘게 보관되어온 와인을 아직까지 보관하고 있는 것을 보고 인상 깊었던 기억이 있다.

특히 리슬링은 한국과 많은 인연을 맺고 있는 품종이다. 1970년대에 한국에서 생산하기 시작한 마주앙 와인의 품종이 바로 리슬링이며 경상도 경산에 그 경작지가 있었다. 김치찌개나 전 요리 등의 한국 음식과도 잘 어울리며 산도와 당도의 조화가 매우 뛰어난 품종이다.

#### (2) 뮐러 – 투르가우(Mueller–Thurgau)

독일에서 매우 인기 높은 품종으로서 리슬링과 질바너의 교배종이다. 이런 이유로 이 품종을 리바너(Rivaner)라고도 부르는 사람들도 있다. 1882년 독일 가이젠하임 연

구소의 H. Mueller박사의 연구에 의해 탄생했으며 박사의 출신지가 Thurgau여서 Mueller–Thurgau로 이름 붙여졌다.

#### (3) 질바너(Silvaner)

리슬링에 비해 조생종으로서 드라이한 와인을 만든다. 닭고기와 같은 가벼운 육류와도 어울리는 와인이다.

#### (4) 케르너(Kerner)

리슬링(Riesling)과 트롤링어(Trollinger)의 교배종으로서 가벼운 육류와도 어울리며 연한 복숭아 향과 산미의 조화가 일품이다.

특히 재미있는 사실은 화이트 품종인 리슬링과 레드 품종인 트롤링어 품종을 교배하여 화이트 품종을 만들었다는 것이다.

#### (5) 바쿠스(Bacchus)

리슬링(Riesling)과 질바너(Silvaner) 그리고 뮐러–투르가우(Mueller–Thurgau)를 교배시켜 만든 품종이다.

#### (6) 게뷔르츠트라미너(Gewuerztraminer)

게뷔르츠트라미너는 약간 스파이시하면서도 잔잔한 성격의 와인을 만들어 낸다. 거칠지 않으면서 자신의 캐릭터가 분명한 와인인다. 거칠지 않은 산도와 적절한 감미는 와인을 처음 접하는 사람에게도 많은 공감을 가게 하는 와인이다. 로터 트라미너(Roter Traminer)라고도 불린다.

### 2) 레드(Red) 품종

#### (1) 스패트부르군더(Spatburgunder)

프랑스 부르고뉴 지방에서 들여온 삐노 누아(Pinot Noir) 품종이다. 이름의 부르군더(burgunder)가 부르고뉴에서 온 품종임을 알 수 있다. 견과류 향이 약간 풍기는 산

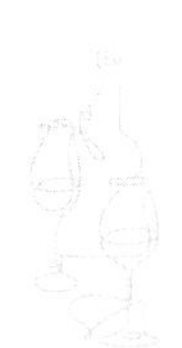

도와 바디감이 좋은 와인으로서 묵직한 육류요리나 치즈에 잘 어울린다.

(2) **포르투기저**(Portugieser)

오스트리아 다뉴브강 유역 지방에서 도입된 품종으로서 생육 기간이 짧고 경쾌하고 가볍게 마실 수 있는 와인이다.

(3) **트롤링어**(Trollinger)

이탈리아 남부티롤(Sued Tirol) 지방이 원산지로 추정되며 독일 남부 뷔르템베르크 지방에서 재배되는 품종이다. 프랑스 보졸레 누보처럼 햇와인일 때 마시면 보다 상쾌한 맛을 즐길 수 있다.

(4) **슈바르츠리슬링**(Schwarzriesling)

스패트부르군더(Spaetburgunder)가 변종하여 생긴 품종으로서 뷔르템베르크 지역에서 많이 재배된다.

(5) **도른펠더**(Dornfelder)

팔츠와 라인헤센에서 많이 재배되는 품종으로 약 30년 전만 해도 재배 면적이 지금의 1/20에 불과했던 품종이다.

(6) **렘베르거**(Lemberger)

과실향이 풍부한 가벼운 와인을 만드는 품종이다.

(7) **도미나**(Domina)

팔츠 지방에서 많이 재배되며 스패트부르군더(Spaetburgunder)와 포르투기저(Portugieser)의 교배종이다.

# 와인 산지

## 1. 와인 산지

| 재배지역 | 재배 지구 | 지역 재배지 | 개별 재배지 |
|---|---|---|---|
| 아르 | 1 | 1 | 43 |
| 바덴 | 9 | 15 | 315 |
| 프랑켄 | 3 | 22 | 211 |
| 헤시쉐 베르크슈트라세 | 2 | 3 | 24 |
| 미텔라인 | 2 | 11 | 111 |
| 모젤 –자르 –루버 | 6 | 20 | 507 |
| 나에 | 1 | 7 | 312 |
| 팔츠 | 2 | 25 | 330 |
| 라인가우 | 1 | 11 | 120 |
| 라인헤센 | 3 | 24 | 442 |
| 잘레–운슈트루트 | 2 | 4 | 20 |
| 작센 | 2 | 4 | 16 |
| 뷔르템베르크 | 6 | 20 | 207 |
| **13** | **39** | **167** | **2658** |

〈www.germanwines.co.kr〉

독일 와인 재배지는 총 13개가 있으며 이 중 11개는 독일 남서부의 라인, 엘베, 잘레, 운슈트루트 강 주위에 분포하고 있고 2개는 구동독 지역에 위치하고 있다.

와인 재배지를 구분하여 보면 개별 재배지 2658곳, 지역재배지 167곳, 재배지구 39곳, 재배지역 13곳으로 구분할 수 있다.

**참고**

- **글로스라게(Grosslage)** : 개별 포도밭을 여러 개 묶어 그중 가장 유명한 밭 이름 하나를 와인명으로 명명하는 것이다.
- **게마인트(Gemeind)** : 지역 재배지로서 산지명이 마을 명칭인 것이다.
  프랑스의 마고, 주브레 샹베르뗑과 같은개념으로, 독일의 Bernkastel, Piesport 등의 마을 이름을 사용하는 것이다.
  또 독일 와인 레이블을 볼 때 같은 마을 이름을 앞뒤로 표기하는 경우를 볼 수 있는데 이는 어느 마을 이름이 너무 유명하여 이보다 상위의 행정구역 이름도 같은 이름으로 사용하는 경우에 표기된다. 예로 우리나라 종로의 경우 종로 1가 2가 등의 작은 행정단위가 있으면서도 상위의 행정구역이 종로구인 예이다.
  독일의 한 마을의 예를 들면 Bernkastel을 들 수 있다.
  Bernkastel(Bereich, 베레히) (예, 종로구)
  Bernkasteler(Gemeind, 게마인트) (예, 종로)
- 마을 명칭 내의 개별 밭 이름을 표기할 때는 마을 이름뒤에 "~er"을 붙이고 뒤에 포도밭 명을 표기한다. "~er"은 "~의", "~에 속한" 의 뜻이다
  예로 Piesporter Michelsberg는 Piesport 마을의 Michelsberg 포도밭의 와인이란 뜻이다. 마을 이름에 ~er을 붙여 단독으로 마을 이름만을 표시하는 경우도 있고, 마을 이름 뒤에 개별 포도밭 이름을 붙이기도 한다.

ULRICH LANGGUTH
2003
RIESLING SPÄTLESE
PIESPORTER GÜNTERSLAY

Gutsabfullung
Qualitaetswein mit Pradikat - A.P Nr. 26011721002
PRODUCE OF GERMANY - WHITE STILL WINE
750ML - Al.8.5% BY VOL
Mosel - Saar - Ruwer

### 1) 아르(Ahr)

라인강으로 흘러가는 아르강을 따라 급한 경사면에 위치한 와인 산지로 독일 산지 중에서도 가장 북쪽에 위치한 작은 지역이다.

주요 품종은 프랑스 삐노 누아(Pinot Noir)인 스패트부르군더(Spatburgunder) 품종으로 약 80%를 재배하고 있다.

### 2) 헤시쉐 베르크슈트라세(Hessische Bergstrasse)

동쪽으로 오덴발트숲(Odenwald), 서쪽으로는 라인강이 위치하고 있는 지역으로서 독일에서 가장 작은 산지이다. 와인의 바디감이 풍부하여 라인가우 와인과 비슷하다는 평을 받기도 한다. 포도품종은 삐노(Pinot)와 리슬링(Riesling)을 주요 품종으로 재배한다.

### 3) 나에(Nahe)

나에강은 빙겐(Bingen)시로 흐르는 라인강의 지류이다. 부드럽게 흐르는 나에강에서 지명이 만들어졌다. 와인 산지는 부드럽게 흐르는 강을 따라 급한 경사면으로 이루어져 있다. 리슬링(Riesling)과 질바너(Silvaner) 품종으로 고품질의 와인을 많이 생산하고 있다.

### 4) 라인헤센(Rheinhessen)

나에강과 라인강으로 경계되는 지역의 언덕에 위치하고 있는 독일에서 가장 큰 와인 산지이다. 최고급 와인에서 테이블와인까지 다양하게 생산하고 있으며, 라인헤센은 질바너(Silvaner) 품종을 주로 재배하고 있다.

### 5) 뷔르템베르크(Wuerttemberg)

산지로서 넥카르(Neckar)강의 경사면에 위치해 있으며 리슬링(Riesling)을 주로 재배한다. 뷔르템베르크는 와인의 80%는 대부분 조합에서 생산한다. 농가는 포도를 재배하여 조합에 납품하고 조합이 양조와 판매를 담당한다.

### 6) 바덴(Baden)

바덴은 88서울 올림픽을 개최한 우리나라로서는 의미 있는 도시이다.

독일에서도 세 번째로 큰 포도재배 면적을 가지고 있으며, 독일 최남단의 따뜻하고 일조량이 풍부한 지역이다 포도품종은 레드는 스페트부르군더(Spatburgunder), 화이트는 뮐러-투르가우(Mueller–Thurgau), 리슬링(Riesling), 실바너(Silvaner) 등이 주로 재배된다.

### 7) 미텔라인(Mittelrhein)

중세시대의 성곽들과 현대가 잘 어울려 관광지로서도 유명하고, 다시가고 싶은 매우 아름다운 지역이다. 라인강변을 따라 가파른 계단식 포도밭으로 이루어진 와인 산지는 70% 이상을 리슬링으로 재배하며, 이 곳 포도는 편암 등 토양의 영향으로 산도가 풍부하여 젝트를 양조하는 데도 사용한다.

### 8) 팔츠(Pfalz)

프랑스 국경과 인접해 있는 독일에서 두 번째로 큰 와인 생산지로서 훌륭한 와인을 생산하는 포르스트(Forst), 루페르츠베르크(Ruppertsberg), 바헨하임(Wachenheim) 등의 마을이 있다. 동쪽의 라인강과 알자스의 남쪽에 자리하여 일조량이 풍부한 지역이다. 생산 와인의 약 40%는 레드, 60%는 화이트 와인이다. 포도품종은 화이트 40여 종 레드 20여 종을 재배하며, 그중 화이트는 리슬링(Riesling), 레드는 스패트부르군더(Spatburgunder)가 대표적이다.

### 9) 잘레-운쉬트루트(Saale-Unstrut)

아담한 지역으로서 옛 동독에 있던 산지이다. 작은 잘레강과 운쉬트루트강과 함께 산지들이 분포해 있다.

화이트 와인은 뮐러-투르가우(Mueller-Thurgau), 리슬링(Riesling), 실바너(Silvaner)를 중심으로, 레드 와인은 스패트부르군더(Spatburgunder), 도른펠더(Dornfelder), 포르투기저(Portugieser)를 중심으로 생산하고 있다.

### 10) 프랑켄(Franken)

독일의 동쪽에 위치해 있으며 서늘하고 건조한 기후이다. 예외적으로 리슬링보다는 리바너(Rivaner)라고도 부르는 뮐러-투르가우(Mueller-Thurgau)와 바쿠스(Bacchus) 품종을 주로 심으며, 앞뒤가 얇고 옆이 둥근 와인 병을 사용한다.

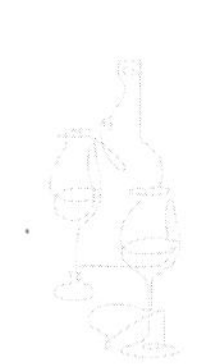

### 11) 모젤-자르-루버(Mosel-Saar-Ruwer)

우리나라에서도 90년대 마주앙 모젤이라는 와인으로 많이 소개되어 익숙한 지역이다.

모젤강 남쪽의 언덕진 경사면에 와인 산지들이 형성되어 있으며, 모젤과 자르 그리고 루버 지역을 하나의 산지로 명명하여 분류하고 있다.

주로 리슬링으로 와인을 만들며 베른카스텔(Bernkastel), 에르덴(Erden), 피스포르트(Piesport)등의 마을은 우리에게도 잘 알려진 유명한 마을이다. 독일 와인 중에서도 아름답고 섬세한 와인을 생산한다.

### 12) 라인가우(Rheingau)

라인강변의 독일 최고의 와인 산지이다. 특히 보트리티스 씨네레아(Botrytis cinerea)균에 의해 독일에서 최초로 노블롯 와인을 생산한 곳이기도 하다.

수도원에 의한 와인 양조가 이어져 오늘날까지 영향을 준 곳이기도 하다. 매우 귀족적이고 수준 높은 와인이 생산된다. 주요 포도품종은 리슬링(Riesling)이 80% 정도로 절대적이고 약 10%는 스패트부르군더(Spatburgunder)를 재배한다.

라인가우는 독일 귀부와인의 시작이기도 한데 이와 관련하여 전해지는 이야기가 있다. 아주 옛날 포도원의 성주는 오랜 여행길에 있었다. 시간이 지나 포도를 수확해야 할 시점이 되었는데도 성주는 돌아오지 않고, 이를 기다리는 하인들은 이러지도 저러지도 못하는 상황에 놓였다. 와인의 품질 중 수확 시기는 매우 중요하다. 수확 시점의 포도 성분에 의해 와인이 만들어지기 때문이다. 따라서 성주의 허락 없이 수확할 수는 없었을 것이다. 기다리다 의논 끝에 포도원의 하인 중 한 명이 말을 타고 가서 성주에게 포도 수확 허락을 받아오기로 한다.

말을 타고 여러 날 걸려 허락을 받아 돌아와 보니 포도들이 어느새 쭈글쭈글해져버렸다. 큰일 났다고 생각한 하인들은 그래도 이대로 버릴 수는 없는 일이니 성주에게 혼이 날지라도 쭈글쭈글하게 된 포도를 수확하여 와인을 만들었다. 그리고 성주는 돌아왔다. 다 만들어진 와인을 성주가 맛보는 순간 그는 놀라고 만다. 지금껏 한 번도 맛보지 못한 달콤하면서도 깊은 향의 와인이었기 때문이다. 포도가 귀부병(Noble Rot)

에 걸려 귀부 와인이 된 것이다.

이때부터 독일은 일부러 늦 수확하여 귀부와인을 만들기 시작하였다. 지금도 이 지역에 가면 그때 성주에게 달려갔던 하인을 기려 그의 동상을 포도원 정상에 세워 두고 있다.

### 13) 작센(Sachsen)

독일 와인 13개 산지 중 옛 동독(1989년 베를린 장벽 붕괴 이전)에 있던 산지가 잘레-운쉬트루트(Saale-Unstrut) 와 작센(Sachsen) 두 곳이다.

와인 산지는 드레스덴(Dresden)시와 마이슨(Meissen)시에 이르는 엘베(Elbe)강의 경사면에 위치해 있으며 포도원 밑에 굴을 만들어 와인 저장고로 사용하기도 한다.

이곳의 와인은 대부분 수출보다는 내수에 소비되고 있다. 뮐러 투르가우(Müller-Thurgau)를 가장 보편적으로 재배하며 리슬링(Riesling), 골드 리슬링(Gold Riesling : 말린그르(Marlingre)와 리슬링 교배종), 바이스부르군더(Weissburgunder/삐노 블랑), 스패트부르군더(Spatburgunder) 등을 재배한다. 이 중 골드 리슬링은 작센에서만 생산하고 있다.

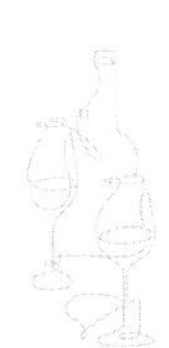

# 09

# 독일 와인 레이블

| ① **ULRICH LANGGUTH** |
|---|
| ② **2003** |
| ③ **RIESLING** ④ **SPÄTLESE** |
| ⑤ **PIESPORTER GÜNTERSLAY** |
| ⑥ Gutsabfullung |
| ⑦ Qualitaetswein mit Pradikat - ⑧ A.P Nr. 26011721002 |
| ⑨ PRODUCE OF GERMANY - ⑩ WHITE STILL WINE |
| ⑪ 750ML - ⑫ Al.8.5% BY VOL |
| ⑬ Mosel - Saar - Ruwer |

① 회사명

② Vintage(포도 수확연도)

③ 포도품종

④ 와인의 당도 수준을 나타냄(QMP 내의 당도에 따른 등급)

⑤ 생산지(Piesport 마을의 Günterslay 포도밭에서 생산됨을 의미)

⑥ 생산자가 병입했다는 뜻(=Erzeugerabfullung)

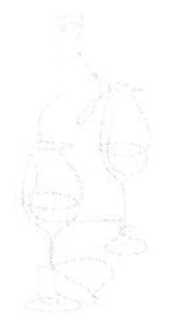

"Gutsabfullung"은 양조학위가 있는 와인생산자에게만 적용

⑦ 와인 등급(QMP 등급 와인)

⑧ AP No.로서 품질관리번호

⑨ 생산국(수출용에 표기)

⑩ 와인 분류(화이트, 레드, 스파클링 유무)

⑪ 와인 용량

⑫ 알코올 함량

⑬ 생산지역명(Anbaugebiete)

QmP급 와인 산지인 13개 지역 중 하나인 모젤-자르-루버

PART 7

# 스페인 와인

The WINE

# 와인의 역사

17개의 자치주를 가진 스페인은 양조용 포도재배 면적이 세계에서 가장 넓다. 2015년 기준 약 94만 헥타르로서 프랑스(약 80만 3천 헥타르), 이탈리아(약 61만 헥타르)보다 넓다. 그렇지만 포도재매 면적에 비해 와인생산량은 프랑스나 이탈리아보다 적어 세계 3위에 머무른다. 이는 덥고 건조한 날씨 때문에 포도나무 간격을 넓게 심은 결과이다. 유럽에서는 일반적으로 포도나무에 물을 주는 관개농법을 법으로 금하고 있다. 하지만 스페인에서는 예외적으로 허용하고 있는 것을 보면, 스페인의 기후가 얼마나 무덥고 가문지를 반증한다고 볼 수 있다. 이러한 환경 때문에 스페인 와인은 대체로 붉은 과일류의 향이 많이 나며 부드러운 탄닌으로 전반적으로 마시기 편하고 부드럽다.

## 1. 스페인 와인의 역사

스페인에서 와인이 만들어지기 시작한 것은 BC 1100년경 안달루시아 지방으로 추정된다. 이후 BC 200년경 로마인들의 스페인 진출로 양조기술이 전수되고, 로마의 통치가 시작되면서부터는 와인 생산 기지로 활용되어 와인의 생산과 산업이 성장한다. 스페인이 와인생산국으로서의 입지가 시작된 것은 이때부터라고 할 수 있다.

15세기 말 기독교가 스페인에 들어오면서 와인산업이 부흥기를 맞게 되지만 19세

기 들어 수난의 시간을 보내게 되는데, 그 시작은 1808년 나폴레옹의 침공으로부터다. 전쟁의 소용돌이 속에 휘말린 스페인 와인산업은 쇠퇴할 수밖에 없었고 설상가상으로 1860년대 후반 필록세라까지 기승을 부려 포도밭의 황폐화를 심화시켰다. 스페인은 필록세라가 기승을 부리던 시기 보르도에서 이주한 많은 양조가들로부터 기술전수가 이어져 와인의 수준이 한 단계 올라가는 효과도 있었지만 포도나무의 피해는 비켜갈 수 없었다. 전 세계적 노력으로 필록세라를 접목이라는 방법으로 해결할 즈음 내전이 일어난다. 1936년에 발생하여 3년이나 이어진다. 내전에 이어 제2차 세계대전이 또 터지면서 그야말로 와인산업은 오랜 동안 시련의 시기를 이어간다.

스페인 와인이 와인 생산국으로서 명성을 회복하고 국제 시장에 발 딛기 시작한 것은 1960~1970년대를 지나면서부터이다. 국제 와인시장에서는 리오하(Rioja) 와인, 그리고 쉐리(Sherry) 등 스페인 와인의 우수성이 알져지기 시작하고, 1978년 정치적으로 민주주의가 시작되면서 경제 성장과 함께 와인산업도 크게 활기를 띈다. 스페인 와인은 1980년대 이후 시설의 현대화와 함께 법령을 제정 및 정비하고 과감한 투자와 기술개발로 국제 시장에서 다양성 및 와인수준의 위치가 견고해졌으며, 국내 시장에서도 스페인 와인에 대한 호평과 소비가 확장하는 추세다.

# 02 와인의 등급

## 1. 스페인 와인의 등급

스페인은 1926년 리오하(Rioja)를 산지명칭으로 처음 사용하기 시작하여 1933년 헤레스(Jerez, 지금의 쉐리), 1937년 말라가(Malaga), 1970년에 와인법 DO(Denominacion de Origen, 디노미나씨옹 데 오리헨, 원산지 호칭법)를 제정하여 와인의 품질관리를 법적으로 보증하였다. 프랑스가 1935년에 법을 제정한 것에 비하면 35년이나 뒤졌으나 1982년 유럽 기준에 맞춰 개정하는 등 국제 소비 기준에 맞춘 품질향상으로 국제적 신뢰와 소비층을 늘려왔다. 이후 2003년 "포도밭과 와인법령"으로 재개정되어 오늘에 이르고 있다.

이러한 법적 제도 개선은 스페인 와인의 질적 향상을 꾀할 수 있으며, 다양한 산지 개발 및 보호를 위한 실질적인 노력이라고 생각된다. 이러한 와인법으로 인해 생산자는 좀 더 품질 좋은 와인과 상위 등급을 받기 위해 많은 노력을 할 것이다.

스페인 와인법은 INDO(Instituto Nacional Denominaciones de Origen-전국 원산지 명칭 통제 협의회)와 콘세호 레귤라도르(Consejo Regulador, 원산지 명칭 조정 심의회-각 지역별로 기구를 만들어 와인의 품질관리와 원산지 명칭을 인증하는 기관) 의해 법률이 실행 및 규제되고 있다. 스페인 DO급 이상의 모든 와인에는 백레이블에 일련번호가 기재되는데 이는 각각의 등급을 보증하는 번호로 와인 통제 기관에서 발

급하는 것이다.

## 1) 생산지에 의한 등급

### (1) VdP (Vino de Pago / **비노 데 파고**)

2003년 와인에 관한 법률을 수정하면서 생겨난 등급으로 2019년 기준 19개의 Vino de Pago가 있다(en.wikipedia.org). 이는 특별한 단일 포도밭에 적용되는 등급으로서, 와이너리 단위로 토양이나 기후조건 양조 기법 등의 차별성을 인정하여 지정한 등급이다.

이는 VdP가 독특한 조건을 가지고 있는 것으로 DO나 DOCa와 구분되고, 훌륭한 품질의 와인임을 증명해 준다. 그러나 절대적으로 DO나 DOCa보다 우수하다고 단정지을 수는 없다. 실질적으로 DO나 DOCa급 와인에서 VdP와인보다 높은 품질의 와인들이 많이 생산된다. 법은 요구하는 조건만 충족되면 해당 지위를 부여할 수 있지만 와인의 맛은 또 다른 측면의 관점이기 때문이다.

### (2) DOCa(Denominacion de Origen Calificada / **디노미나씨옹 데 오리헨 깔리피까다**)

1991년 제정되었으며 제정 당시 '리오하(Rioja) 지역만 이 등급을 받았고, 2003년 쁘리오라뜨(Priorat)가 지정되었다. 리베라 델 두에로(Ribera del Duero)는 2008년 지정되었지만 현재도 DO로 생산하고 있다.

DO에서 적어도 10년 정도는 유지되어야 DOC 대상이 될 수 있으며, 생산지에서 병입되어야 하며 생산량을 제한하는 등 품질관리를 위한 규정들이 있다.

### (3) DO(Denominacion de Origen / **디노미나씨옹 데 오리헨**)

스페인 와인 산업의 기본 골격을 이루는 등급으로서 최소 수준의 품질을 법적으로 보증한다는 의미로 이해하면 된다. 프랑스 와인등급인 AOC와 같은 개념이다.

INDO에 의해서 포도의 재배와 양조과정 등에 이르기까지 규제가 따르며 규정된 규정을 준수해야 한다. 콘세호 레귤라도르(Consejo Regulador)의 규제를 받아 선정하

며 스페인 와인의 약 2/3 정도가 DO등급 와인이다.

DO등급으로 지정되기 위해서는 부여된 산지 내에서 재배된 포도만을 사용해야 하며 지정된 포도품종, 단위면적당 생산량, 양조기술, 숙성기간 등을 법이 정한 기준대로 준수해야 한다. 또, DO산지에서 5년간 품질 수준을 입증해야 정식으로 산지명칭을 표기할 수 있는데, DO 와인 산지가 지나치게 포괄적이어서 같은 지역 내에서도 품질 편차가 많은 문제점도 가지고 있다.

(4) VCIG(Vino de Calidad Con Indicacion Geografica / **비노 데 깔리다드 콘 인디까시옹 제오그라피카**)

2003년 와인법의 개정 때 새롭게 생겨난 등급이다. DO급으로 승격되기 전단계의 등급이라는 면에서는 프랑스의 VDQS와 흡사하고 와인의 질적 측면에서는 이탈리아의 IGT와인과 흡사한 개념이다.

(5) VdlT(Vino de la Tierra / **비노 데 라 티에라**)

와인 레이블에는 구체적 지역이 아닌 폭넓은 생산 지역을 표기한다. 규제가 거의 없어 생산자가 자신만의 창의성을 나타내는 와인을 만들 수 있는 장점도 있다.

(6) VdM(Vino de Mesa / **비노 데 메사**)

테이블급 와인으로서 규제가 거의 따르지 않는 와인등급이다.

## 2) 숙성 정도에 의한 등급

스페인은 와인은 품질 수준을 분류하기 위한 기준을 유럽에서 일반적으로 사용하는 산지에 의하지만, 추가로 와인의 숙성 정도를 레이블에 표기하는 스페인만의 제도를 가지고 있다. 이는 스페인 사람들의 인식과 맥을 같이 한다고 볼 수 있는데, 와인은 숙성을 오래하면 할수록 좋은 와인이라는 생각이 깊기 때문이다. 마치 우리나라에서 장은 오래 담글수록 맛이 깊다는 인식과 같은 것이다. 실제로 스페인 와인을 보면 법정 숙성기간보다 오랜 숙성기간을 거친 와인이 많이 생산되고 있다. 그만큼 스페인 와인

의 숙성력이 왕성하다는 것을 반증하는 것이다. 필자가 스페인에서 20년을 숙성한 와인을 시음했을 때 그 기운이 너무나 힘차 놀란 적이 있다. 이후로도 10~20년 이상 숙성시켜도 힘찬 기운은 그대로일 것 같았다. 스페인 와인의 잠재력을 경험하고 나면 그 화려하면서도 깊은 매력에 빠질 것이다.

### (1) 호벤(Joven)

어린 와인이란 뜻으로 포도를 수확한 이듬해에 와인으로 판매할 수 있다. 워낙 단기간에 판매하기 때문에 캐스크(Cask)에서 약간의 숙성을 하기도 하는데 이는 병입 직후 판매하기 위해서다.

### (2) 끄리안사(Crianza)

레드 와인은 최소한 24개월을 숙성시켜야 하며, 이 중 6개월 이상은 작은 오크에서 보관되어야 한다. 화이트와 로제는 최소 12개월 이상 숙성해야 한다.

다만 "리오하"와 "리베라 델 두에로"에서는 오크통 및 병입 숙성이 각각 12개월씩으로 되어있다.

### (3) 리세르바(Reserva)

선별된 좋은 와인으로서 레드 와인은 36개월 이상 숙성해야 하며, 이 중 12개월 이상은 오크 숙성해야 한다. 36개월 숙성기간 중 오크와 병입 숙성의 분배는 개별 생산자들의 개성에 따라 달라질 수 있다.

화이트와 로제 와인은 24개월 이상 숙성시켜야 하며 캐스크에서 6개월 이상 숙성시켜야 한다.

### (4) 그랑 리세르바(Gran Reserva)

특별히 좋은 빈티지의 포도로만 양조한다.  레드 와인은 최소 60개월 이상 숙성해야 하는데, 오크통 숙성이 18개월 이상이어야 한다. 화이트 와인과 로제 와인은 48개월 이상을 숙성해야 하며 오크통에서 최소 6개월 이상을 숙성해야 한다.

이와 같은 규정이 있으나 실제 리세르바나 그랑 리세르바는 일반적으로 이보다 더

긴 숙성을 하고 있는 실정이다. 이는 앞에서 언급했듯이 숙성이 길수록 좋은 와인이라는 그들의 인식 때문이다. 이렇게 긴 숙성력은 스페인 와인의 잠재성과 성장성을 가늠해볼 수 있을 것이다.

# 03

# 포도품종

스페인의 전통 포도품종은 600여 종 이상이 존재하고 있지만, 실제 와인에 사용되는 것은 70여 종이며 이 중 20여 종이 와인 생산의 80%를 차지하고 있다.

세계 와인 소비자에게 이미 익숙한 까베르네 쏘비뇽, 메를로, 쉬라, 샤도네, 쏘비뇽 블랑 등도 활발히 증가하고 있다.

## 1) 레드

① 템프라뇨(Tempranillo) : 스페인 최고급 품종으로 인정받고 있으며 백악질 토양에서 잘 자라고 부드러운 산도와 농익은 딸기 향이 감도는 매우 섬세한 와인이 만들어진다. 빨리 익는 특성이 있으며 갈수록 재배면적도 늘고 있는 품종이다.
템프라뇨는 스페인을 대표하는 품종으로, 부드럽지만 연약하지 않고 강하지만 거칠지 않은 풍성한 절제가 있는 와인이라고 생각한다.
리오하(Rioja), 리베라 델 두에로(Ribera del Duero), 토로(Toro) 및 나바라(Navarra) 등지에서 주로 사용하며 스페인 토착품종과도 블렌딩해서 훌륭한 맛을 내기도 하며 근래에는 까베르네 쏘비뇽 등과의 블렌딩으로 그 진가를 배가하기도 한다.

② 가르나챠(Garnacha) : 프랑스 남부지방에서 주로 재배하는 그르나쉬(Grenache) 품종을 말하며 스페인에서 가장 많이 재배되고 있는 품종이다.

특히 에브로(Ebro) 지방에서 많이 재배하며 구조감과 알코올이 풍부하고 약간의 스파이시한 느낌이 드는 품종이다. 쁘리오라또(Priorato)의 가르나챠 와인은 매우 훌륭하다.

③ 그라시아노(Graciano) : 아로마와 탄닌이 강해 블렌딩용으로 많이 사용한다.

④ 마쑤엘로(Mazuelo) or 까리네나(Cariñena) : 프랑스의 까리냥(Carignan) 품종으로 리오하에서는 마쑤엘로(Mazuelo)로 불리고 그밖에 지방에서는 까리네나(Carinena)로 불린다. 색상이 진하고 산도와 탄닌이 높아 템프라뇨와 블렌딩에 사용하기도 한다.

⑤ 모나스뜨렐(Monastrell) : 프랑스 남부의 무르베드르(Mourvedre) 품종을 가리키는 것으로 후미야(Jumilla)와 같은 스페인 동남부의 DO급 산지에서 많이 재배된다. 생산량이 많고 쉽게 익는 종으로 와인이 생동감 있고 과실 향과 색상이 깊다.
카탈로니아 지방에서는 스파클링 와인인 카바(Cava)를 생산하는 데 사용하기도 한다.

⑥ 알리깐떼(Alicante) : 주로 갈리시아 지방에서 재배되는 품종으로 가르나챠 띤또레라(Garnacha Tintorera)라고도 한다.

⑦ 보발(Bobal) : 스페인 남동부에서 넓게 재배되는 품종으로 색이 매우 짙고 알코올과 산도가 낮은 와인이 된다.

⑧ 멘시아(Mencia) : 스페인 북서부에서 주로 재배되는 품종으로 가볍고 신선한 와인을 만든다. 까베르네 프랑과 연관이 있는 것으로 밝혀졌다.

## 2) 화이트

① 말바시아(Malvasia) : 리오하, 나바라 지방에서 주로 재배하는 품종으로 질 좋은 고급 화이트 와인을 만든다.

② 비우라(Viura) : 까딸루냐에서는 마까베오(Macabeo)로 불리며 카바(Cava)를 만드는 기본 품종으로 사용한다. 사과 향이 풍부하다.

③ 아이렌(Airen) : 가벼운 스타일의 와인을 만들며 스페인에서 많이 재배하는 품종 중 하나이다. 발데뻬냐스(Valdepeñas)와  라 만차(La Mancha)에서 주로 재배한다.

④ 팔로미노(Palomino) : 헤레스 지역에서 쉐리와인을 빚는 데 사용한다.

⑤ **알바리뇨(Albarrino)** : 부드럽고 청과일 향이 풍부한 품종으로 혀가 살짝 쪼이는 듯한 산도가 상큼하게 다가오는 품종이다.

⑥ **뻬드로 시메네스(Pedro Ximenez)** : 당도가 높은 품종으로 쉐리와인의 올로로소 계열을 만드는 데 사용한다.

⑦ **사렐로(Xarello)** : 산도가 풍부한 품종으로 비우라(Viura) 품종과 함께 카바(Cava)를 만드는 품종이다.

# 04

# 스페인 와인 용어

- 비노(Vino) : 와인
- 비냐(Vina) : 포도원
- 블랑코(Blanco) : 화이트
- 띤또(Tinto) : 레드
- 로사도(Rosado) : 로제
- 쎄코(Seco) : 드라이
- 쎄미 쎄코(Semi-seco) : 미디엄 드라이
- 둘쎄(Dulce) : 단맛의
- 쎄미 둘세(Semi-Dulce) : 미디엄 스위트
- 코세차(Cosecha) : 빈티지
- 쎄빠(Cepa) : 포도품종
- 에스푸모소(Espumoso) : 스파클링
- 아네호(Anejo) : 'Aged'의 의미로서 '숙성시킨'
- 콘 끄리안사(Con Crianza) : 숙성된
- 신 끄리안사(Sin Crianza) : 숙성이 안 된
- 비에호(Viejo) : 오래된(old)
- 보데가(Bodega) : 와이너리 (프랑스의 샤또 개념)

– 엔가라화도 데 오리헨(Engarrafado de Origen) : 포도원에서 병입된
– 그리아도 이 엠보떼야도 포르(Criado y embotellade por) : ~에 의해 재배되고 병입된
– 엘라보라도 이 아네하도 포르(Elaborado y anejado por) : ~에 의해 양조되고 숙성된
– 벤디미아(Vendimia) : 수확
– 비노 꼬리엔떼(Vino Corriente) : 테이블와인
– y : '~와, ~과'의 뜻을 지닌 접속사

# 05

# 카바(Cava)

전통방식에 의한 스파클링 와인을 카바(Cava)라 하며 까딸루냐(Catalunya) 지방의 뻬네데스(Penedes)에서 90% 이상을 생산한다.

카바는 법적으로 9개월 이상을 숙성해야 하며 Reserva는 15개월 이상, Gran Reserva는 30개월 이상을 숙성해야 한다.

### (1) 포도품종

① 사렐로(Xarel–lo) : 삐노 누아 역할

② 마까베오(Macabeo, 비우라(Viura)라고도 함) : 삐노 뮈니에 역할

③ 파렐라다(Parellada) : 샤도네 역할

### (2) 생산지역

① 아라곤(Aragon)

② 바스크(Basque, 파이스 바스코(Pais Vasco))

③ 가스띠야 이 레온(Castilla y Léon)

④ 까딸루냐(Catalunya)

⑤ 나바라(Navarra)

⑥ 리오하(Rioja)

⑦ 발렌시아(Valencia)

위 지역의 포도만을 사용해야 하며 지역 간 블렌딩은 할 수 없다.

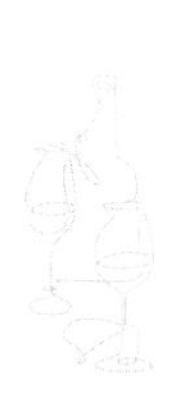

# 주요 와인 산지

수록된 세부 산지는 DO와 DOCa 산지이다.

## 1) 파이스 바스코(Pais Vasco)

스페인 북부지역으로 바스크(Basque)의 일부이다.

이 지역은 텍사콜리(Txacoli, 챠콜리(Chacoli)라고도 함) 와인으로 유명하다. 약간의 탄산이 함유된 약발포성 와인으로 드라이하며 가볍고 알코올 도수가 높지 않아 편하게 마시는 와인이다. 화이트는 혼다리비 쥬리(Hondarrabi Zuri)를 레드는 혼다리비 벨차(Hondarribi Beltza) 품종을 사용하며, 생산지역은 알라바(Alava) 등 세 지역으로 화이트를 주로 생산한다. 또, 리오하(Rioja)와 지리적 경계부근에 리오하 알라베싸(Rioja Alavesa) 산지는  파이스 바스코(Pais Vasco) 지역이지만 Rioja DOCa로 지정되었다.

스파클링 와인 CAVA도 생산하며 다음과 같은 세부 산지가 있다.

(1) 텍사콜리 데 비쓰카야(Txacolí de Bizcaia)

(2) 텍사콜리 데 게타리아(Txacolí de Getaria)

(3) 텍사콜리 데 알라바(Txacolí de Álava)

(4) 리오하 알라베싸(Rioja Alavesa) – DOCa

(5) 카바(Cava) : 스파클링 와인을 생산하는 포괄적 지역이다.

### 2) 나바라(Navarra)

스페인 자치 지방으로 파이스 바스코(Pais Vasco)와 더불어 바스크(Basque)의 일부이며, 나바라 남쪽으로 라 리오하(La Rioja)가 인접해 있다. 템프라뇨(Tempranillo), 가르나챠(Garnacha), 까베르네 쏘비뇽(Cabernet Sauvignon), 메를로(Merlot) 품종을 중심으로 고급 레드 와인이 주목을 받고 있다. 나바라(Navarra)의 비노 데 파고(Vino de Pago) 와인은 2020년 현재 파고 데 아린자노(Pago de Arínzano), 파고 데 오타쥬(Pago de Otazu), 프라도 데 이라체(Prado de Irache)가 있으며 다음과 같은 세부 산지가 있다.

(1) 나바라(Navarra)
(2) 리오하(Rioja) – DOCa
(3) 카바(Cava) : 스파클링 와인을 생산하는 포괄적 지역이다.

### 3) 라 리오하(La Rioja)

페레네산맥 남쪽에 위치하며 에브로강의 지류에 위치한 라 리오하(La Rioja)는 1925년 스페인 최초로 원산지 명칭을 사용한 지역이다. 아직 법적인 정비가 되지 않은 상태에서 지역명칭을 사용할 정도이니 이 지역의 우수성을 반증한다 할 것이다. 라 리오하에는 600개가 넘는 와이너리가 존재하며 초등학교 교과서에 리오하 명칭이 기술될 정도라고 한다.

1991년 DOCa 품계를 받았으며 템프라뇨 품종을 중심으로 스페인 와인의 자존심이라 할 것이다 리오하는 로마제국 시대부터 와인을 양조해 왔으나 오늘날과 같은 고급와인이 생산되기 시작한 것은 필록세라(Phylloxera)가 유럽을 강타한 19세기 말부터라고 할 수 있다. 필록세라의 창궐로 보르도의 유수한 양조자들은 피레네산맥을 넘어 리오하로 유입되었고 이들의 양조 기술력과 리오하 포도가 만나 지금과 같은 훌륭한 리오하 와인을 탄생시키게 되었다.

라 리오하(La Rioja)는 3개의 세부 지역으로 나뉘고 각각의 이름이 있는데, 리오하 알라베싸(Rioja Alavesa), 리오하 알타(Rioja Alta), 리오하 바하(Rioja Baja)이다.

- 리오하 알라베싸(Rioja Alavesa) : 에브로강 북부의 파이스 바스코(Pais Vasco) 지역에 위치하며, 좀 더 섬세한 맛이 나고 은은한 향이 감도는 와인을 생산한다.
- 리오하 알타(Rioja Alta) : 에브로강 남쪽에 위치하고 있으며 철분이 많은 점토로 이루어져 있다. 일반적 토양에는 비우라와 같은 화이트 품종을 심고 철분이 많아 붉은색 토양에는 템프라뇨와 같은 레드 품종을 심는다.
- 리오하 바하(Rioja Baja) : 에브로강의 남쪽, 그리고 로그로뇨의 동쪽에 위치한다. 리오하에서 생산하는 영한 와인 즉 산 비노 호벤의 대부분이 이곳에서 생산된다. 과일의 신선한 캐릭터 와인이 주로 생산된다.

(1) 리오하(Rioja) – DOCa

(2) 카바(Cava) : 스파클링 와인을 생산하는 포괄적 지역이다.

### 4) 까딸루냐(Catalunya)

이베리아반도의 북동쪽에 위치한 까딸루냐(Catalunya)는 바르셀로나가 주도인 자치지역이다. 1960~1970년대 이후 관광, 금융 등 경제가 크게 부흥하였으며, 전통적인 스페인의 문화와 가치관 등이 달라 스페인령이면서도 갈등을 겪어온 지역이다. 실패로 돌아갔지만 2017년 분리 독립을 선언하며 분쟁이 일었던 지역이다. 까딸루냐 카바(Cava) 생산지역으로 유명하며, 다음과 같은 세부 산지가 있다.

(1) 쁘리오라뜨(Priorat)

2003년 리오하 다음으로 DOCa를 받은 지역이다. 가르나챠 띤따, 까리녜나가 품종을 주로 사용하지만 까베르네 쏘비뇽, 메를로 등의 국제품종으로도 좋은 와인을 생산하고 있는 지역이다.

(2) 뻬네데스(Penedès)

Cava를 주로 생산하는 산지로서 Cava의 90% 이상을 이곳에서 생산한다.

(3) 엠포르다(Empordà)

(4) 플라 데 바제스(Pla de Bages)

(5) 아렐라(Alella)

(6) 코스테르스 델 세그레(Costers del Segre)

(7) 콘카 데 바르베라(Conca de Barberà)

(8) 타라고나(Tarragona)

(9) 몬산트(Montsant)

2000년까지 타라고나(Tarragona)의 세부 지역이었으나 2001년 독립된 DO가 됐다.

(10) 테라 알타(Terra Alta)

(11) 카바(Cava) : 스파클링 와인을 생산하는 포괄적 지역이다.

## 5) 아라곤(Aragon)

주로 가르나챠(Garnacha, (프)그르나쉬(Grenache)라고 함)를 주로 심고 있다. 파고 와인으로 파고 아일레스(Pago Aylés)가 있다. 동쪽으로 까딸루냐를 경계로 두고 있으며 다음과 같은 4개의 산지가 있다.

(1) 소몬타나(Somontano)

(2) 캄포 데 보르하(Campo de Borja)

(3) 카리녜나(Cariñena)

(4) 깔라타유드(Calatayud)

(5) 카바(Cava) : 스파클링 와인을 생산하는 포괄적 지역이다.

### 6) 마드리드(Madrid)

스페인 수도 마드리드가 있는 산지로서 마드리드 왼쪽으로 와인 산지가 형성되어 있다.

(1) 비노스 데 마드리드(Vinos de Madrid)

### 7) 가스띠야 라 만차(Castilla-La Mancha)

스페인 중부 내륙의 드넓은 와인 산지이다. 이곳의 2020년 기준 파고 와인은 다음과 같다.

- 캄포 데 라 구아르디아(Campo de La Guardia)
- 까사 델 비앙코(Casa del Blanco)
- 데하사 델 까리잘(Dehesa del Carrizal)
- 도미노 데 발데푸사(Dominio de Valdepusa)
- 핀카 엘레스(Finca Élez)
- 파고 구이호소(Pago Guijoso)
- 파고 깔자디야(Pago Calzadilla)
- 파고 플로렌티노(Pago Florentino)
- 엘 파고 데 발레가르시아(El Pago de Vallegarcía)
- 파고 로스 세릴로스(Pago Los Cerrillos)

가스띠야 라 만차(Castilla-La Mancha)의 세부 산지는 다음과 같다.

(1) 멘트리다(Méntrida)
(2) 몬데하르(Mondéjar)
(3) 리베라 델 쥬카르(Ribera del Júcar)
(4) 라 만차(La Mancha)
(5) 발데페나스(Valdepeñas)
(6) 만추엘라(Manchuela)
(7) 알만사(Almansa)

## 8) 발렌시아(Valencia)

주 포도품종은 레드는 모나스트렐(Monastrell, 무르베드르(Mourvedre)라고도 함)과 보발(Bobal), 화이트는 아이렌(Airen)을 주로 사용한다. 파고 와인은 엘 테레라조(El Terrerazo), 로스 발라구에세스(Los Balagueses), 베라 데 에스떼냐스(Vera de Estenas)가 있다. 주요 세부산지는 다음과 같다.

(1) 우티엘 레퀘나(Utiel–Requena)
(2) 발렌시아(Valencia)
(3) 알리깐떼(Alicante)
(4) 카바(Cava) : 스파클링 와인을 생산하는 포괄적 지역이다.

## 9) 무르시아(Murcia)

스페인 동남쪽에 위치한 산지로서 다음과 같은 세부 산지가 있다.

(1) 예클라(Yecla)
(2) 후미야(Jumilla)
(3) 부야스(Bullas)

## 10) 안달루시아(Andalusia)

스페인 남쪽에 있는 지역으로 쉐리가 유명하다. 다음과 같은 세부지역이 있다.

(1) 콘다도 데 우엘바(Condado de Huelva)
(2) 산루카 데 바라메다 만사니야(Sanlúcar de Barrameda Manzanilla)
(3) 쉐리(Sherry(Jerez))
헤레즈(Jerez) 지방은 우리가 잘 알고 있는 쉐리(Sherry)와인이 생산되는 지역이다. 쉐리와인은 알코올이 15.5~18%에 이르는 헤레즈 지방에서 생산되는 알코올 강화 와인이다.

지도를 보면 명칭이 세 개나 표기되어 있다(Jerez / Xeres / Sherry). 이는 헤레즈의 명칭의 변화를 보여 준다. 이 지역과 영국의 교역이 활발할 때 스페인 거주자들은 Xeres라 부르고 영국인들은 Sherry라 불렀다고 한다. 그러던 것이 세월이 흐른 후 헤레즈(Jerez)로 불리게 됐다.

쉐리와인은 백악질(Chalk)의 토양에서 재배되는 팔로미노(Palomino) 품종으로 만들어지고 주로 식전주(Aperitif)로 많이 마시며 그 강건함과 섬세한 맛이 아주 독특하다.

**Sherry Wine에 대하여**

식전주(Aperitif)로서 많은 사람들이 애용하는 쉐리와인은 화이트 와인에 브랜디를 첨가해 만든 알코올 강화 와인(fortified wine)이다.

쉐리와인은 항상 동일한 맛과 향, 품질을 유지하고 있는데 이는 쉐리만의 독특한 블렌딩(Blending) 방법인 '쏠레라(Solera) 시스템'을 거쳐 생산하기 때문이다.

쏠레라 시스템이란 동일한 스타일의 와인을 생산하기 위하여 숙성이 오래된 와인과 오래지 않은 와인을 서로 섞는 시스템이다.

쉐리와인 통을 3~4단으로 쌓고 관으로 서로 연결하여 와인이 위의 통에서 아래통으로 흐를 수 있게 한다. 아래는 오래된 와인 위로 올라갈수록 영(Young)한 와인을 쌓는다.

일정기간 숙성이 끝나면 아래통의 와인을 병입하고 그만큼의 새로운 와인을 위의 통에 부어 결과적으로 항상 같은 맛의 쉐리와인을 생산하는 것이다.

이런 쏠레라 시스템에 의한 블렌딩으로 인해 쉐리와인은 빈티지(vintage = 포도 수확연도)가 표기 되지 않는다. 쉐리와인의 스타일은 기본적으로 삐노(Fino)와 올로로소(Oloroso)로 나뉜다.

① **삐노(Fino)** : 쉐리와인의 알코올을 14.5~15.5% 사이로 만들어 오크통 숙성을 하는데 이때 오크통에 와인을 가득 채우지 않는다. 이러한 조건은 와인의 표면에 플로르(Flor, 효모층)의 번식을 유발한다. 효모층은 번식을 지속하면서 점점 두꺼워지고 자연스럽게 와인과 공기의 접촉을 차단한다. 이렇게 효모층에 갇힌 와인은 산화가 일어나지 않아 맑은 색의 드라이 쉐리와인이 만들어지며 세 가지 스타일이 있다.

Ⓐ Fino : 적당한 플로르의 드라이 타입이며 색은 투명하다.

Ⓑ Manzanilla : 플로르 층이 두꺼운 드라이 타입으로 색은 투명하다.

Ⓒ Amontillado : Traditional Amontillado(드라이 타입)과 Commercial Amontillado(스위트 타입) 두 가지 타입이 있으며 플로를 걷어 산화과정을 거치면 색이 갈색으로 변색된다.

② **올로로소(Oloroso)** : Fino와는 반대로 와인에 플로르가 생기지 못하도록 알코올을 18%로 만들어(참고로 알코올 16도 이상이면 효모가 활동을 할 수 없게 된다.) 자연스럽게 산화를 유도하여 브라운 컬러가 되게 한다. 만약 병입 전에 당을 첨가하면 스위트 올로로소 쉐리와인이 된다.
올로로소(Oloroso)는 Dry Oloroso와 Sweet Oloroso가 있다.
Ⓐ Dry Oloroso(무가당)
Ⓑ Sweet Oloroso – Amaroso(가당)
– Cream(가당)
– Brow(가당)

(4) 몬티야 모릴레스(Montilla–Moriles)

(5) 말라가(Málaga)

## 11) 에스트레마두라(Extremadura)

스페인 중서부지역으로 포르투갈과 맞닿아 있는 지역으로 다음과 같은 세부 산지가 있다.

(1) 리베라 델 과디아나(Ribera del Guadiana)

(2) 카바(Cava) : 스파클링 와인을 생산하는 포괄적 지역이다.

## 12) 가스띠아 이 레옹(Castilla y León)

이베리아 반도의 북쪽에 있는 가스띠아 이 레옹(Castilla y León)은 스페인 행정구역 17개 중 가장 큰 자치구로서 리오하에서 포르투갈까지 이어진다. 와인 산지는 듀에로 강과 함께 드넓게 형성되어 있으며, 템프라뇨 품종을 중심으로 보석 같은 와인이 많이 생산되는 지역이다.

(1) 리베라 델 두에로(Ribera del Duero)

리오하와 더불어 스페인의 최고급 레드 와인이 생산되는 지역으로 템프라뇨를 주품종으로 한 레드 와인 산지다. 해발 750~800m의 고원지대에 석회암이 풍부한 지역으로 1982년 DO를, 2006년 DOCa등급을 받은 지역이다.

리베라 델 두에로 하면 스페인 최고의 와이너리 보데가 베가 시실리아(Bodega Vega Sicilia)를 떠올리게 된다. 이 와이너리로 인해 리베라 델 두에로의 명성이 높아졌음은 누구도 부인하기 힘들 것이다. 여기서 보데가(Bodega)란 포도밭과 양조시설이 같이 있는 와이너리로서 프랑스의 샤또 개념으로 이해하면 된다.

(2) 토로(Toro)

두에로 밸리(Duero Valley) 지역의 토로는 두에로강의 지류에 위치하고 있으며 포르투갈 위쪽에 있는 지역이다. 템프라뇨를 주품종으로 보통 14% 이상의 높은 알코올과 풀바디한 와인을 생산한다. 무더운 여름 날씨로 인해 풍부한 알코올이 가능하다.

(3) 비에르조(Bierzo)

(4) 티에라 데 레온(Tierra de León)

(5) 베나벤테(Benavente)

(6) 아리베스(Arribes)

(7) 루에다(Rueda)

(8) 티에라 델 비노 데 자모라(Tierra del Vino de Zamora)

(9) 시갈레스(Cigales)

(10) 아를란사(Arlanza)

(11) 카바(Cava) : 스파클링 와인을 생산하는 포괄적 지역이다.

## 13) 갈리시아(Galicia)

스페인 서북쪽에 위치한 갈리시아는 5개의 DO산지를 가지고 있다.

(1) 리아스 바이샤스(Rías Baixas)

(2) 리베이로(Ribeiro)

(3) 리베이라 사크라(Ribeira Sacra)

(4) 발데오라스(Valdeorras)

(5) 몬테리에이(Monterrei)

## 14) 마요르카(Majorca)

지중해 서부의 섬으로 발레아릭(Balearic) 제도에서 가장 큰 섬이다.

(1) 비니살렘(Binissalem)

(2) 플라 이 예반트(Plà i Llevant)

## 15) 까나리(Canary)

대서양 북아프리카 모로코 인근에 있는 섬으로 총 7개의 섬으로 이루어진 지역이다.

(1) 라 팔마(La Palma)

(2) 엘 이에로(El Hierro)

(3) 라 고메라(La Gomera)

(4) 이코덴 다우테 이소라(Ycoden-Daute-Isora)

(5) 타코론테 아센테호(Tacoronte-Acentejo)

### TIP 샹그리아란?

"샹그리아"는 원래 스페인 가정에서 만들어 먹던 전통음료로 지금은 레스토랑 바 등에서 상품으로도 판매되고 있는 음료이다.
샹그리아는 특별한 방법이나 기술적 요소가 필요한 것도 아니고 누구나 쉽게 만들어 먹을 수 있는 음료로서 준비물은 와인과 과일만 있으면 된다.
적당한 크기의 용기에 레드나 화이트 와인을 베이스로 해서 좋아하는 과일을 갈거나 잘게 썰어서 와인과 섞으면 된다. 좀 더 단맛을 즐기려면 적당한 설탕을 첨가하면 그것으로 끝이다. 여성이 많이 참가하는 파티에 샹그리아를 내놓는다면 많은 환영을 받을 만하다. 알코올은 높지 않고 과일 향이 풍부한 달콤한 와인을 즐길 수 있기 때문이다.
또 파티가 끝났을 때 남은 와인과 과일을 이용해서 만들어도 훌륭한 음료가 될 수 있다. 와인은 비싸지 않은 일반적인 와인이면 되고 신선하고 가벼운 와인이면 좋다.
자신의 취향이나 초대 받은 사람의 취향에 맞게 다양하게 만들어 이용해 보기를 권한다.

PART 8

# 포르투갈 와인

The WINE

# 와인의 특징 및 등급

포르투갈은 작은 면적에 비해 다양한 기후를 가진 나라이다. 대서양과 맞닿은 연안 지역은 따뜻한 여름과 서늘한 겨울의 해양성 기후를 띄게 되지만 도우루(Douro)나 다웅(Dao) 같은 내륙의 산지는 무덥고 건조한 대륙성 기후이다.

이렇게 해안과 내륙의 다른 기후는 그만큼 다양한 스타일의 와인을 생산한다는 것을 알 수 있다. 포르투갈 도우루강을 따라 내륙으로 들어가다 보면 여느 나라에서 보기 힘든 와인 산지를 볼 수 있는데, 화강암 산을 계단 형태로 깎아 만든 와인 산지가 그것이다.

불모지나 다름없는 돌산을 깎아 계단을 만들고 다이너마이트로 구멍을 내 포도나무를 심는다. 비탈지고 계단 형태의 포도밭은 하나의 계단에 한두 줄의 포도나무만을 심을 수 있을 정도로 악조건이며 대부분 사람의 힘에 의존해서 포도를 재배하고 수확한다. 이곳에서 세계적인 포트와인(Port Wine)이 생산되는데 포르투갈 사람들의 열정과 수고를 볼 수 있는 광경이며 와인에 관한 이들의 긍지를 느낄 수 있는 풍경이다.

포르투갈은 1987년 EU에 가입한 나라로서 가입 이후에 근대화에 박차를 가한 나라이다. 와인 산업에서도 이 시기 후 양조나 포도밭에 투자가 활발히 증가하고 있다.

중요 포도 산지는 서북부의 미뇨(Minho)와 도우루(Douro) 지역, 북부 중앙지대의 다웅(Dao), 남부 리스본의 주변 그리고 대서양에 있는 아열대의 마데이라(Madeira)섬까지 널리 분포되어 있다.

# 1. 와인 등급

포르투갈에는 3단계의 품질등급을 사용하고 있다.

### (1) DOC(Denomonacao de Origen Controlada, 데노모나또 지 오리진 꼰뜨롤라다)

DOC 또는 유럽 기준인 DOP로 표기되는데 지정된 지역에 지정된 품종으로 양조해야 하며 최대 수확량 등을 엄격히 규제하고 있다. 현재 31개의 DOC(DOP)가 있다.

### (2) 비뉴 헤지오날(Vinho Regional)

Vinho Regional 또는 IGP로 표기하며 현재 14지역에 등급이 지정되어 있다. DOC(DOP)에 비해 규제가 덜하여 좀 더 창의적인 와인을 만들 수 있다.

### (3) 비뉴(Vinho)

포르투갈의 테이블급 와인이다.

02

# 와인용어

- Vinho(비뉴) : 와인
- Tinto(틴토) : 레드
- Branco(브랑코) : 화이트
- Rosado(호사도) : 로제
- Quinta(퀸타) : 와이너리
- Castas(까스타스) : 포도품종
- Colheita(콜제이타) : 수확연도
- Garrafado(가하라파도) : 병입
- Superior(수페리오르) : 알코올이 기준보다 높은(약 1% 이상)
- Seco(쎄코) : 드라이(Dry)
- Doce(도스) : 스위트(Sweet)
- Tambor(탐보르) : 배럴
- Adega(아데가) : 와인셀러
- Velho(벨료) : 숙성와인(통상 2~3년)
- Reserva(헤제르바) : 단일 연도에 수확한 포도로 양조하고 전문 시음평가단의 심사를 받아야 한다. 또한 DOC와인은 법이 정한 최소 알코올 도수보다 높아야 한다.

– Garrafeira(가하페이라) : 리제르바 규제사항을 충족하고 추가적으로 일정기간 이상 숙성을 해야 하는데 레드 와인은 캐스크에서 2년 이상, 병입 후에 추가로 1년 이상 숙성해야 하며 화이트 와인은 캐스크에서 6개월 이상, 추가로 6개월 이상 병입 숙성해야 한다.

# 03

# 포르투갈 와인 산지

## 1. 와인 산지

### 1) 트랜스몽타노(Transmontano)

포르투갈 북동쪽에 위한 산지로서 유명한 브랜드는 마테우스(Mateus)가 있다. 세미 스위트(semi-sweet)하고 약발포성(semi-sparkling)인 로제 와인이다.

① 샤비스(Chaves)

② 발파쏘스(Valpaços)

③ 플란날토 미란데스(Planalto Mirandês)

### 2) 도우루(Douro)

도우루는 도우루강을 따라 형성된 계단식 포도원에서 포르투갈의 대표적 와인인 포트와인(알코올 강화와인)을 생산한다. LBV Port, Vintage Port 등 다양한 포트와인이 생산되고 있다. 베네피시오(beneficio, 포트와인의 생산을 조절하는 기구)의 통제에 따라 허가된 양만큼만 포트와인을 생산하고 나머지는 일반 화이트와 레드 와인을 생산한다. 최근 들어 포르투갈의 스틸 와인이 와인시장에서 매우 호평 받고 있으며 값비싼

와인도 다양하게 생산되고 있다. 세부 생산지는 다음과 같다.

① 도우루 수페리오르(Douro Superior)
② 시마 코고(Cima Corgo)
③ 바이슈 코고(Baixo Corgo)

### 3) 미뉴(Minho)

미뉴 베르지(Vinho Verde) 와인을 많이 생산하는데 품종은 알바히뇨(Alvarinho) 화이트 품종이다. Vinho Verde를 영어로 하면 그린 와인(Green Wine)이라고 할 수 있다. 포도가 완숙하기 전에 수확해서 산도는 높고 드라이하며 색상이 옅은 그린색을 띈다.

① 리마(Lima)
② 까바도(Cavado)
③ 아비(Ave)
④ 아마란테(Amarante)
⑤ 쏘우사(Sousa)

### 4) 다옹(Dão)

또우리가 나쇼날(Touriga Nacional) 품종으로 레드 와인을 주로 생산한다. 물론 화이트 와인도 생산한다. 산지는 다음과 같다.

① 카스텐도(Castendo)
② 씰게이루스(Silgueiros)
③ 떼허스 드 아주라라(Terras de Azurara)
④ 떼허스 드 센효림(Terras de Senhorim)

### 5) 떼허스 드 씨스터(Terras de cister)

듀에로강 남쪽으로 형성된 산악지역으로서 낮과 밤의 기온차가 많이 난다. 이러한 지역적 특성으로 산도가 높은 스파클링 와인을 많이 생산한다.

① 따보래 발호사(Tavora–Varosa)

### 6) 베이러 아또앙티코(Beira Atlântico)

① 바이하도(Bairrado)
② 씨코(Sico)

### 7) 베이러 인테리오르(Beira Interior)

① 가스텔로 호드리고(Castelo Rodrigo)
② 삔헬(Pinhel)
③ 꼬바다 베이러(Cova da Beira)

### 8) 리스보아(Lisboa)

① 인꼬스타스 지 알리(Encostas de Aire)
② 로우히냐(Lourinha)
③ 오비도스(Óbidos)
④ 또히스 베르라스(Torres Vedras)
⑤ 알린케(Alenquer)
⑥ 아후다(Arruda)
⑦ 부쎌러스(Bucelasnd)
⑧ 골라리스(Colares)
⑨ 카르카벨로스(Carcavelos)

## 9) 떼조(Tejo)

① 알메이림(Almeirim)
② 카르탁소(Cartaxo)

## 10) 쎄뚜발(Setubal)

① 빨멜라(Palmela)
② 쎄뚜발(Setubal)

## 11) 알렌떼죠(Alentejo)

코르크를 생산하는 산지로도 유명한 알렌떼죠는 대륙성 기후로서 강수량은 낮고 여름은 무더운 날씨를 보이는 지역이다. 햇살이 캘리포니아와 비슷하게 뜨거워 와인에서 풍부한 과실 향이 많다. 리스본 남동에서 스페인 국경까지의 넓은 평야로 이루어진 산지를 말한다.

① 뽀탈레그리(Portalegre)
② 볼버(Borba)
③ 에보라(Évora)
④ 헤돈도(Redondo)
⑤ 헤게인고스(Reguengos)
⑥ 그랸샤 아말렐레자(Granja–Amareleja)
⑦ 비디게이라(Vidigueira)
⑧ 모우라(Moura)

## 12) 알가르비(Algarve)

① 라고스(Lagos)

② 뽀르티마오(Portimão)

③ 라고아(Lagoa)

④ 따비라(Tavira)

## 13) 마데이라(Madeira)

마데이라는 화산섬으로 포르투갈에서 멀리 떨어진 아프리카 모로코 서쪽 해안 약 640km 떨어진 곳에 있다. 마데이라가 처음 만들어지게 된 동기는 이곳이 섬이어서 선원들의 중간 보급지 역할을 한 데서 시작한다. 이곳 와인을 싣고 오랜 항해를 하다보면 와인이 변질되는데, 이를 극복하고자 브랜디나 주정을 넣어 알코올을 강화했던 것이다. 알코올이 강화된 와인은 적도의 뜨거운 기후와 만나 달콤새콤하고 독특한 와인으로 변하게 되는데, 이것이 오늘날 마데이라가 탄생하게 된 배경이다. 현재도 마데이라를 만들 때는 와인을 데워서 공기에 노출시키는 방식을 택하고 있다. 마데이라가 처음 만들어질 때 적도를 지나는 환경울 연출하고자 함이다.

와인의 맛은 포트와인과 마찬가지로 와인에 주정을 첨가하는 시점을 조정해서 잔당에 의한 단맛을 조절하고, 숙성 방식은 와인의 수준에 따라 에스투파젬(Estufagem)방식과 깐테이루(Canteiro) 방식이 있다.

### (1) 숙성방식

① 에스투파젬(Estufagem) : 좀 더 빠른 숙성을 유도하는 방식으로 에스투파(Estufa, 스토브 같은 가열장비)를 이용한다. 뜨거운 물이 흐를 수 있는 배관이 설치된 스테인리스 와인 저장 통에 알코올이 강화된 와인을 넣고 섭씨 50도 정도의 물을 지속적으로 흐르게 하는 방법이다. 이 방법으로 45도 이상의 고온으로 3개월 정도 숙성한 후 2~5년 정도 오크 숙성한다.

② 깐테이루(Canteiro) : 깐테이루는 선반을 의미하는 말로서 고급 마데이라를 생산할 때 쓰는 방식이다. 주정 강화 와인이 담긴 오크통을 선반에 층층이 쌓아두고 오랜 시간 숙성시키는 방식이다. 보통 3층 전후되는 높이의 건물에 선반을 설치하고 와인이 담긴 오크를 진열한다. 맨 위의 오크는 지붕의 열을 고스란히 받는

구조이다. 낮의 뜨거운 열기와 밤의 서늘한 기후가 교차하면서 깊은 향미가 배게 되는데 10년 이상을 숙성하기도 한다. 처음 와인은 맨 윗단에 배치하고 일정 시간이 자나면 한 층씩 내려 가장 아래로 왔을 때 병입하는 방식이다.

### (2) 포도품종

마데이라는 포도품종이 레이블에 표기되며, 표기되기 위해서는 해당 품종을 85% 이상 사용해야 한다.

① 세르시알(Sercial) : 화이트 품종으로 가장 드라이(Seco)하고 연한 호박색의 아몬드 아로마가 특징이다. 식전주로 안성맞춤이다.

② 베르델뇨(Verdelho) : 화이트 품종으로 세르시알에 비해 미디엄 드라이(Meio-Seco)하며 색은 좀 더 진하다.

③ 부알(Bual) : 화이트 품종으로 다른 품종에 비해 일찍 수확하며 미디엄 스위트(Meio-Doce) 맛이다. 디저트 용으로도 가능하다.

④ 맘지(Malmsey) / 말바시아(Malvasia) : 화이트 품종으로 스위트(Doce)한 마데리아를 만들며 감미로운 디저트 와인으로 어울린다.

⑤ 틴타 네그라 몰리(Tinta Negra Mole) : 레드 품종으로 대중적인 마데이라를 만든다. 와인 레이블에 포도품종이 표시되지 않은 와인은 대부분 틴타 네그로 몰리로 만든다. 대중적 레드 품종인 바스타르두(Bastardo)도 있다.

# 04

# 포트와인(Port Wine)

포트와인(Port Wine)은 통상 알코올 도수를 18~20도로 높게 한 감미가 있는 알코올 강화 와인(fortified wine)을 말한다.

포트와인의 이름은 도우루강과 대서양이 만나는 지점에 있는 아름다운 항구도시 오포트(Oporto)에서 유래되었다.

포르투갈은 Oporto항을 통해 영국으로 와인을 수출하는데 운송하는 기간에 와인의 변질을 막는 것이 큰 관건이었다. 그래서 고안해낸 것이 와인에 브랜디를 첨가하여 변질을 막는 방법이었는데 이것이 오늘날 포르투갈을 대표하는 포트와인의 시작인 것이었다.

프랑스 와인을 즐기던 영국인들은 프랑스와 백년전쟁을 하면서 와인을 제대로 공급받지 못하게 되자 포르투갈 와인을 수입하게 된다. 그런데 운송 중 발생하는 와인의 변질이 항상 문제가 되었다. 이를 해결하고자 와인에 브랜디를 첨가했던 것이다.

내륙에서 생산된 와인들은 수출을 위해 도우루강을 따라 Oporto의 항구에 모여 야적되는데 이때부터 포트와인이라는 말을 사용하게 되었다.

## 1. Port Wine의 스타일

포트와인은 주로 도우루 밸리(Douro Valley)에서 생산하는 와인으로 자연적인 발효가 끝나기 전에 알코올을 첨가해 발효를 멈추게 하여 남은 잔당으로 인해 스위트하게 된다.

포트와인의 대부분은 레드 품종으로 스위트하며 다양한 블렌딩과 알코올 첨가 그리고 오랜 숙성으로 인해 포도의 특성은 거의 사라진다. 따라서 포트와인의 포도품종의 의미는 그리 크지 않다고 할 수 있다.

## 2. 색에 의한 구분

포트와인은 색에 의해 Ruby port와 Tawny port로 크게 구분할 수 있다.

### 1) 루비 포트(Ruby port)

사이즈가 큰 오크통에서 숙성시킨다. 와인은 숙성 중에 자연스럽게 증발하는데 이때 증발된 양만큼 계속해서 채워 주는 방식이다. 이렇게 하면 공기와 와인이 닿는 면적이 적어져 산화를 더디게 한다. 또 큰 통을 사용하여 숙성하는 이유도 양적으로 많게 하여 산화 속도를 더디게 하고자 함이다.

### 2) 타우니 포트(Tawny port)

Ruby port와는 반대로 작은 통에서 숙성하며 와인이 증발되어도 증발량을 채워주지 않아 산화를 유도하여 색을 짙게 한다. 즉, 포트와인의 색이 달라지는 것은 산화에 의한 것이며, 색상을 위해 포도가 충분히 농익어야 하며, 발효 전 충분한 침용이 필요하다.

### 3) 포트와인 스타일

#### (1) 화이트 포트(White Port)

청포도로 만들며 dry에서 Sweet까지 만들며 골드 색상이다. 스위트 포트의 경우에는 단맛의 정도를 레이블에 표시해야 한다. Non Vintage이며 2~3년의 오크통 숙성을 거친다.

#### (2) 루비 포트(Ruby Port)

Non Vintage이며 맛이 달고 심플하다. 1~2년 정도의 숙성을 가진다.

#### (3) 리저브 루비 포트(Reserve Ruby Port)

Non Vintage이며 Reserve Ruby Port라고 레이블에 표기된다. 5년 이상 숙성하고, 여과하기 때문에 병입되면 더 이상의 숙성은 없다.

#### (4) 타우니 포트(Tawny Port)

루비 포트와 화이트 포트를 블렌딩해서 만든다.

#### (5) 리저브 타우니 포트(Reserve Tawny Port)

7년 정도의 숙성으로 매우 부드럽다.

#### (6) 빈티지 타우니 포트(Tawny Port with an Indication of Age)

숙성기간이 10, 20, 30, 40년 단위로 나타난다. 숙성기간을 레이블에 나타내려면 와인 저장고에 충분한 재고가 있음을 입증해야 한다. 또 숙성기간은 최소치가 아니라 평균치이며 와인의 맛을 일정하게 유지하게 하기 위함이다. 또 반드시 병입 연도를 표기해야 하는데 이는 병입 후 장기간 숙성으로 인해 신선도가 떨어질 수 있기 때문이다. 따라서 병입 후의 와인은 빨리 마시는 것이 좋다.

### (7) 크러스티드 포트(Crusted Port)

고급 루비 와인으로서 디켄팅이 필요한 와인이다. 영한 와인을 병입하여 숙성하며 병입할 때 여과도 하지 않아 침전물이 남는다.

### (8) LBV(Late Bottled Vintage Port, 레이트 바틀드 빈티지 포트)

단일 수확연도의 포도로 만들어지지만 Vintage Port처럼 특별한 해를 정해야 하는 것은 아니다. 4~6년 정도 숙성하며 수확연도와 병입연도를 표시한다.

전통적 스타일의 LBV : 4년간의 숙성 후 여과하지 않고 병입한다(디켄팅 필요).

현대적 스타일의 LBV : 6년 정도 숙성 후 여과하여 병입한다.

### (9) 꼴헤이타 포트(Colheita Port)

단일 수확연도의 포도로 만들며 최소 숙성기간은 8년이지만 일반적으로 이보다 오래 숙성시킨다. 레이블에 수확연도, 병입연도를 표시한다.

### (10) 빈티지 포트(Vintage Port)

엄선된 포도밭에서 특정 해의 포도로 만들며 포트와인 중 가장 오래 보관할 수 있다.

이 와인을 만드는 회사들은 자신들이 생산연도를 스스로 정할 수 있다. 수확 후 2년이 지나면 병입하고 보통 20년은 경과해야 제 맛이 난다.

### (11) 단일 포도밭 빈티지 포트(Single Quinta Vintage Port)

포트와인을 생산하는 회사가 소유하고 있는 대표적인 단일 포도밭의 포도로 빈티지 포트처럼 생산한다.

(Quinta : 포도밭과 양조장을 갖고 있는 곳)

PART 9

# 헝가리 와인

The WINE

# 토카이 와인 품질등급

헝가리는 이미 10세기경부터 와인이 생산되었고 16세기 중반에 토카이(Tokaj) 귀부 와인이 생산되면서 유명세를 타기 시작했다. 1893년에 원산지 호칭 제도가 법적으로 시작되었고 현재 22개 산지에서 와인이 생산되고 있다.

특히 토카이(Tokaj)는 2002년 토카이 와인 역사 문화경관으로 유네스코 세계 문화유산에 등재된 곳으로 전통적인 포도 재배 방식이 현재까지도 잘 유지되고 묘사되도 있다. 와인 레이블에 와인 산지를 표기할 때는 마을 이름 뒤에 "i"를 붙인다. 마을 명칭의 토카이(Tokaj)이고 산지 명칭의 토카이(Tokaji)이다.

## 1. 토카이 와인 품질등급

### 1) 토카이 써모로드니(Tokaj Szamorodni)

잔당이 90g/L 미만의 일반적 와인에 부여되는 등급으로 세미 스위트 타입과 드라이 타입이 있다.

## 2) 토카이 아수(Tokaji Aszú)

아수(Aszú)는 귀부 포도를 말한다. 토카이 지방에서 귀부 와인에 부여하는 등급으로 귀부 포도를 수확하여 일주일 정도 보관했다가 140L의 오크통에 일반 와인과 함께 혼합해서 만든다. 이때 140L의 오크통에 몇 푸톤(Putton)의 귀부 포도가 혼합되느냐에 따라 품질이 달라진다. 푸톤은 헝가리어로 푸토뇨쉬(Puttonyos)라고 하는 20L의 바구니로서 포도 수확 시 운반도구로도 활용되며, 귀부 포도를 이 푸토뇨쉬를 기준으로 몇 통 포함했느냐가 등급 기준인 것이다.

① 아수 3 프토뇨쉬(Aszu 3 Puttonyos) : 잔당 60g/L 이상
② 아수 4 프토뇨쉬(Aszu 4 Puttonyos) : 잔당 90g/L 이상
③ 아수 5 프토뇨쉬(Aszu 5 Puttonyos) : 잔당 120g/L 이상
④ 아수 6 프토뇨쉬(Aszu 6 Puttonyos) : 잔당 150g/L 이상
⑤ 토카이 아수 에센시아(Tokaji Aszú Eszencia) : 아수 7 푸토뇨쉬 즉, 100% 아수로만 만든 와인이다.
⑥ 토카이 에센시아(Tokaji Eszencia) : 아수 포도를 으깬 다음 1주일 정도 지난 뒤 압착 없이 흘러내리는 주스만으로 만든 토카이에서 가장 귀한 와인이다.

02

# 토카이 와인 포도품종

## 1. 프루민트(Furmint)

화이트 품종으로 산도가 높고 귀부에 잘 걸리는 품종이다. 토카이 와인은 주로 이 품종으로 만든다.

## 2. 하르슐레벨뤼(Harslevelu)

귀부는 프루민트만큼 잘 걸리지 않지만 풍부한 산도와 깊은 향이 있다.

PART 10

# 신세계 와인

The WINE

# 구세계 와인과 신세계 와인

## 1. 구세계 와인의 특징

구세계 와인은 프랑스, 이탈리아, 독일, 스페인, 포르투갈 등 유럽 국가의 와인들을 일컫는다.

이들은 오랜 역사와 양조 기술을 토대로 일찍부터 세계 와인시장에 진출해 있었고, 법과 제도적으로 잘 정비되어 체계적인 관리와 생산이 이루어지고 있다. EU에서는 AOP 법을 제정하여 운영하고 있으며 EU 각국은 기존의 자국의 와인법과 함께 혼용하여 사용하고 있다.

와인 레이블에 산지를 표기할 수 있는 범위도 품질에 따라 달리하며, 특정지역에서는 특정 포도품종만을 재배해야 한다는 규정, 와인을 블렌딩할 때 품종의 범위를 지정해 놓는 규제들이 있다. 이외에 생산자별 등급이 있는 등 매우 세분화되고 법적통제가 다양하게 이루어지는 특징이 있다.

구세계 와인의 특징은 해마다 포도 작황이 일정치 못하다. 일조량, 강수시기 등에 따라 포도의 작황상태가 달라지는데 이는 곧바로 와인의 품질과 직결된다. 유럽와인의 빈티지가 강조되는 이유가 여기에 있다. 빈티지라 하면 어느 해의 포도로 와인을 양조했는지를 알기 위해 와인 레이블에 붙이는 포도수확 연도를 말한다.

## 2. 신세계 와인의 특징

신세계 와인은 캘리포니아, 칠레, 아르헨티나, 호주 뉴질랜드, 남아공 등 비유럽 와인들이다.

이들의 특징은 각 나라별로 와인법이 있지만 구세계처럼 통제적이지 않다. 따라서 양조자의 의지에 따라 와인을 창의적으로 생산해낼 수 있다. 또한 대규모로 생산이 가능해 가격경쟁력을 확보할 수 있다는 점과 각 와이너리가 가지고 있는 특징들을 소비자의 트렌드에 맞게 전환하기가 용이하다는 장점이 있다.

이는 포도나무의 개종과 블렌딩의 다양화가 그만큼 쉽다는 것을 말한다. 또한 와인 레이블의 이해가 쉽다는 점에서 소비자의 선택을 우선할 수 있는 장점이 있다.

## 3. 신·구세계 와인의 맛의 차이

유럽와인의 특징을 한마디로 요약한다는 것은 전문적으로는 어렵다. 각 지역의 토양과 기후가 각기 다르기 때문이다.

일반적으로 프랑스의 까베르네 쏘비뇽하면 상당히 탄닌이 높고 무겁게 느껴질 것이다. 하지만 캘리포니아의 까베르네 쏘비뇽하면 그에 비해 마일드하게 느껴진다. 같은 품종의 칠레와인 하면 색이 진하고 약간의 감미마저 느껴지는 듯하다.

왜일까?

레드 와인의 색과 탄닌과 알코올수준은 근본적으로 품종에 따라 기인하지만 기후적인 조건이 많이 좌우한다. 신세계 와인 산지의 특징은 기온이 높고 공기 순환이 잘되며 일기의 변화가 해마다 비슷하다. 기온이 높다는 것은 포도가 잘 익어 색소가 풍부하고, 당이 높아 알코올은 높고 탄닌은 유연해지는 특징이 있다. 또 와인 산지의 고도에 의해 포도 생육의 이상적인 조건을 충족시켜주고 있어 구세계 와인에 비해 부드럽다.

## 4. 신·구세계 와인의 레이블 차이

소비자는 와인을 고를 때 레이블이 주는 정보에 의해 선택하게 된다.

구세계 와인은 법에 의해 등급체계, 지역 구분, 제조 회사 등 많은 정보들이 표기된다. 따라서 구세계 와인을 이해하기 위해서는 유럽 각국의 와인법을 이해해야 한다. 구세계 와인을 처음 대하는 사람들의 어려움이 여기에 있다.

신세계 와인 레이블은 매우 심플하다. 포도품종, 회사 이름(아니면 지역명) 정도면 와인을 이해하는 데 별 무리는 없을 것이다. 이는 그만큼 규제가 따르지 않는다는 것을 역설하는 부분도 된다.

# 02

# 미국(USA) 와인

미국은 세계 4위의 와인 생산국이자 3위의 소비국으로서 세계 와인 산업에서 중요한 위치를 담당하고 있다.

와인 산지는 대부분 해안가에 위치한 캘리포니아, 오리건, 워싱턴, 뉴욕주에 위치하며 그중에서도 캘리포니아가 전체 생산량의 90%를 차지하고 있다.

캘리포니아에 처음 와인이 소개된 것은 스페인 세라 신부가 샌디에이고에 인디언들의 선교목적으로 선교원을 세우면서부터 시작됐다고 볼 수 있다. 선교사들은 1769년 선교원을 세웠고 미사를 목적으로 1779년부터 와인을 양조했다.

와인이 상업용으로 양조되기 시작한 것은 이로부터 40여 년이 지난 1824년경이다. 미국 와인이 태동해서 오늘날에 이르기까지 짧은 역사를 가졌지만 그중 중요한 변곡점은 아마도 금주령일 것이다.

미국은 1861년부터 1865년까지 남북전쟁을 치른다. 이후 농경 국가로서의 틀이 깨지고 산업 국가로서 변화가 시작된다. 급하게 진행되는 산업화는 짧은 시간에 삶의 터전이 도시화되어갔다. 새로운 도시들은 주점과 유흥업이 늘어났고 알코올은 골치 아픈 사회적 문제가 되었다. 급기야 청교도에 의한 금주 운동이 일어나는 등 음주를 법으로 규제해야 한다는 의견이 대두되기 시작했고 1919년 금주법은 승인되었다.

1920년부터 발효된 이 법은 1933년까지 13년간 시행됐다. 이후 1933년 주 정부에서는 이 법을 해제하지만, 19개의 주에서는 계속 유지시켰으며 1966년 미시시피주를

마지막으로 완전히 해제된다. 이러한 역사적 배경 때문에 미국 와인이 세계시장에 뒤늦게 진출하게 되었다.

1960년대 이후 시작한 와인산업은 과학의 나라답게 과학적인 방법을 도입하여 유럽의 전통적인 와인 제조 과정을 개선하면서 새로운 포도재배와 양조에 대한 학문을 정립하고 와인산업을 급속히 발전시켰다. 아마도 현시점에서 프랑스 와인을 능가할 수 있는 나라는 미국이 아닐까 생각한다.

이 같은 변화를 가장 잘 보여주는 한 곳이 캘리포니아(California)주 샌디에이고(San Diego)에 소재한 유시 데이비스(UC Davis)대학의 와인 관련 학과다. 세계 최고의 와인관련 학과로 이미 평가받고 있으며 와인의 과학화를 선도하고 있다.

와인 생산에 과학의 접목은 소비의 트렌드를 반영할 수 있어 현대 와인의 중요한 요소로 자리 잡고 있다. 포도의 특성과 토양 및 기후의 특성을 조화시킨다든지 생산량을 조절한다든지, 효모의 배양이나 와인 발효과정에 관여하여 맛을 조절하는 것 등이다.

이러한 상황에 힘입어 나파 밸리에서는 1960년에 25개의 포도원이었던 것이 1970년대엔 40여 개, 다시 1980년대엔 포도원과 재배면적이 3배나 증가하게 된다.

미국 와인은 1970년대부터 비약적인 발전을 이룩하여 2000년대 이후 황금기가 시작되었다.

미국 와인은 질적 고급화를 추구하는데 이의 초석이 된 와이너리가 로버트 몬다비(Robert Mondavi)이다. 로버트 몬다비는 1966년 그의 나이 54세 때 캘리포니아 나파 밸리에 금주법 이후 최초로 와이너리를 만들었다. 스텐포드대학교를 졸업한 그는 1962년 프랑스를 여행하면서 고급와인이 부상할 것이라는 예견을 하고 과학적 개념의 고급 와인을 생산하는 와인너리를 만들었으며 생산한 와인명에 포도품종을 표기하기 시작했다.

그 당시 미국 와인시장은 아주 초보적인 상태로 고급와인의 수요도 없었고 단순히 프랑스의 고급와인을 따라 갈 수만 있다면 하는 상태였기 때문에 로버트 몬다비의 시도는 매우 의미 있는 일로 받아들여진다.

천혜의 환경과 인간의 노력으로 미국 와인은 1980년대 이후 세계 시장을 노크하며 급성장하게 된다. "더 이상 프랑스 와인을 모방할 필요는 없다. 와인은 과학이다"라는 신념으로 미국만의 개성 있는 와인이 생산된다.

실제로 미국 와인을 평가할 때 어느 지역에서 생산되었는가보다 어떤 회사가 만들었는지가 더 중요한 평가 요소가 되고 있다. 그만큼 양조 기술력을 중시하는 것이다. 와이너리의 명성이 와인의 명성과 동일시되고 있다고 할 수 있다.

이처럼 미국 와인의 성장잠재력은 좋은 땅과 학문이 뒷받침되는 과학적인 양조기술 그리고 엄청난 자본력에 있다고 하겠다. 앞으로 프랑스 와인을 능가할 와인이 캘리포니아에서 많이 나올 것이란 기대도 이러한 것에 기인한다.

## 1. 미국의 와인법

미국 와인법은 유럽의 와인법처럼 구체적이거나 복잡하지 않다. 다른 신세계 와인과 마찬가지로 품질로 시장에서 평가받는다. 특별한 등급체계는 없고 와인 산지의 범위와 품종의 표기 등을 정하는 정도인데 AVA(American Viticultural Areas : 포도 재배 지역)이다.

1) 품종을 표기하기 위해서는 해당 품종을 75% 이상 사용해야 한다.
   (예외, 오리건주 95%, 워싱턴주 85% 이상)
2) 산지 명칭을 표기하기 위해서는 해당 산지에서 생산된 포도를 85% 이상 사용해야 한다. (예외, 캘리포니아주, 오리건주, 워싱턴주 100%)
3) 빈티지를 사용하기 위해서는 해당연도의 포도를 95% 이상 사용해야 한다.

## 2. 주요 포도품종

1) Cabernet Sauvignon : Napa, Sonoma 등에서 주로 재배
2) Merlot : Napa, Sonoma, Monterey 등에서 주로 재배
3) Pinot Noir : Sonoma, Oregon 등에서 주로 재배
4) Zinfandel : 캘리포니아 고유 품종으로 Sonoma, Sierra, Foothills, Santa Cruz 등에서 주로 재배
5) White Zinfandel : Central Valley에서 주로 재배
6) Chardonnay : Carneros, Sonoma, Monterey 등에서 주로 재배
7) Sauvignon Blanc : Napa 등에서 주로 재배

## 3. 와인 산지

### 1) 캘리포니아(California)

캘리포니아는 북에서 남으로 1,300km 해안을 따라 길게 뻗어 있으며 포도밭들도 대부분 이를 따라 길게 자리 잡고 있다. 미국 와인의 90%를 생산하는 최대 생산지이자 최고의 생산지이다.

캘리포니아 와인 산지는 양질의 와인을 생산하기 위한 토양, 뜨거운 햇빛, 낮과 밤의 기온 차 등의 환경이 절묘하게 갖추어져 있다. 특히 캘리포니아와 맞닿아 있는 태평양 해류는 아침마다 안개를 형성해 수분을 공급해주고, 해풍으로 인해 기온 차를 만들어주는 등 포도가 생육할 수 있는 최적의 조건을 제공하고 있다. 캘리포니아 와인의 정교한 밸런스와 깊은 맛은 이러한 떼루아 영향일 것이다.

#### (1) North Coast AVA

① North Coast : 노스 코스트 전 지역이다.
② Clear Lake : AVA는 다음과 같다.

– High Valley

– Big Valley District

– Kelsey Bench

– Red Hills

③ Mendocino : AVA는 다음과 같다.

– Redwood Valley

– Potter Valley

– Mendocino Ridge

– Anderson Valley

④ Napa Valley

샌프란시스코 북쪽에 자리한 나파 밸리는 미국에서 가장 유명한 포도재배 지역으로 캘리포니아에서 가장 비싸고 가장 권위 있는 와인으로 평가받는다. 이 지역의 규모는 명성에 비해 대단히 작은 편으로 캘리포니아 전체의 4% 정도를 차지한다.

나파 밸리는 와인 산지로서 가장 이상적인 떼루아를 가졌다. 태평양의 해풍과 샌파블로만에서 발생하는 안개의 영향으로 낮에는 햇빛이 충분하고 밤에는 선선한 기후를 유지하여 포도가 매우 건실하게 익어간다.

나파 밸리 와인을 생산하는 주요 와인 생사자는 베린저(Beringer), 클로뒤발(Clos du Val), 도미너스(Dominus), 하이츠와인셀러(Hietz Wine Cellars), 조셉 펠프(Joseph Phelps), 로버트 몬다비(Robert Mondavi), 쉐퍼(Shafer), 스테그립 와인셀러(Stag's Leap Wine Cellars) 등 수많은 생산자가 있다.

나파 밸리에서 가장 유명한 와인이라면 오프스 원(Opus One)을 꼽을 것이다. 로버트 몬다비(Robert Mondavi Winery)의 가장 훌륭하고 세계적으로도 유명한 오프스 원(Opus One)은 미국과 프랑스의 대표격 와이너리인 로버트 몬다비와 샤또 무똥로쉴드가 합작하여 만든 작품이다. 1970년 하와이에서 로버트 몬다비와 바론 필립 로쉴드(Baron Philip Rothschild)가 만나 바론 필립이 먼저  합작을 제의했다.

1978년 바론 필립이 로버트 몬다비를 보르도에 초청, 합작의 기본 원칙이 합의가 되었고 1979년 무똥 로쉴드의 와인 양조자 루시앙 시오노(Lucien Sionneau)와 로버트 몬다비의 티모시 몬다비(Timothy Mondavi)의 합작하에 첫 빈티지 와인을 로버트 몬다비 양조장에서 만들었다. 1980년 로버트 몬다비와 샤또 무똥 로쉴드의 남작 필립 로쉴드가 역사적인 합작을 공식적으로 발표, 50대 50의 자본 합작으로 Opus One(오푸스 원)이 탄생하였다.

Opus One은 양 합작사의 대표들이 프랑스와 미국에서 쉽게 인지할 수 있는 라틴어원의 이름을 원해 만들어진 이름이다. 남작 필립이 음악 용어인 작품(Work)이란 뜻의 "Opus"라는 단어를 선택하였고 이틀 뒤 여기에 "One"이란 단어를 덧붙였다. 즉, Opus One이란 작품 1번이란 뜻이다.

나파 밸리의 대표적 AVA는 다음과 같다.

- Napa Valley
- Howell Mountain
- Chiles Valley
- Atlas Peak
- Coombsville
- Calistoga
- Diamond Mountain District
- Spring Mountain District
- St. Helena
- Rutherford
- Oakville
- Yountville
- Stags Leap District
- Oak Knoll District

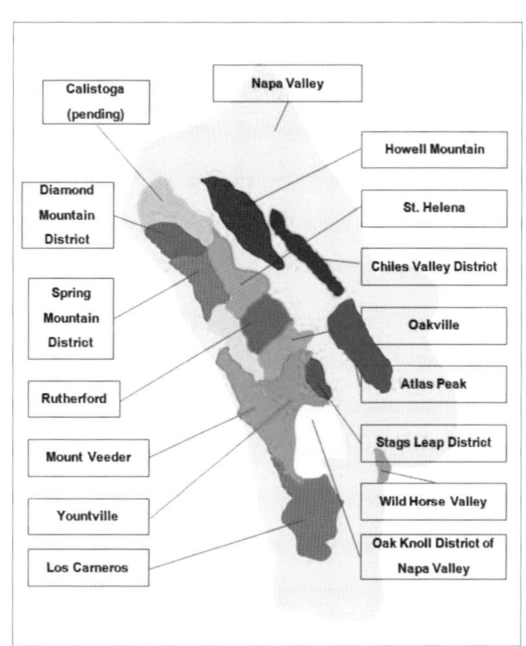

⑤ Sonoma

캘리포니아에서 나파 밸리와 더불어 유명한 와인 생산 지역이다. 소노마는 태평양 해안에 좀 더 가까워 온화한 기후조건을 가지고 있다. 샤도네, 까베르네 쏘비뇽, 메를로를 많이 생산하고는 있지만 미세기후대를 가진 작은 지역들이 많아 질 좋은 삐노 누아, 진판델, 쏘비뇽 블랑이 생산되기도 한다.

주요 와인 생산자는 세바스티아니(Sebastiani Winery), 글렌 엘런(Glen Allen), 켄우드(Kenwood), 코벨(Korbel), 조단(Jordan), 시미(Simi), 갈로(Gallo) 등 많은 생산자가 있다.

소노마의 포도재배 지역을 레이블에 표기하는데 그 대표적인 지역(AVA)으로는 다음과 같다.

- Sonoma Valley : 소노마 남쪽 지역
- Sonoma Coast : 소노마 북쪽 지역
- Dry Creek Valley
- Alexander Valley
- Rockpile
- Knights Valley
- Chalk Hill
- Russian River Valley
- Green Valley : Russian River Valley마을에 있다
- Bennett Valley
- Sonoma Mountain
- Moon Mountain
- Carneros

(2) Central Valley AVA

센츄럴 밸리 AVA는 다음과 같다.

① Lodi

② Madera

③ Alta Mesa

④ Capay Valley

⑤ River Junction

⑥ Merritt Island

⑦ Salado Creek

⑧ Clarksburg

⑨ Clements Hills

⑩ Diablo Grande

⑪ Cosumnes River

⑫ Sloughhouse

⑬ Tracy Hills

⑭ Dunnigan Hills

⑮ Jahant

⑯ Mokelumne River

⑰ Squaw Valley−Miramonte

⑱ Tracy Hills

### (3) Central Coast AVA

① Central Coast : 센추럴 코스트 전 지역이다.

② San Francisco Bay : AVA는 다음과 같다.

- San Francisco Bay
- Lamorinda
- Livermore Valley
- Santa Cruz Mountains
- Ben Lomond Mountain

- San Ysidro District
- Pacheco Pass

③ San Benito : AVA는 다음과 같다.

- San Benito
- Cienega Valley
- Mt. Harlan
- Lime Kiln Valley

④ Monterey : AVA는 다음과 같다.

- Monterey
- Arroyo Seco
- Santa Lucia Highlands
- Chalone
- Carmel Valley
- San Antonio Valley
- San Lucas
- Hames Valley

⑤ Paso Robles : AVA는 다음과 같다.

- Paso Robles
- Adelaida District
- Paso Robles Willow Creek District
- Templeton Gap District
- El Pomar District
- San Miguel District
- Paso Robles Estrella District
- Paso Robles Geneseo District
- San Juan Creek
- Paso Robles Highlands District
- Santa Margarita Ranch

⑥ San Luis Obispo : AVA는 다음과 같다.

- Edna Valley
- Arroyo Grande Valley

⑦ Santa Barbara County : AVA는 다음과 같다.

- Santa Maria Valley
- Sta. Rita Hills
- Santa Ynez Valley
- Ballard Canyon
- Los Olivos District
- Happy Canyon

### (4) Sierra Foothills AVA

AVA는 다음과 같다.

① Sierra Foothills

② Yuba

③ El Dorado

④ Nevada

⑤ Placer

⑥ Amador

⑦ Calaveras

⑧ Tuolumne County

⑨ Mariposa

### (5) South Coast

AVA는 다음과 같다.

① Los Angeles, Orange

② Riverside

③ San Diego

④ San Bernardino

⑤ Orange

## 2) 오리건(Oregon)

오리건은 태평양 북서부에 위치하고 있고, 캘리포니아의 1/10 정도의 작은 와인 산지이다. 비록 생산면적은 작지만 세계적 수준의 삐노 누아를 생산해 낸다. 체리, 딸기 등 붉은 열매 과일 향이 풍부하다.

### (1) 포도품종

삐노 누아(Pinot Noir)를 가장 많이 심는다. 재배면적의 약 60% 가까이를 차지한다. 다음으로 까베르네 쏘비뇽(Cabernet Sauvignon), 삐노그리(Pinot Gris)를 심는다. 소량의 샤도네(Chardonnay)와 리슬링(Riesling), 쉬라(Syrah) 및 메를로(Merlot) 와인도 생산한다.

### (2) 와인 산지(AVA)

① Willamette Valley

- Chehalem Mountains
- Ribbon Ridge
- Dundee Hills
- Yamhill–Carlton
- Eola–Amity Hills
- McMinnville

② Southern Oregon

- Umpqua Valley
- Red Hill Douglas County
- Elkton Oregon

- Rogue Valley
- Applegate Valley

③ Columbia Gorge

④ Columbia Valley : 오리건과 워싱턴주에 걸쳐있다.

- Walla Walla Valley
- The Rocks District of Milton-Freewater

⑤ Snake River Valley

## 3) 워싱턴(Washington)

워싱턴 와인의 시작은 유럽 이민자들이 왈라왈라 밸리(Walla Walla Valley) 지역에 정착하며 심은 신소(Cinsault)가 그 시작으로 알려져 있다.

워싱턴 와인은 샤도네, 메를로, 까베르네 쏘비뇽, 쉬라가 많이 생산되고 있으며, 강수량이 부족해 인근 콜롬비아 강물을 이용하기도 한다.

### (1) 와인 산지(AVA)

① Columbia Valley : 오리건과 워싱턴주에 걸쳐있다.

- Lake Chelan
- Ancient Lakes
- Wahluke Slope
- Naches Heights
- Rattlesnake Hills
- Yakima Valley
- Snipes Mountain
- Red Mountain
- Columbia Gorge
- Horse Heaven Hills
- Walla Walla Valley : 워싱턴주와 오리건주의 경계부근에 걸쳐있다.

② Puget Sound

## 4) 뉴욕(New York)

뉴욕 와인은 비티스 라브라스카(Vitis labrusca = 콩코드(Concord))를 주로 재배하며, 나머지 프랑스 포도와의 교잡종인 하이브리드(Hybrid)와 비티스 비니페라(Vitis vinifera)를 재배한다.

### (1) 와인 산지(AVA)

① Lake Erie

② Niagara Escarpment

③ Finger Lakes

④ Champlain Valley

⑤ Hudson River

⑥ Long Island

TIP 파리의 심판(The Judgement of Paris)

1976년 5월 24일 파리 인터컨티넨탈 호텔에서 프랑스 와인 전문가 9명이 실시한 블라인드 테이스팅(blind tasting 와인 레이블을 가린 시음)이 있었다.
까베르네 쏘비뇽 품종의 레드 와인 10종(캘리포니아산 6종, 보르도산 4종)을 시음한 것이다. 당시 와인 생산국으로서는 갓난아이 같은 캘리포니아 와인과 프랑스 와인이 맞붙은 사건인데 결과적으로 캘리포니아 와인이 프랑스 와인의 자존심을 건드린 일이 있었다. 사실 마케팅 측면에서 봐도 미국 와인은 승패를 떠나 대결 자체만으로도 승리 그 이상이었다. 미국 와인의 잠재성을 세계에 널리 홍보할 수 있는 기회가 된 것이다.
그러다 세월이 흘러 30년이 지난 후, 2006년 5월 24일 런던과 캘리포니아 나파 밸리 두 곳에서 30년 전 테이스팅 했던 같은 와인으로 블라인드 테이스팅이 있었다.
결과는 캘리포니아 와인의 압승으로 끝이 났다. 캘리포니아 와인의 숙성력이 입증된 셈이다. 이를 두고 "파리의 심판"이라 하여 언론에 대서특필되었다.

**1976년 5월24일 시음결과**

| 순위 | 와인명 / 빈티지 | 국가명 |
|---|---|---|
| 1) | Stag's Leap Wine Cellars / 1973 | 미국 |
| 2) | Ch. Mouton-Rothschild / 1970 | 프랑스 |
| 3) | Ch. Haut-Brion / 1970 | 프랑스 |
| 4) | Ch. Montrose / 1970 | 프랑스 |
| 5) | Ridge Monte Bello / 1971 | 미국 |
| 6) | Ch. Leoville-Las-Cases / 1971 | 프랑스 |
| 7) | Mayacamas / 1971 | 미국 |
| 8) | Clos du Val / 1972 | 미국 |
| 9) | Heitz Martha's Vineyard / 1970 | 미국 |
| 10) | Freemark Abbey / 1967 | 미국 |

**2006년 5월 24일 시음결과**

| 순위 | 와인명/빈티지 | 국가명 |
|---|---|---|
| 1) | Ridge Monte Bello / 1971 | 미국 |
| 2) | Stag's Leap Wine Cellars / 1973 | 미국 |
| 3) | Heitz Martha's Vineyard / 1970 | 미국 |
| 4) | Mayacamas / 1971 | 미국(공동 3위) |
| 5) | Clos du Val / 1972 | 미국 |
| 6) | Ch. Mouton-Rothschild / 1970 | 프랑스 |
| 7) | Ch. Montrose / 1970 | 프랑스 |
| 8) | Ch. Haut-Brion / 1970 | 프랑스 |
| 9) | Ch. Leoville-Las-Cases / 1971 | 프랑스 |
| 10) | Freemark Abbey / 1967 | 미국 |

03

# 호주(Australia) 와인

호주에서 와인 양조는 200여 년밖에 되지 않는다. 1788년 뉴 사우스 웰즈(New South Wales) 지역에서 처음으로 포도나무가 재배되면서 호주의 모든 지방으로 퍼져 나갔다.

아주 오랫동안 호주 와인은 포트나 쉐리처럼 주정강화 와인을 만드는 나라로 인식되었다. 오늘날과 같은 와인 대국으로 성장한 것은 불과 몇십 년 사이의 일이다.

현대적인 설비와 많은 투자 그리고 꾸준한 품질 향상 노력으로 소비 트렌드에 맞는 와인을 생산할 수 있었고, 생산 와인의 절반 이상을 수출하는 등, 와인 산업이 급성장할 수 있었다.

Northern Territory
Western Australia
Queensland
South Australia
New South Australia
Victoria
Tasmania

세계에서 7번째의 와인 생산국으로 연간 1천4백만 헥토리터(Hectoliter)를 생산하고 있으며 남위 30도 부근에 위치한 호주는 상온의 기후대에 위치한 이점을 한껏 누리고 있다. 부드럽고 깊고 넉넉한 여유가 느껴지는 와인은 프랑스나 이탈리아, 미국 와인에 비해 가성비가 좋은 편이다.

# 1. 호주 와인의 특징

호주의 기후는 전체적으로 지중해성 기후대라고 할 수 있다. 수확은 일반적으로 2월에서 4월 초에 행해지며 서늘한 지역에서는 늦은 5월에도 행해진다.

유럽 와인과 호주 와인의 양조 차이점을 보면, 유럽의 퀄리티 와인은 떼루아나 원산지에 강한 애착을 보이는 반면 호주 와인은 원산지보다 기술력을 중시한다는 것이다.

또 빈티지의 의미가 유럽에 비해 비교적 낮다. 워낙 넓은 지역에서 생산된 포도를 블렌딩하기 때문이다. 포도밭들도 최첨단 기계를 사용할 수 있도록 조성되어 있다.

와인명에 포도품종명을 사용하여 소비자가 쉽게 이해하고 선택할 수 있게 했다. 호주의 와인을 접하다 보면 BIN 222, BIN333, BIN444, BIN555, BIN888 등으로 명명된 와인을 볼 수 있는데, BIN이란 와인 저장고를 뜻하고 숫자는 저장고 번호였는데 그것을 브랜드화시킨 것이다. 호주의 유명 와이너리인 Wyndham Estate에서 생산되고 있는 이 BIN시리즈는

BIN 222 : Chardonny, BIN333 : Pinot Noir, BIN444 : Carbernet Sauvignon, BIN555 : Shiraz, BIN888 : Carbernet Sauvignon + Merlot으로 만들었다.

호주와인 생산 주체는 크게 대기업과 가문에 의한 생산으로 나눌 수 있다. 대기업은 막강한 자본력을 바탕으로 여러 와이너리를 거느리며 전체 와인의 80%를 생산하고 있으며 가문에 의한 와인은 그들의 전통과 명성으로 와인을 양조하고 있다.

■ 대기업 형태(Big 4)

(그룹) (계열사)

- BRL Hardy : Hardy's, Reynell, Yarra Burn, Houghton
- Beriger-Blass : Wolf Blass, Saltram, Yarra Ridge
- Orlando : Hunter Hill, Jacob's Creek, Orlando, Wyndham Estate
- Southcorp : Rosemount, Lindman, Penfolds, Seaview 등

■ 가문에 의한 생산 형태

- Yarumba : 1849년 창업, 바로사 밸리에 위치
- Tyrell : 헌터 밸리에 위치

## 2. 와인 산업의 규제

신세계 다른 나라와 마찬가지로 포도의 재배, 생산, 양조 등에 대한 구체적인 규제 정책보다는 매우 창의적인 와인 산업의 환경을 위해 법령이 매우 포괄적이다.

호주 와인의 와인법은 1993년 지오그라피컬 인디케이션(Geographical Indication : GI, 지역 명시 위원회)에 의해 명시되고 있다. 이 GI는 호주와인의 생산 지역과 산지에 관련된 지리적 원산지를 명시하기 위해 만들어졌으며 와인 레이블에 표기된 정보들을 보증해 준다.

만약 와인 레이블에 지역명, 포도품종, 빈티지가 명시되어 있다면 해당 조건의 포도가 85% 이상 이용되어야 한다. 예를 들어 쿠나와라와 쉬라즈가 함께 표기되어 있다면 쿠나와라 지역의 쉬라즈가 85% 이상 사용되었다는 것을 의미한다.

또 와인 레이블에 두 가지 이상의 포도품종이 표기되는 것을 볼 수 있는데 이러한 경우는 어느 한 품종이 85%를 넘지 못하는 경우로서 이때는 함량이 많은 순서대로 레이블에 포도품종명을 표시한다.

## 3. 포도품종

호주에서는 대략 90여 종의 포도나무가 재배되고 있지만 이 중 화이트와 레드를 합해 20여 종 안팎이 주로 사용되고 있다.

레드는 쉬라즈, 삐노 누아, 까베르네 쏘비뇽, 메를로, 그라나슈, 까베르네 프랑 등이고, 화이트는 샤도네, 세미용, 리슬링, 쏘비뇽 블랑, 콜롬바드 등이다.

### 1) 쉬라즈(Shiraz)

프랑스에서는 쉬라(Syrah)라고 부르는 품종으로 호주의 인기 품종이다. 와인이 숙성되면서 흙냄새와 가죽 향 등 스파이시한 맛을 내는 이 품종은 까베르네 쏘비뇽과 같은 짙은 색을 내며 까베르네 쏘비뇽, 메를로 등 많은 품종과 블렌딩되어 클래식하고 복합적인 향과 맛을 선사하고 있다.

### 2) 까베르네 쏘비뇽(Cabernet Sauvignon)

쉬라즈에 비해 좀 더 높은 탄닌과 산도를 지니고 있고, 쉬라즈나 메를로와 블렌딩되어 좀 더 균형잡힌 와인으로 재탄생된다. 토스트 향, 오크 향, 잘 익은 검붉은 과일 향이 나타난다. 쿠나와라와 마가레트리버에서 많이 재배되고 있다.

### 3) 샤도네(Chardonnay)

호주의 화이트 와인의 가장 인기 있는 품종으로 복숭아, 멜론, 바나나 등의 향이 나며 세미용과 블렌딩되어 상큼함과 신선함을 더해주기도 한다.

### 4) 세미용(Semillon)

약간 가볍고 산도가 높은 세미용은 넓은 지역에서 재배되고 있고 중요한 위치를 차지함에도 크게 부각되지 않고 있는 품종이다. 때로는 쏘비뇽 블랑으로 착각될 만큼 풀 향이 강한 와인이 웨스턴 오스트레일리아에서 만들어진다. 가볍게 마시기에 무리 없는 와인이다.

## 4. 주요 와인 생산 지역

### 1) 남부 호주(South Australia)

남부 호주는 호주 전역에 걸쳐 가장 중요한 레드 와인의 생산지로서 호주 와인의 약 40%를 생산한다.

### (1) 바로사 밸리(Barossa Valley)

애들레이드(Adelaide)의 북쪽에 위치하며, 오를란도(Orlando)나 펜폴즈(Penfolds) 등의 거대한 와이너리의 발산지이기도 하다. 19세기 중반, 실레시아(Silesia)로부터 온 독일 이주민들이 이곳에 자리를 잡으면서 형성된 이 마을은 풀바디하고 향신료 향이 많이 나며 부드러운 흙냄새가 나는 호주 와인의 특성을 잘 나타내 주는 와인 산지이다.

① 화이트 와인 포도품종 : Riesling, Semillon

② 레드 와인 포도품종 : Shiraz, Cabernet Sauvignon

③ 와이너리 : Penfolds, Wolf Blass, Hardys, Henschke, Peter Lehman, Flat, Yalumba 등

### (2) 쿠나와라(Coonawarra)

1890년에 최초로 재배가 시작되고, 그 이후로 주정 강화와인(fortified wine)부터 테이블 와인(Table wine)과 프리미엄(Premium wine)까지 빠른 성장을 하고 있다.

남부 호주의 가장 남쪽에 위치하여 기후가 서늘하고 석회암 심토 위에 질 좋은 붉은 갈색 토양이 폭넓게 펼쳐져 있어, 고품질의 와인이 생산된다.

① 와이너리 : Wynns, Leconfield, Penley, Hardy, Penfolds, Rosemount, Petaluma 등

### (3) 애들레이드 힐즈(Adelaide Hills)

애들레이드의 바깥쪽으로 약간 벗어나 해발 400m에 위치한 이곳은 다른 곳보다 기후조건이 서늘하여 화이트 와인과 스파클링 와인으로 유명하다. 샤도네, 리슬링, 쏘비뇽 블랑으로 훌륭한 와인을 만든다.

① 와이너리 : Henschke, Lenswood, Shaw & Smith,Ashton Hills, Baratt, Chains of Pond, Geoff Weaver 등

### (4) 맥레런 베일(McLaren Vale)

해안에서 남쪽으로 바람이 불어와 기후를 온화하게 만드는 지역으로 애들레이드의 정남쪽에 위치하여 샤도네, 까베르네 쏘비뇽, 쉬라즈, 그르나쉬를 생산하고 있다.

① 와이너리 : D'Arenberg, Maglieri, Chateau Reynella 등

### (5) 클레어 밸리(Clare Valley)

바로사 밸리의 바로 북쪽에 위치하고 서늘하고 건조한 기후를 가지고 있고, 리슬링과 쉬라즈가 대표적 품종이다. 가벼운 바디에 생동감 넘치는 와인이 생산된다.

① 와이너리 : Grosset, Jim Barry, Leasingham, Buring

### (6) 에덴 벨리(Eden Valley)

리슬링과 쉬라즈로 유명한 지역으로 라임 향, 토스트 향이 감도는 와인이 생산된다.

① 와이너리 : Yalumba와 Mountadam이 있다.

### (7) 패써웨이(Padthaway)

샤도네가 유명하며 점차 리슬링과 스파클링 와인도 인기를 얻고 있다.

① 와이너리 : Penfolds, Linedmans, Seppelt, Hardys 등

### (8) 기타

Mount Gambier, Robe, Wrattonbully, Mount Benson, Langhorne Creek, Adelaide Plains, Riverland, Port Lincoln 등의 지역에서 생산되고 있다.

## 2) 뉴 사우스 웨일즈(New South Wales)

호주의 유명한 와인 중 많은 와인이 이곳에서 생산되는 지역이다. 포도 재배지의 기후조건이 남부나 빅토리아에 비해 다소 열악하기는 하지만 헌터 밸리 등 유명한 산

지들에서 훌륭한 와인이 많이 나오고 있다.

### (1) 헌터 밸리(Hunter Valley)

헌터 밸리 지역은 둘로 나뉘는데 와인을 생산하는 주 지역은 하부 헌터 밸리(Lower Hunter Valley)이다.

#### ① 하부 헌터 밸리(Lower Hunter Valley)

기후가 매우 까다로운 지역으로 수확시기를 포함하여 1년 내내 비가 내리고 강수량이 750ml 이상으로 곰팡이와 병충해의 피해가 늘 도사리고 있는 지역이다.

이러한 기후적인 악조건임에도 많은 양조장이 Lower Hunter Valley에 모여 있는 것은 시드니와 가까운 지리적 이점 때문이 아닌가 생각한다. 이곳에서는 Shiraz, Cabernet Sauvignon, Chardonnay, Semillon이 생산된다.

– 와이너리 : Tyrrells, Rothbury, Brokenwood, Mc Williams

#### ② 상부 헌터 밸리(Upper Hunter Valley)

하부보다는 조금 건조한 기후로 레드보다 화이트 생산이 주로 이루어지지만, 역시 기후조건으로 인하여, 좋은 와이너리를 만들기가 어렵다.

– 와이너리 : Rosemount, Reynolds

### (2) 오렌지(Orange)

1983년에 포도 재배를 시작한 이곳은 늦은 시작에도 불구하고, 다른 뉴사우스 웨일즈의 지역보다 높은 위치 조건과 선선한 기후로 훌륭한 Sauvignon Blanc과 Chardonnay를 생산하고 있다.

– 와이너리 : Highland Heritage, Rosemount, Reynolds 등

### (3) 머지(Mudgee)

Mudgee는 '언덕의 둥지'라는 뜻으로 지역 원주민에게서 온 말이다. 1858년부터 시작된 포도 재배는 건조하고 뜨거운 기후 조건에 걸맞게 과일 캐릭터가 풍부한 Cabernet Sauvignon과 Shiraz를 생산하고 있으며, 화이트인 Chardonnay 역시 유명세를 타

고 있다.

와이너리로 Huntington, Miramar 과 Montrose 등이 있다.

#### (4) 기타

Hasting River, Cowra, Murray Darling, Riverina, Pericoota, Hilltops, Canberra District, Tumbarumba, Shoalhaven 등의 지역에서 생산되고 있다.

### 3) 빅토리아(Victoria)

빅토리아 포도산지는 필록세라에 훼손된 후 복구가 늦었지만, 현재 급속히 발전되는 산지다. 빅토라아 와인은 매우 다양한 성격의 와인이 생산되는 지역이다.

#### (1) 야라 밸리(Yarra Valley)

연 강수량이 1,000mm에 이르며 선선한 기후를 나타낸다. 토양은 붉은색 화산토 등으로 비옥한 토양을 가지고 있다.

Pinot Noir, Chardonnay, Cabernet Sauvignon의 재배에 좋은 조건이며 생산량은 제한하고 있다.

– 와이너리 : Yarra Yering, Yeringberg, De Bortoli, Domaine Chandon, Mount Mary, Diamond Valley, Coldstream Hills 등이다.

#### (2) 글렌로완(Glenrowan)

비교적 따뜻한 이곳은 깊고 풍부한 맛의 Shiraz와 Cabernet Sauvignon으로 유명하고 Muscat도 생산한다.

– 와이너리 : Baileys, Casella, Peter Lehmann, Yellow tail 등

#### (3) 머레이 리버(Murray River)

생산량은 많지만 그 품질은 그리 높지 않은 편이다.

– 와이너리 : Lindemans, Mildara 등

### (4) 파이어니스(Pyrenees)

작은 지역으로서 Shiraz와 Cabernet Sauvignon을 재배한다.

– 와이너리 : Dalwhinnie, Redbank ,Taltami 등

### (5) 루터글렌(Rutherglen)

이 지역은 주정 강화와인(fortofied wine)으로 잘 알려져 있으며 Muscat와 Tokay 품종이 주를 이룬다.

– 와이너리 : Chambers, Bullers Calliope, Morris

### (6) 기타

Far South West Victoria, Grampians, Ballarat, Bendigo, Goulburn Valley, Central Victorian High Country, King Valley, Ovens Valley, Gippsland, Morington Peninsula, Geelong, Sunbury Macedon Ranges 등의 지역에서 생산되고 있다.

## 4) 서부 호주(Western Australia)

서부 호주 지역은 호주에서 가장 규모가 작지만 질 좋은 와인을 생산한다. 생산량은 호주 전체의 3%에 불과하지만 각종 메달의 30%는 이곳 와인이 수상한다.

### (1) 마가렛 리버(Margaret River)

해양성 기후로서 근처의 차가운 바다의 영향으로 서늘한 기후를 가지고 있다. 훌륭하고 섬세한 Cabernet Sauvignon과 Pinot Noir, 그리고 Chardonnay와 Semillon을 생산한다.

– 와이너리 : Cape Mentelle, Cullen, Vasse Felix, Ashbrook, Moss Wood, Leeuwin Estate 등

### (2) 그레잇 서던(Great Southern)

150km×100km의 면적을 가진 이곳은 서늘한 기후의 지역으로 매우 성장 잠재력

이 풍부한 지역으로 평가받고 있다. Riesling, Chardonnay, Shiraz, Caernet 등이 생산되고 있다.

– 와이너리 : Plantagenet, Frankland Estate, Alkoomi, Howard Park 등

### (3) 스완 지역(Swan District)

– 와이너리 : Houghton, Evans & Tate, Sandalford 등

### (4) 기타

Pemberton, Blackwood Valley, Geographe, South West Coast, Perth Hill 등의 지역에서 생산되고 있다.

04

# 뉴질랜드(New Zealand) 와인

뉴질랜드는 양을 중심으로 한 낙농업 국가이다. 남반구에 위치한 따뜻하고 공기 좋은 청정한 나라로 잘 알려져 있다. 이러한 청정 이미지는 와인소비자에도 일정부분 작용하지 않나 싶다. 쏘비뇽 블랑(Sauvignon Blanc)을 중심으로 한 뉴질랜드 와인의 선풍적 인기 때문이다.

뉴질랜드 와인은 구세계 와인에 비한다면 역사라고 말할 수도 없는 극히 짧은 시간에 성장했다. 맨 처음 포도나무를 심은 것은 1819년 선교사 사무엘 마스덴(Samuel Marsden)이다. 이 땅에 쏘비뇽 블랑(Sauvignon Blanc)을 대량으로 심기 시작한 것은 1960~1970년대이고, 이의 결실로 1990년대 이후 세계 와인시장에서 두각을 나타내기 시작하였다. 쏘비뇽 블랑을 심기 이전에는 독일과 유사한 서늘한 기후대여서 뮐러 투르가우(Müller Thurgau)를 심었으나 쏘비뇽 블랑으로 교체한 후 그 맛과 향의 독특함으로 일거에 와인 생산국으로서 입지를 다지게 되었다. 사실 뉴질랜드는 아직도 산지가 개발되고 있는 실정으로 최고의 와인은 아직 나오지 않았다고 홍보하고 있다.

뉴질랜드는 와인 생산국 중 가장 남쪽에 위치한 지역으로 북섬은 보르도와 비슷한 아열대 기후로 연평균 기온이 15도 정도이고, 남섬은 해양성 기후로 연평균 기온이 10도 정도이다. 이러한 기후 환경은 쏘비뇽 블랑(Sauvignon Blanc)을 생산하기에 이상적이며 뉴질랜드 와인의 약 70%를 차지한다.

뉴질랜드 와인의 규정은 거의 없다. 빈티지를 표기할 때는 그 해에 수확한 포도를 사용해야 하고 레이블에 포도품종을 표기할 때는 최소 75% 이상이 들어가야 한다는 정도이다. 또 대부분의 와인에 코르크보다는 스크류 캡을 사용하고 있다. 이는 법률적이지는 않고 소비 편의를 위한 마케팅적 차원이 아닐까 생각된다.

## 1. 포도품종

뉴질랜드 와인의 대부분은 쏘비뇽 블랑, 삐노 그리, 샤도네, 삐노 누아가 주를 이룬다.

### 1) 쏘비뇽 블랑(Sauvignon Blanc)

아마 저자가 화가였다면 쏘비뇽 블랑을 맑은 여름 아침 너른 풀밭에 누워 있는 그림을 그릴 것 같다. 매우 상큼하고 산도 풍부한 와인이 된다. 약간의 스모크, 아스파라거스, 라임 향 등이 두드러지며 고양이 쉬 향이 느껴지기도 한다. 쏘비뇽 블랑의 주산지로서 뉴질랜드와 프랑스 르와르를 꼽을 수 있는데 르와르는 좀 더 정교한 느낌인 반면 뉴질랜드는 야성적 느낌이 강하다. 르와르는 정원의 잔디 같다면 뉴질랜드는 들판의 풀같은 느낌이라고 할까?

### 2) 삐노 누아 (Pinot Noir)

체리와 같은 붉은 농익은 과일 향과 질감 좋은 산도가 풍부하다. 부르고뉴 삐노 누아와 비교하면 잔당에 의한 부드러움은 더하고 사향은 좀 약한 편이다.

### 3) 샤도네(Chardonnay)

풍부한 산도와 미네랄 느낌이 적절히 표현된다.

### 4) 삐노그리(Pinot Gris)

일반적 화이트 와인에 비해 색상이 짙고 농익은 과일 캐릭터가 풍부하다. 비교적 가볍게 마실 수 있으며 배, 사과, 향신료, 갓 구운 빵 등의 향이 난다.

### 5) 기타

까베르네 쏘비뇽, 메를로, 쉬라, 리슬링 등 일부 재배된다.

## 2. 뉴질랜드 와인의 주요 생산지역

### 1) 북섬(North Island)

#### (1) 노스랜드(Northland)

습한 아열대 기후대를 가진 지역으로 샤도네와 삐노 그리가 대표적 품종이다. 1819년 선교사 사무엘 마스덴(Samuel Marsden)에 의해 뉴질랜드 최초로 포도나무가 재배되기 시작한 지역이다.

#### (2) 마타카나(Matakana)

오클랜드시에서 북쪽으로 차량으로 약 1시간 거리에 있는 작은 와인 산지이다. 따뜻한 기후대를 가지고 있어 까베르네 쏘비뇽, 메를로 등 레드 와인이 많이 생산된다.

#### (3) 와이헤케 섬(Waiheke Island)

1978년 처음 포도나무가 심어진 지역으로 까베르네 쏘비뇽, 메를로 품종이 각광받고 있는 지역이다.

#### (4) 쿠메우(Kumeu)

1940년대 이후 와인 산업이 시작되었으며 샤도네가 대표 품종이다.

(5) **오클랜드**(Auckland)

다소 습한 지역으로 와인의 절반 정도를 샤도네가 차지하고 있다.

(6) **와인카토 / 베이 오브 플랜티**(Waikato / Bay of Plenty)

낙농업이 발달하여 치즈가 유명한 지역이다. 와인은 샤도네, 까베르네 쏘비뇽, 메를로, 쏘비뇽 블랑 순으로 생산한다.

(7) **기즈본**(Gisborne)

말보로, 훅스베이에 이어 와인생산량이 많은 지역이다. 샤도네를 많이 재배하며 이곳의 삐노 그리(Pinot Gris)도 소량 생산되지만 유명하다.

(8) **혹스 베이**(Hawke's Bay)

자갈과 모래가 많은 토양에 적은 강수량과 풍부한 일조량을 가지고 있는 산지로서 프랑스 보르도와 비슷한 환경이다. 따라서 까베르네 쏘비뇽으로 만든 보르도 타입의 와인이 유명하다.

(9) **와이라라파**(Wairarapa)

삐노 누아를 가장 많이 재배하고, 다음으로 쏘비뇽 블랑을 주로 재배하는 지역이다.

## 2) 남섬(South Island)

(1) **넬슨**((Nelson)

뉴질랜드 남섬 산지 중 가장 북쪽에 있으며 삐노 누아, 샤도네, 쏘비뇽 블랑을 주로 재배한다.

(2) **말보로**(Marlborough)

남섬 북단에 있는 말보로(Marlborough)는 뉴질랜드 최대 최고의 와인 산지이다. 2017년 기준 약 80%의 면적에서 쏘비뇽 블랑을 재배할 정도로 쏘비뇽 블랑 산지이다.

그 뒤를 삐노 누아 샤도네를 심는데, 국제적으로 인정받는 품질 좋은 쏘비뇽 블랑이 많이 생산된다.

### (3) 캔터버리 / 와이파라(Canterbury / Waipara)

켄더버리는 와이파라 산지를 포함하고 있는 지역으로 삐노 누아를 가장 많이 재배하고, 리슬링, 샤도네, 쏘비뇽 블랑, 삐노그리 순으로 재배한다.

### (4) 와이타키(Waitaki)

삐노 누아를 주로 재배하고, 삐노 그리, 리슬링 순으로 재배한다.

### (5) 센츄럴 오타고(Central Otago)

뉴질랜드 최남단, 세계 최남단의 와인 산지로서 더운 여름, 매서운 겨울, 짧은 가을의 환경을 가진 지역이다. 삐노 누아, 샤도네를 주로 재배한다.

# 칠레(Chile) 와인

대부분의 신세계 와인이 그렇듯이 칠레 와인도 국제 시장에 뛰어든 시기가 1980년대를 전후로 한다. 칠레는 와인산업을 기간산업화해서 농지를 정리하고, 포도품종도 까베르네 쏘비뇽, 메를로, 샤도네, 쏘비뇽 불랑 등 수출을 겨냥한 국제 품종으로 재편해서 생산하고 있다. 이를 통해 수출위주의 와인산업 구조를 만들었다.

국제 와인시장에서 프랑스는 명성을 앞세우고, 이탈리아는 다양성과 전통을 앞세우고, 미국 와인은 신흥 귀족와인임을 앞세워 치열한 경쟁을 벌이고 있는 지금 칠레는 부담 없는 가격에 퀄리티 또한 상당한 와인으로 경쟁에 참여하여 좋은 평가를 받고 있다. 칠레의 와인타입은 부드럽고 동급에서의 품질편차가 크지 않아 와인 입문자들에게는 위험부담이 없을 수 있다.

칠레는 좋은 와인을 생산하기에 이상적인 조건을 갖추고 있다. 남미의 더위를 태평양의 바람이 식혀주어 와인의 산도에 관여하고, 풍부한 일조량은 포도가 잘 익게 하여 궁극적으로 품질에 관여하고, 안데스의 만년설은 부족한 강수량을 대신해 준다.

칠레 와인을 요약하자면 마시기 쉽고 넉넉한 질감, 보르도 스타일의 감각, 가성비 좋은 와인이라 할 수 있다.

## 1. 칠레 와인의 역사

칠레는 1541년 스페인 장교 발디비아가 발견 후 정복하여 스페인의 식민 통치가 시작된다. 1548년 프란시스코 데 카라반테스(Francisco de Carabantes) 사제가 종교의식에 쓰기 위해 산티아고 남부 콘셉시온(Concepcion)에 처음으로 포도나무를 심은 것이 칠레 와인의 시작이라고 할 수 있다.

1810~1820년에는 존 맥캔나와 베르나도 오히긴스의 두 가문이 수많은 포도원을 조성했다.

1851년에는 돔 실베스트로 오챠카바야(Dom Silvestro Ochagavia)가 프랑스 양조 전문가를 초청, 칠레의 전통품종인 빠이스(Pais) 대신에 까베르네 서비뇽, 메를로, 삐노누아, 쏘비뇽 블랑, 세미용 등의 비티스 비니페라(Vitis Vinifera) 품종으로 대체하여 오늘날 칠레 와인의 기초를 닦았다. 이러한 그의 노력은 그를 칠레 와인의 선구자라고 칭송하게 한다.

1863년 phylloxera가 전 세계의 포도밭을 휩쓸었을 때 칠레만은 이 재난에서 벗어날 수 있었다. 이는 아마도 태평양 연안 지역이면서 뒤로 안데스 산맥이 막고 있었기 때문 아닐까 추측해 본다.

1970년대 살바도르 아옌데(Salvador Allende, 1970~1973)의 사회주의 정부에 의해 수천 헥타르의 포도밭이 상실되는 수난을 겪는데 거의 절반 가까이 훼손됐다고 한다.

1989년 독재자 삐노체트(Pinochet) 장군이 몰락하고 1990년 아일윈(Patricio Aylwin) 민정이 들어서면서 경제의 안정과 더불어 와인산업은 본격적으로 세계 시장에서 활기를 띄기 시작한다.

1990년대 이후 칠레 와인이 급속히 도약할 수 있었던 요인은 낙후된 전근대적인 와인 관련 시설 및 기술력 등을 선진 자본으로 현대화하였던 것이 결정적이었다.

스페인의 또레스 미구엘(Bodega Torres Miguel), 프랑스의 바롱 필립드 로쉴드(Barron Philippe de Rothschild), 캘리포니아의 로버트 몬다비(Robert Mondavi) 등의 자본과 기술이 들어와 오늘의 칠레 와인을 만드는 데 큰 기여를 했다.

## 2. 포도품종

칠레에는 토종품종이 거의 없다. 왜냐면 1851년 이후에 포도밭을 조성하면서부터 보르도 스타일의 와인을 추구하면서 일찍이 비티스 비니페라(Vitis Vinifera, 유럽 포도종) 계열의 포도종을 심었기 때문이다. 그리고 아주 작은 칠레 국내시장을 겨냥하지 않고 국제 수출 시장을 겨냥해 국제적인 수요가 많은 품종들 위주로 재배하고 있다.

품종 비율을 보면 레드는 까베르네 쏘비뇽 약 60%, 메를로 약 20%, 화이트는 샤도네 약 70%, 쏘비뇽 블랑 약 18%를 재배하고 있다.

### 1) Red 품종

(1) 까베르네 쏘비뇽(Cabernet Sauvignon)

(2) 메를로(Merlot)

(3) 까베르네 프랑(Cabernet Franc)

(4) 까르메네르(Carmenere)

원래 1994년 이전에는 Merlot로 알고 있었으나 1994년 몽뻬리기에 있는 프랑스 와인 전문가에 의해 메를로가 아니라 까르메네르라고 밝혀진 품종이다.

원산지인 프랑스에서 16세기에 처음 들여와 지금껏 재배하고 있지만, 정작 원산지인 프랑스에서는 보르도 등지에서 극소량만 재배될 뿐 거의 전멸되다시피 했다.

칠레에서는 왕성하게 생산하는데 이는 칠레의 환경과 궁합이 잘 맞기도 하고 필록세라의 피해를 받지 않았다는 증거로서의 의미도 있다.

탄닌이 비교적 순하며, 허브향이 많이 느껴지는 아로마와 약간의 스파이시함이 있다.

(5) 삐노 누아(Pinot Noir)

(6) 까리냥(Carignan)

(7) 꼬(cot)

말벡(Malbec) 품종을 칠레에서 코라 한다.

(8) 빠이스(Pais, 칠레 전통품종)

Black Grape라고도 하며, 16세기 스페인이 칠레를 정복할 때 들어온 품종이었으나 점차 감소 추세에 있다.

### 2) White 품종

(1) 샤도네(Chardonnay)

(2) 쏘비뇽 블랑(Sauvignon Blanc)

(3) 세미용(Semillon)

(4) 리슬링(Riesling)

## 3. 와인 규정

1996년부터 시행하다 1998년 개정되어 현재에 이르고 있는 칠레 와인 법령은 원산지 표기에 따라 두 가지로 분류된다.

D.O(Donominacion de Origin) : 원산지와 빈티지 등을 명확히 기재할 수 있는 와인과 Vino de Mesa(비노 데 메사) : 테이블급 와인으로서 빈티지와 포도품종을 명확히 기재할 수 없는 와인으로 구분된다.

포도품종 함유 비율은 내수용과 수출용이 다른데 내수용은 75% 이상, 수출용은 85% 이상 레이블에 표기되는 품종을 함유해야 한다. 또 산지를 표기하기 위해서는 85% 이상을 표기한 산지에서 생산해야 한다.

수출용 와인의 알코올 함유량은 화이트는 12%, 레드는 11.5% 이상을 함유해야 한다.

포도품종 간 블렌딩은 최소 15% 이상 혼합이 가능하며 비율 순으로 3개의 포도품종명을 표기할 수 있다.

숙성 정도에 따라 5가지의 품질등급으로 분류하며 해당 등급은 와인 레이블에 표기할 수 있다.

(1) 리제르바 에스페샬(Reserva Especial) : 최소 2년 이상 숙성
(2) 리제르바(Reserva) : 최소 4년 이상 숙성
(3) 그란비노(Gran Vino) : 최소 6년 이상 숙성
(4) 돈(Don) : 아주 오래된 와이너리에서 생산된 고급와인에 표기하는데, Don 또는 Dona로 표기된다(남성존칭이 Don, 여성존칭이 Dona이다).
(5) 피나(Finas) : 정부가 인정하는 포도품종에 근거한 와인에 표기
이러한 숙성 정도에 품질등급은 정해져 있으나 법적 구속력이 약해 실제 숙성 기간을 채우지 않고 출시되는 와인이 많은 것이 칠레 와인의 현실이다.

## 4. 와인 산지

칠레는 국토가 태평양 연안을 끼고 남북으로 길게 뻗어 있다. 남북의 길이가 무려 4,329km, 폭은 평균 177km에 이른다. 폭의 가장 짧은 구역은 90km에 불과하다. 이러한 칠레의 지리적 여건은 댜양한 기후대를 형성한다.

북쪽은 세계에서 가장 메마르다는 아타카마(Atacama) 사막이 있고 중부는 지중해성 기후로 칠레의 대부분의 와인이 이곳에서 생산된다. 남쪽은 아름다운 자연 경관들로 가득하고 특히 남쪽 끝은 설원의 남극 대륙이 있다. 동쪽으로는 안데스 산맥이 서쪽으로는 태평양이 있어 칠레는 와인을 생산하기에 더없이 좋은 입지 조건을 두루 갖추고 있다.

칠레 와인 산지의 등급 시스템은 4가지 기준에 의해 분류된다. 가장 넓은 생산 광역이 수르 레젼(Sur Regions), 수르의 세부지역이 서브 레젼(Sub Regions), 존(Zone), 에어리어(Areas) 순으로 세분된다. 이 중 해당하는 하나의 지역을 와인 레이블에 표기하는데 세부적인 지역명일수록 품질이 우수하다.

## 칠레 와인 산지

| Sur(Regions) | Sub Regions | Zone | Areas |
|---|---|---|---|
| Atacama | Valle de Coquimbo<br>Valle de Huasco | | |
| Coquimbo | Valle del Elqui<br>Valle de Limari<br><br><br>Valle del Choapa | | Vicuna, Paihuano.<br>Ovalle, Monte Paria<br>Punitaqui,<br>Rio Hurtado.<br>Salamanca, Illapel. |
| Aconcaqua | Valle del Aconcaqua<br>Valle de Casablanca | | Panquehue |
| Valle Central | Valle del Mqipo<br><br><br>Valle de Rapel<br><br><br><br><br><br><br>Valle de Curico<br><br><br>Valle del Maule | <br><br><br>Valle del Cachapoal<br><br>Valle de Colchaqua<br><br><br><br><br>Valle del Teno<br>Valle del Lontue<br><br>Valle del Claro<br><br>Valle de Loncomilla<br><br><br>Valle del Tutuven | Santiago, Pirque<br>Puente, Alto, Buin<br>Isla de Maipo<br>Rancapua, Rengo,<br>Requinoa, Puemo<br>San Femando,<br>Chimbarongo,<br>Nancaqua, Palmilla<br>Santa Cura,<br>Peralillo.<br>Rauco, Romeral.<br>Molina,<br>Sagrada Familla<br>Talca, Pencahue,<br>San Clemente.<br>San Javier, Parral,<br>Villa Alegre,<br>Linares.<br>Cauquenes. |
| Sur | Valle del Itata<br><br><br>Valle del Bio-Bio | | Chillan, Quillon,<br>Portezuelo, Coelemu.<br>Yumbel, Mulchen. |

# 아르헨티나(Argentina) 와인

아르헨티나는 남위 30도 선상에 위치한 남미 대륙의 와인 산지로서 프랑스, 이탈리아, 스페인, 미국 다음으로 세계 5위의 와인 생산국이다. 국토의 면적은 276만 6,889 제곱킬로미터이고 남북의 길이가 3,800km, 동서의 길이가 1,425km에 달하는 남미에서 브라질 다음으로 큰 나라이다.

아르헨티나 와인의 시작은 1556년 칠레에서 포도나무 재배가 전래된 것이 시작이라고 알려져 있다. 아르헨티나 와인산업 역시 다른 신세계 와인과 마찬가지로 스페인, 프랑스, 이탈리아 등 유럽의 이민자들에 의해 이루어진다.

아르헨티나 포도밭들은 대부분 안데스산맥에 가까운 곳에 위치해 있다. 해발 500m 혹은 그 이상의 고도에 위치해 있는데 심지어 해발 2,000m 높이의 포도밭도 있다. 포도밭이 이렇게 높은 고도에 위치한 것은 적도와 가까운 더운 날씨 때문으로, 상대적으로 선선한 산맥 중턱에서 포도나무를 재배한다.

## 1. 포도품종

아르헨티나에서 사용되는 포도품종은 레드는 말벡, 메를로, 삐노 누아, 쉬라, 산지오베제, 템프라뇨, 가르나챠, 디노미나씨옹, 바르베라, 까베르네 쏘비뇽 등을 재배하고 있고, 화이트는 토론떼스, 샤도네, 쏘비뇽 블랑, 리슬링, 슈넹 등을 재배하고 있다.

이 중에서 레드의 말벡과 화이트의 토론떼스가 아르헨티나의 대표 품종이다.

말벡은 부드러운 탄닌과 검붉은 베리류의 캐릭터가 풍부하다. 프랑스의 남서부 지방에서 일부 말벡을 사용한 와인이 나오고 있지만 세계적으로 말벡으로 와인을 빚는 경우는 줄어들고 있는 추세이다. 하지만 아르헨티나에서의 말벡은 깊고 풍부한 맛의 질 좋은 와인이 나오고 있다. 아르헨티나 와인을 접할 때 다소 스모키함이 강한 것은 무더운 날씨에 달궈진 토양에서 기인한다.

와인 레이블에 품종을 표기하기 위해서는 해당 품종을 80% 이상 사용해야 한다.

## 2. 아르헨티나 와인 산지

아르헨티나 와인의 중심은 멘도자와 산후안이다. 특히 멘도자는 14만 헥타르의 세계에서 가장 큰 산지를 가지고 있으며 대부분의 산지가 해발 600~1,600m사이의 고산지대에 형성되어 있다. 아르헨티나 와인의 약 70%를 생산하고 있다

### 1) 살타(Salta)

(1) Al Arenal

(2) Mollnos

(3) Cafayate Valley

### 2) 카타마르카(Catamarca)

(1) Andalgala

(2) Belen

(3) Fiambala

### 3) 라 리오하(La Rioja)

(1) Talampaya

(2) Poman

(3) Aimogasta

(4) Famatina Valley

(5) La Rioja

### 4) 산 후안(San Juan)

(1) Calingasta

(2) Fertil Valley

(3) Jachal Valley

(4) San Juan

(5) Pedernal Valley

### 5) 멘도자(Mendoza)

(1) North Mendoza

(2) Lujan / Maipu

(3) East Mendoza

(4) Rio Mendoza

(5) Uco Valley

(6) South Mendoza

(7) San Carlos

## 6) 파타고니아(Patagonia)

(1) La Pampa

(2) Anelo

(3) Neuquen

(4) Rio Negro

(5) Rio Colorado

PART 11

# 와인의 일반적 상식

The WINE

01

# 와인 레이블의 정보

수없이 많은 와인들이 나름대로의 특성을 가지고 매년 출시되고 있다. 그 종류만도 수만 종으로 헤아릴 수 없이 쏟아지고 있다. 이들 중 자신에게 맞는 와인을 선택하기란 그리 쉽지 않은 일이다.

따라서 와인 생산자들은 소비자들이 이해하기 쉽게 해당 와인의 정보를 레이블에 표기한다. 레이블은 그 와인의 이력서나 자기 소개서 같은 것이다. 이러한 레이블에 담겨지는 내용들이 어떠한 것들이 있는지 알아보자.

와인의 출신을 표기하는 생산지역명, 포도품종, 생산자, 빈티지, 등급, 알코올 농도, 용량, 직접 병입 여부 등 다양한 정보들이 표기된다.

하지만 와인을 고르다 보면 이러한 내용들이 자세히 표기된 와인이 있는가 하면 그렇지 않은 와인을 발견하게 되는데 이는 생산 국가나 지역별로 규제나 등급에 따라 달리 표기하기 때문이다. 특히 유럽의 와인들은 표기 요건이 더욱 엄격하여 법적 사항들이 충족되지 않으면 표기할 수 없는 것들이 많다.

따라서 많은 정보가 표기되는 와인일수록 고급의 와인임에는 틀림없다. 그렇다고 많은 정보의 표기가 와인의 질이 좋고 나쁨의 기준은 될 수 없다. 왜냐면 표기할 수 있는 법적 기준이란 규정해 놓은 최소의 요건이지 그것이 양조자나 생산지역의 개성 및 환경까지도 표현할 수는 없기 때문이다.

그럼 여기서 와인 레이블에는 어떤 내용들이 들어 있는지 알아보자.

다음의 내용들은 모두가 레이블에 기재되는 것은 아니고 선택적으로 표기되는데 법적 요건이 충족됐을 때 표기할 수 있는 내용과 양조자가 알리고 싶은 내용을 표기하는 것이다.

## 1. 생산지역명

생산지역이란 해당 와인에 사용된 포도가 재배된 지역을 레이블에 표기하는 것으로, 지역이나 마을 이름 또는 포도밭의 이름을 표기하는 것이다. 이러한 표기는 국가의 통제를 받는 사항으로 표기 지역이 좀 더 세부적일수록 우수한 와인이다.

사과를 예로 들면 경상북도 사과라고 표기하는 것보다 청송사과라고 표기하는 것이 좀 더 구체적이고, 나아가 청송의 홍길동 사과라고 한다면 더욱 세부적인 생산지의 사과가 될 것이다. 그렇다고 모든 생산자가 가장 세부적인 자신의 생산지를 표기할 수는 없다. 생산지를 표기할 수 있는 수준을 법으로 정해 통제하기 때문이다.

즉, 와인 생산자 모두는 자신의 밭이라는 가장 작은 단위에서 와인을 생산하지만 와인의 수준에 따라 생산지역을 표기할 수 있는 범위를 법으로 정해주는 것이다. 이를

통해 일정 부분 와인의 등급화를 꾀한다고도 할 수 있다.

프랑스 최고의 와인 산지인 보르도의 오메독의 예를 들어보자. 오메독에는 28개의 마을이 있다. 하지만 자신의 마을 이름을 쓸 수 있는 곳은 6곳밖에 안 된다. 나머지 22개 마을은 자신들의 마을명보다 넓은 단위의 오메독이나 보르도라고 표기할 수밖에 없다. 이렇듯 와인의 수준에 따라 표기지역 범위가 달라진다. 이를 프랑스에서는 AOC(2009년 이후 EU에서 AOP로 개정)라 한다.

유럽 와인들은 이러한 규제가 매우 엄격하고 세분되어 통제되고 있지만 비유럽 와인인 신세계 와인은 규제가 약해 일반적으로 85% 이상의 포도를 해당 산지에서 생산한 것이면 지역명을 쓸 수 있다.

## 2. 와인 등급

좋은 와인은 좋은 포도에서 생산되며 좋은 포도는 좋은 땅에서 생산된다. 결국 어떤 토양에서 자란 포도인가 하는 것이 와인의 수준이라고 할 수 있다.

좋은 토양이란 다양한 성분이 충분한 토양을 의미하며 이러한 성분들이 결국 와인과 연결된다. 따라서 와인 등급이란 우수한 품질의 와인이 생산되는 지역을 구분하여 등급화하는 제도를 말한다.

이러한 규제는 유럽에서 강력하게 시행하고 있고, 또 각 나라마다 기준을 정해 품질관리를 하고 있다.

포도산지에 따른 와인등급은 개별 지역 내에서 별도의 서열화를 만들어 놓은 곳도 있다. 프랑스 보르도의 Grand Cru Classe나 Cru Bourgeois 같은 경우이다.

독일의 경우 포도의 늦 수확에 의한 당의 농도에 따라 Kabinett, Spatlese, Auslese, Beerenauslese, Trockenbeerenauslese 등으로 품질등급을 정하기도 한다.

## The EU Wine Regime

| 국가 | Quality Wine | Table Wine |
|---|---|---|
| EU | **AOP**(Apellation d'Origen Ptrotegee)<br><br>**IGP**(Indication Geographique Protegee)<br>(=Protected Geographical Indication) | **Sans Indication Geographique**<br>(=Without Geographical Indication) |
| France | **AOC**(Apellation d'Orgine Controlee)<br><br>**VDQS**(Vin Delimite de Qualite Superieure) | <br><br>**Vin de Table** |
| Germany | **QmP**<br>(Qualitatswein mit Pradikat)<br><br>**Qba**<br>(Qualitatswein bestimmter Anbaugebiete) | **Landwein**<br><br><br>**Deutscher Tafelwein** |
| Italy | **DOCG**<br>(Denominizaione di Origine Controllata e Garantita)<br><br>**DOC**<br>(Denominizaione di Origine Controllata) | **IGT**<br>(Indicazione Geografica Tipica)<br><br><br>**Vino da Tavola** |
| Spain | **DO Pago**<br>(Denominacion de Origen–Pago)<br><br>**DOC**<br>(Denominacion de Origen Calificada)<br><br>**DO**<br>(Denominacion de Origen) | **VCIG**<br>(Vino de Calidad ConIndicacion Geo–grafica)<br><br>**VdIT**(Vino de la Tierra)<br><br>**VdM**(Vino de Mesa) |
| Portugal | **DOC**<br>(Denomonacao de Origen Controlada)<br><br>**IPR**<br>(Indicacoes de Proveniencia Regulam–entada) | **Vinho Regional**<br><br><br>**Vinho Mesa** |

## 3. 포도품종

와인에 사용된 포도품종을 표기하는 것으로 와인의 특성을 알 수 있는 가장 좋은 정보이다. 신세계 와인들은 대부분 포도품종이 레이블에 표기되지만 유럽의 구세계 와인들의 경우 표기되지 않은 경우가 많다. 이는 각 지역마다 재배되는 포도품종이 법적으로 정해져 있어 지역명이 곧 특정 포도품종과 연결되기 때문이다.

예로, 프랑스 부르고뉴의 경우 레드 와인은 삐노 누아 품종만을 재배하기 때문에 별도의 품종 표기가 없어도 이 품종으로 양조되었음을 알 수 있다.

또 이탈리아 삐에몬테(Piemonte) 지역 또는 그 세부지역인 바롤로(Barolo), 바르바레스코(Barbaresco)라고 표시된 와인의 경우에도 별도의 품종 표시가 없어도 네비올로(Nebbiolo)가 사용되었음을 지역만 보고도 알 수 있다.

소비자 입장에서 보면 지역명으로 표기된 유럽의 와인보다 품종명이 표기된 신세계 와인이 선택하기가 훨씬 쉽게 느껴질 것이다. 그래서 많은 유럽의 와인들도 백 레이블(Back Lable)에 사용된 품종명이나 블렌딩된 경우 그 비율까지 자세히 표기하고 있는 추세다.

## 4. 생산회사(또는 생산자)명

와인 양조 회사의 이름을 표기하는 것으로 크게 3가지 스타일이 있다.

첫째, 자신의 밭에서 포도를 재배해 양조하여 유통까지 하는  경우이다. 예로 프랑스 보르도의 샤또 마고(Chateau Margaux), 샤또 라뚜르(Chateau Latour)처럼 성(城, Castle or Chateau)을 가진 포도원이 그 성의 이름을 사용하는 경우이다. 같은 개념으로 부르고뉴 지방에서는 도메인(Domaine)이라 한다.

둘째, 포도 재배는 하지 않고 판매만 하는 경우이다. 이를 네고시앙(Negociant)이라 한다. 네고시앙은 포도를 매입하여 양조 후 판매하는 경우도 있고 양조된 와인을 매입하여 판매하는 경우도 있다. 네고시앙이란 중간 유통회사인 것이다.

셋째, 영세 양조 농가들이 모여 조합을 이뤄 조합명으로 와인을 생산하는 경우이다.

자신의 영세적 자본과 경작 규모로 인해 독자적인 양조가 어려워 조합을 결성한다. 농가는 포도재배를 담당하고 조합은 와인양조 및 판매를 담당하는 형태이다.

## 5. 포도 수확연도(빈티지)

와인 양조에 사용된 포도가 수확된 해(년도)를 레이블에 표기하는 것을 빈티지라 하는데, 소비자들에게 해당 와인의 질을 판단할 수 있는 자료를 제공할 수 있다.

좋은 와인은 좋은 포도에서 생산된다. 따라서 일조량, 강수량 등의 환경 조건이 좋았던 해와 그렇지 않은 해의 와인은 품질이 다를 것이다.

빈티지의 중요성은 신세계 와인보다 구세계 와인에서 더 비중 있게 다루어지는데, 유럽 기상 조건이 해마다 일정치 못한 한계 때문이다.

신세계 와인은 비교적 해마다 고른 기상 때문에 구세계 와인에 비해 그 의미가 약하다. 차라리 어느 정도 숙성이 진행되었는지의 시간적 의미를 두고 보는 것도 좋은 방법이라고 본다.

아무튼 와인은 포도라는 식물에 의해 만들어지는 것이고, 따라서 자연 현상과 절대적인 관계를 가질 수밖에 없다. 그래서 빈티지를 중요하게 여긴다.

현대 와인은 양조 기술력으로 빈티지의 약점을 어느 정도 보완할 수 있다고는 하지만 원천적인 포도의 품질까지 개선시킬 수는 없기 때문이다.

두 해 이상의 해에서 생산된 포도로 와인을 만들어 블렌딩했다면 빈티지를 표기할 수 없으며 이를 Non-vintage wine이라 한다.

## 6. 와인 용량

현재 전 세계적으로 와인 병 용량은 750ml로 단일화되어 있으나 20세기까지만 해도 국가별로 제각각 사용되었었다. 이를 1979년 미국이 도량형법을 발표하면서 750ml로 할 것을 요구하면서 정착되었다.

병 사이즈는 대부분 750ml로 나오고 있으나 이보다 큰 사이즈의 병으로도 나오기도 한다. 그 용어를 정리해보면 다음과 같다.

(750ml 기준)

매그넘(Magnum) : 1,500ml(1.5L, 2병의 용량)

더블 매그넘(Double Magnum): 3,000ml (3L, 4병의 용량)

제로보암(Jeroboam): 4,500ml(4.5L, 6병의 용량)

제로보암은 프랑스에서 지역 간 용량의 차이가 있다. 보르도 지방에서는 4,500ml, 부르고뉴, 샹파뉴 지방에서는 3,000ml를 말한다.

## 7. 포도원에서의 병입 여부 및 생산자 주소

프랑스 와인의 경우 "Estate Bottled"나 "Mis en bouteille(s) au Chateau", 또 독일 와인의 경우 "Gutsabfullung"나 "Erzeugerabfullung"과 같이 표기하여 와인 생산자가 생산지에서 양조하고 병입했다는 것을 소비자에게 알리는 것이다. 이는 생산자가 모든 과정에 관여하여 품질이 보증된다는 것을 암시하는 것이다. 또 생산자 주소는 소비자의 신뢰도를 높이고자 와인 레이블에 생산자 주소를 표기한다.

## 8. 알코올 함량

와인 속에 함유된 알코올을 %로 표기하는 것이다. 알코올은 포도의 당도와 연관이 있으며 당은 기후의 일조량과 연관이 있다. 햇빛을 충분히 받은 포도는 당도가 풍부해져 잠재 알코올을 높인다. 이런 이유로 캘리포니아나 호주, 칠레 등의 신세계 와인들이 비교적 품질과 상관없이 알코올이 높다.

또 알코올을 높이기 위해 보당을 하기도 하는데 이를 찹탈리제이션(chaptalisation)이라 한다. 인위적으로 당을 높이는 찹탈리제이션은 각국이 정한 법의 허용한도 내에서만 가능하다.

일반적으로 고급 와인들은 알코올이 높은데, 그만큼 포도의 작황이 좋았다는 것을 의미한다. 그렇다고 알코올이 높은 와인은 모두 고급 와인이라는 것은 아니다. 포도밭의 환경에 따라 낮은 등급의 와인에서도 알코올은 충분히 높을 수 있기 때문이다.

## 9. 와인 고유번호 및 기타 안내문구

독일의 경우 "Amptliche Prufungs Nummer(AP Number)"를 레이블에 표기한다. 이 번호는 국가공인시음위원회가 등급을 결정하기 위해 와인을 시음할 때 부여하는 고유번호이다. 마치 한국의 주민등록번호와 유사하다. 해당 와인에 문제가 생겼거나 등급심사에 이의를 제기할 경우 원산지 및 생산자를 추적할 수 있으며 등급의 객관성을 높일 수 있는 기능이다.

또 이탈리아 DOCG와인의 경우도 병목에 두른 인장에 일련번호가 있는데 이는 납세를 위한 납세필증 번호다.

많은 와인 생산국에서는 Label이나 Back Label에 아황산염과 같은 첨가물의 양을 표기하기도 하며 과잉 알코올 섭취가 미치는 영향에 대해 경고문 또는 안내문 같은 것을 표기하기도 한다.

02

# 와인의 보관과 시음 시기

와인은 수년 동안 길게는 20년 30년을 보관하며 마시는 음료이다. 따라서 와인을 어떻게 보관하느냐는 것은 와인이 어떠한 상태에 있느냐와 같은 의미로도 통할 수 있다 그만큼 와인의 보관이 중요하다는 것이다.

와인의 보관 장소 중 가장 좋은 곳은 통풍이 잘되며 항상 14도 정도의 온도와 80% 정도의 습도가 유지되는 지하 저장고(Cave, 까브)라 할 수 있다.

하지만 우리나라와 같은 기후조건에서 이와 같은 장소를 찾기도 어렵고 찾는다 해도 대부분이 아파트 문화권인 현실을 감안할 때 와인 냉장고를 대안으로 선택하게 된다. 여름과 겨울의 기온차가 큰 우리나라는 와인을 보관할 설비를 하지 않은 곳에서 와인을 보관할 경우 쉽게 와인이 상하게 되므로 와인 냉장고를 이용하는 것이 와인 보관에 매우 유용하다. 하지만 필요할 때마다 와인을 구입해서 소비할 경우라면 굳이 냉장고를 구매할 필요는 없다. 이때는 구매할 때 제대로 보관이 되었는지만 잘 확인하면 된다.

# 1. 와인의 보관

## 1) 보관 온도

위에서도 언급했듯이 와인의 보관 중 가장 염두에 두어야 할 것이 온도의 변화다.

섭씨 14도 정도의 일정한 온도가 이상적이며 기온 변화 등 물리적인 충격은 와인의 변질을 초래할 수도 있다. 섭씨 14도 정도라면 봄날 아침 약간 싸늘한 정도의 느낌이다.

와인은 공기와 만나면 산화 작용이 일어나고 시간이 경과하면 식초산으로 변하는데 비록 공기와 접촉하지 않았더라도 섭씨 20도 이상에서 장기간 방치되면 온도에 의해 산화되는 경우가 발생한다.

물론 며칠 내로 마실 와인에서 일어나는 현상은 아니다. 적어도 몇 달 이상을 보관하는 경우를 말한다.

## 2) 진동

와인에 진동과 같은 물리적인 힘이 가해지면 와인의 구조감이나 잠재력이 약화될 수 있다. 그러므로 와인을 다룰 때는 가급적 어린아이를 잠재우듯 매우 섬세하게 다루는 것이 좋다.

## 3) 빛

와인은 햇볕이나 강한 전등빛 등에 의해서도 변질의 우려가 있다. 잠자듯 고요한 어둠 속에서 와인은 건강하게 성숙된다.

## 4) 습도

와인 산지의 지하 저장실에 가보면 눅눅한 냄새와 천장에 곰팡이가 많이 피어 있음을 볼 수 있다. 이는 저장실에 충분한 습도가 유지되고 있음을 알 수 있는데 80% 정도의 습도를 일정하게 유지해 주는 것이 좋다 이를 위해 지하 저장고를 조성한다면 작은 자갈이나 잘게 부순 돌 등을 깔아주는 것도 좋다.

또 와인 외에 다른 물건과 함께 저장하는 것은 옳지 못하다. 와인 냉장고를 사용할 경우 와인만을 보관하는 것이 좋다. 와인은 수십 종류의 향이 발산되는 음료이므로 냄새가 있는 물건과 같이 보관한다든지 보관 장소에서 악취 등이 나면 안된다.

## 2. 와인 마시는 시기

모든 와인이 오래 숙성시켜 마실 수 있는 것은 아니다. 장기간 보관 후에 제 맛이 나는 와인이 있는가 하면 장기 숙성하면 오히려 변질되어 단기간에 마셔야 하는 와인이 있다. 이는 생산지의 특성과 포도의 품종 그리고 와인의 성격에 따라 달라진다.

프랑스의 보르도의 메독 그랑 크뤼 와인들은 최소 10년은 지나야 서서히 자신이 가지고 있는 맛을 나타내는가 하면 보졸레 누보의 와인들은 양조한 해에 바로 마셔야 제 맛이 난다.

대체로 등급이 높은 와인들은 장기 보관이 가능한데 등급을 정할 때 이러한 요소들이 감안 되기 때문이다. 레드 와인은 탄닌이 높고 화이트 와인은 산도가 높은 와인들이 대체로 보관성이 높다.

특별히 고가가 아닌 일반적인 와인이라면 레드 와인은 생산 후 2~5년 정도 사이에 마시면 무난하고 화이트 와인은 1~3년 정도에 마시면 무리가 없다.

와인은 지역에 따라 품종에 따라 각양각색으로 생산되기 때문에 획일적으로 몇 년 정도에 마시는 것이 좋다고 말할 수는 없다. 여기서 일반적이라 하면 소매가 2~3만 원 정도의 와인을 일컫는다.

이렇게 길든 짧든 보관되는 일정 기간 동안 와인은 그 향과 맛이 다양해지고 유연하며 부드러워지고 다양한 부케를 형성한다.

레드 와인은 보관할 때는 14도 정도지만 실제로 마실 때는 상온에 2~3시간 두어 18~20도 정도에서 마시는 것이 좋다. '보관은 시원하게 마실 때는 상온에서' 기억해 두자. 이렇게 온도가 적당할 때 탄닌을 비롯한 레드 와인의 성분들이 조화를 이루어

그윽한 향과 맛을 연출하게 된다.

그러나 레드 와인과 달리 화이트 와인은 6~12도에서 가장 아름다운 조화를 이룬다. 와인의 보관을 14도 정도라고 했는데 이는 장기간 보관되는 지하 저장고의 이상적인 온도이다. 마시기 위한 화이트 와인은 냉장 보관을 하는 것이 좋다.

03

# 와인 서비스

와인 서비스와 관련된 내용들은 서비스를 담당하는 소믈리에 입장에서 정리를 했다.

격의 없는 지인들이 가볍게 만나는 자리라면 굳이 서비스 순서나 지나친 격식은 오히려 부담을 야기할 수 있다. 와인은 즐기는 대상이지 그 이상도 이하도 아니기 때문이다. 하지만 중요한 자리의 호스트 입장이거나 격식을 갖추어야 할 자리라면 서비스를 받든 서비스를 하든 서비스 내용을 알아두는 것이 유익하리라 본다.

소믈리에의 와인서비스는 단순히 와인만을 취급하는 것이 아니라 고객과의 관계성이 무엇보다 중요하다. 고객의 취향과 모임의 성격 그리고 모인 사람들의 성향이나 성별, 연령별로 그에 어울리는 와인을 고객이 지불하고자 하는 수준에서 만족시켜야 하기 때문이다.

고객의 요구 및 욕구와 소믈리에의 지식과 서비스 마인드가 어울려 서비스에서의 관계성이 성립된다. 소믈리에에게 와인, 음식, 서비스에 관해 많은 부분을 의지하는 고객에게 최고의 만족도를 선사해야 한다.

여기서 소믈리에(Sommelier)란 와인에 관한 이론적 지식과 서비스에 관한 실무적 능력을 갖춘 직업인을 말한다.

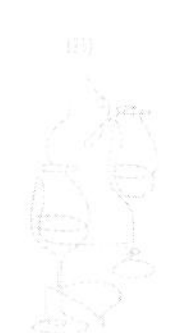

## 1. 와인 주문(Oeder taking)

와인 주문은 실물을 보고 주문하는 경우보다 대부분 와인리스트를 통해 이루어지기 때문에 고객 입장에서는 매우 낯설고 어려울 수 있다. 따라서 와인리스트가 표기된 패턴 등을 가볍게 설명해주는 것도 센스있는 서비스라고 할 수 있다.

와인리스트는 일반적으로 해당 와인에 관한 정보들을 일목요연하게 정리하여 와인에 관한 정보들을 고객이 상세히 알 수 있도록 준비하는 것이 보통이다. 경우에 따라 사진 등을 부착할 수도 있으나 수시로 변화되는 와인리스트를 매번 사진을 새긴다는 것은 효율성 면에서 부적합하여 거의 사용하지 않는다.

와인 리스트 표기는 일반적으로 다음과 같은 패턴으로 표기한다.

빈티지/ 와인이름/ 와인등급/ 제조사(양조회사)/ 세부 생산지역/ 넓은 생산지역(또는 생산국가)/ 가격 순으로 표기된다. 물론 다른 방식으로 표기할 수도 있지만 대부분은 위와 같이 표기한다.

와인 주문(Order Taking)에서 중요한 것은 고객과 소믈리에 사이에 누가 주도권을 갖고 주문이 이루어지는가이다.

고객이 주도권을 갖는다는 것은 소믈리에의 능력 부족으로 고객의 주문와인을 단순히 가져다주는 역할에 머무는 수동적 서비스를 의미하고, 소믈리에가 주도권을 갖는다는 것은 자신의 의도대로 고객을 유도하는 것이 아니라 고객의 의도에 맞춰 고객이 좋아하는 것을 제대로 찾아주는 능동적 서비스를 말한다. 자신이 아닌 고객의 수준에 맞춘 단어나 용어를 선택할 줄 아는 것이 주문에서 주도권을 갖는 것이라 생각한다.

와인 지식이 기초적인 사람에게는 전문용어를 피하고 전문적 지식이 있는 사람에게는 서로의 견해를 나누어 보는 것이 좋다.

드라이한 레드 와인 한 병 달라고 주문한 고객에게 부르고뉴 쥐브리 샹베르뗑의 그랑 크뤼 중 하나를 선택하면 어떨까요? 한다면 어찌 될까? 고객은 자신이 무시당한 듯한 느낌에 그만 짜증이 날 것이다. 반대로 부르고뉴 쥐브리 샹베르뗑의 그랑 크뤼 중 하나를 추천해 달라는 고객이라면 추천 와인에 대한 서로의 의견을 나누어 보는 것도 좋은 서비스일 것이다. 서로 배울 것도 있으며, 고객의 입장에서는 소믈리에와 대등한 의견교환으로 자신의 지식을 과시할 수 있는 기회가 되기도 하기 때문이다.

서비스에 명답은 있을지 몰라도 정답은 없다고 생각한다. 사람이 다르고 상황이 다르기 때문이다.

또, 주문한 와인은 음식과 궁합이 잘 이루어져야 한다. 와인의 주문에서 절대적으로 중요한 것이 음식과의 관계이다. 아무리 좋은 와인일지라고 음식과 상반된 와인이라면 그 맛의 가치가 떨어지기 때문이다. 음식과 와인에 관해서는 별도의 장에서 설명하도록 한다.

## 2. 와인의 이동

서비스하는 사람의 동작은 누군가의 기억에 메모리되고 있다. 고객의 와인을 이동할 때는 와인의 수준에 상관없이 소중히 들고 가야 한다.

엄마가 아이를 대하듯이 조심히 다루는 것이 좋다. 와인은 오랜 시간 어둡고 밀폐된 공간에서 지내온 물질이기 때문에 물리적 충격이나 강한 빛에 약하기 때문이다.

## 3. 고객이 주문한 와인에 가치를 부여해라

고객이 주문한 와인에 관해 전해지는 이야기가 있다면 설명과 함께 의미를 부여하는 것이 좋다. 예를 들어 샤또 딸보(Chateau Talbot)의 경우, 딸보(Talbot)는 프랑스 보르도의 그랑 크뤼급 와인이다. 한국에서 특히 많은 사랑을 받는 와인인데 이 와인에 관한 이야기는 영국과 프랑스의 백년전쟁 당시 대단히 용맹하고 애국심이 강한 영국군 장수였다. 전쟁이 끝나고 프랑스의 한 샤또는 비록 적국의 패장이었지만 그 용맹을 기려 샤또의 이름으로 사용하여 오늘에 이르고 있다.

모든 와인에 전해지는 이야기가 있을 수는 없다. 적절한 것이 없다면 고객의 분위기나 상황에 맞추어 이야기를 만들어주는 것은 어떨까? 예를 들어 우아한 복장의 여성의 고객이라면 삐노 누아의 우아함과 결부시켜 고객의 상황에 의미를 더해주는 것이다. 어떤 자리든 그 자리가 연인이 연애하는 자리이든, 생일이든, 결혼기념이든 아무튼 그 고객의 모임 성격과 이 와인의 유사점을 찾아 의미 있게 연결시켜 주어야 한다.

결론적으로 와인의 가치를 올려줌으로 와인을 마시는 고객의 가치를 상승시켜주게 한다.

서비스란 결국 서비스하는 사람에게 끌리는 것이고 모이게 하는 것이다.

## 4. 주문한 와인의 상표를 고객에게 보여 드린다

추천한 와인이든 주문한 와인이든 주문된 와인은 오픈하기 전 고객의 오른쪽에서 고객 앞으로 와인 상표를 확인시켜 드린다. 주문한 와인이 맞는지 여부이다. 이때 고객은 와인명 빈티지 등 와인리스트에 기록된 내용과 일치하는지를 확인한다.

## 5. 와인 오픈(Wine Open)

일반적으로 와인은 1시간 정도 일찍 오픈하여 잠자고 있는 와인을 깨어나게 하는 것이 좋으나 절대적인 것은 아니다. 경우에 따라 두세 시간이 지나야 좋은 것도 있고 오픈하자마자 마셔야 하는 와인도 있다. 병입 숙성이 완숙하지 못했을 때는 좀 더 일찍 오픈해야 하고 과 숙성됐을 때는 오픈하자마자 마시는 것이 좋다. 이의 판단은 쉽지 않으므로 전문 소믈리에에게 의뢰하는 편이 좋겠다. 그러나 일반적인 와인들 모두가 그런 것은 아니므로 특별한 와인이 아니라면 한 시간 전후로 일찍 오픈하면 무리가 따르지 않으리라 본다.

### 1) 준비물

(1) Couteau Sommelier : Waiter's Knife라고도 하며 와인 병목의 Capsule 제거 및 Cork를 뽑을 때 사용한다.
(2) Napkin : 병목 주변을 닦는 용도로 사용하며 가급적 White Color가 좋다.
(3) Wine basket : Panier a Vin이라고도 하며, 와인 병을 거치하거나 옮길 때 사용한다.
(4) Decanter : 병에 있던 와인을 옮겨 담는 용기
(5) Tasting Glass : 서비스 제공자(소믈리에)가 서비스를 하기 전에 와인의 상태를 확인하기 위한 글라스
(6) Candle : 와인을 Decanting할 때 와인 병목 부위를 통해 이물질이 Decanter로 유입되는지를 확인하기 위한 초
(7) Plate : Capsule이나 Cork를 와인 주문자(고객)에게 보여주기 위한 도구. 반드시 접시가 아니어도 된다.
(8) Match : Candle 점화용 성냥

## 2) Wine cork Open요령

(1) 와인 병목 요철 밑 부분의 Capsule을 Waiter's Knife를 이용해 절단한다. 와인 병의 움직임이 없이 손과 손목의 힘으로만 절단하는데 Knife의 끝부분을 활용해 깨끗이 한 번에 절단한다.

(2) Capsule이 제거된 병목과 아직 뽑히지 않은 Cork 주변을 Napkin 등을 이용해 깨끗하게 닦는다. 와인이 오랜 시간 어둠에서 지내는 동안 병목 주위에 곰팡이나 이물질이 묻어 있을 수 있다.

(3) Cork마개 중앙에 Waiter's Knife에 부착된 Screw의 끝을 약간의 힘을 주어 댄다. Screw를 반듯하게 돌려 Cork를 관통하지 않을 정도로 넣는다.

Screw나사가 대각선으로 들어가거나 와인과 닿는 Cork 밑 부분까지 들어갈 경우 와인에 Cork 부스러기가 뜰 수 있으니 주의해야 한다.

(4) Waiter's Knife 지렛대를 이용하여 Cork를 뽑는 데 주의할 점은 한 번에 "뻥"하고 뽑아내지 말고 약 2mm정도가 남게 한 다음 손으로 살짝 비틀어 "피식" 소리가 나게 뽑는다. 이는 병 속의 기압과 외부의 기압의 차이로 Cork를 정면으로 뽑힐 때 "펑"하는 소리와 함께 와인이 외부로 튀길 염려가 있기 때문이다.

(5) 와인 병에서 분리한 Cork와 Capsule을 Plate나 기타 용기에 담아 고객에게 보여준다(Capsule은 보여주지 않아도 무방하다). 이는 Cork의 상태로 와인의 상태를 알아보려 함이다.

Cork가 와인에 젖어있지 않으면 Cork가 말라 와인에 산소가 유입됐을 가능성이 크다. Cork를 와인에 사용하는 이유는 Cork의 수분에 의한 팽창성을 이용해 와인에 산소의 유입을 차단하려는 목적이다.

이러한 이유로 Cork로 밀봉된 와인은 반드시 뉘어서 보관하여 Cork에 와인을 젖게 하는 것이다.

## 3) Sparkling Wine Cork Open 요령

Sparkling Wine은 이동할 때 와인 속의 탄산이 활성화되지 않도록 이동할 때 흔들

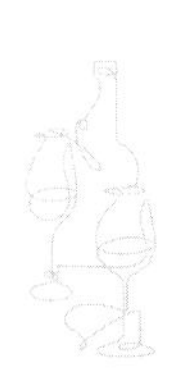

리지 않게 주의해야 한다.

(1) Sparkling Wine 병목의 Capsule을 제거한다.
대부분 띠가 내장되어 천천히 당겨 캡슐을 제거하면 되지만 그렇지 않은 경우 Waiter's Knife 등을 이용해 제거한다.

(2) 왼손 엄지손가락으로 Cork의 중앙 부위를 누르면서 철사 줄로 되어 있는 Cork Wire Net을 완전히 풀어 제거한다. 철사로 된 Cork Wire Net을 사용하는 이유는 이동 중이나 보관 중에 병속의 탄산에 의해 Cork가 빠짐을 방지하기 위함이다.

(3) Wire가 풀린 병을 왼손으로는 병목 Cork를 감싸 쥐고 오른손으로 병 밑을 잡아 좌우로 비틀며 자체 압력에 의해 Cork가 빠져 나오게 한다.
이때 "펑" 소리가 나지 않게 주의하며 Open된 Sparkling Wine의 병 입구를 깨끗하게 닦아준다.

(4) Cork를 Plate나 기타 용기에 담아 고객에게 보여준다.

## 6. 소믈리에의 시음

오픈된 와인을 Tasting Glass를 이용해 소믈리에가 먼저 시음한다. 고객이 시음하기 전에 와인의 상태를 점검하는 서비스이다. 시음한 후에는 표정, 언어 등을 통해 적절한 표현을 해주는 것이 좋다. 고객은 소믈리에의 행동 하나하나를 눈여겨보고 있기 때문에 약간의 쇼맨십도 필요하다.

## 7. 디켄팅

와인을 오픈하자마자 바로 마셔야 할 경우 디켄팅을 하는 것이 좋다. 디켄팅을 통해 한꺼번에 많은 양의 산소와 접하게 하여 급속한 산화과정을 통해 와인의 향이 최대

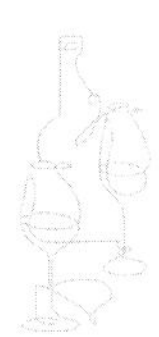

한 발산되게 하기 위함이다.

디켄팅이란 와인을 병속에서 다른 용기로 옮기는 것을 말하는데, 이 과정에서 산소와 접하면서 좀 더 부드러워지고 잠재된 향이 발산되게 된다. 이를 Breathing이라 하기도 하며, 어리고 견고한 와인에서 더욱 효과를 볼 수 있다.

디켄팅을 하는 또 다른 목적은 오랜 시간 동안 숙성을 하게 되면 와인 속의 성분들(주석산, 탄닌, 색소 등 기타 무기질)이 침전물(Sediments)이 되는데 이를 걸러주는 역할도 있다. 따라서 오래된 고급의 와인들은 대개 시음하기 하루 전 정도 세워두어 침전물이 밑으로 가라앉게 하기도 한다.

가능하다면 와인을 Open하여 적절한 시간이 지난 후에 마시는 것이 좋으나 그럴 시간적 여유가 없거나 또는 영한 와인을 미리 마셔야 할 때 디켄팅 하는 것이 좋다. 삐노 누아(Pinot Noir)와 같이 예민한 품종은 디켄팅이 자칫 와인의 구조를 깨뜨릴 수 있으니 주의가 요구된다.

## 8. 고객의 와인 시음

소믈리에가 시음한 와인이지만 호스트가 다시 한 번 시음한다. 남녀 커플 모임이라면 남자가 시음하는 것이 매너이다. 양은 약 1oz 정도가 적당하다.

이때도 적절히 표현해주는 것이 좋다.

## 9. 와인 서브

시음으로 와인의 상태가 양호하면 와인서비스를 하는데, 게스트 여자부터 서비스하는 것이 좋다. 만약 부부 모임으로 어느 한 부부가 다른 부부를 초청한 자리라고 가정할 때 서비스 순서는 게스트 여자, 호스트 여자, 게스트 남자, 호스트 남자 순으로 하는 것이 바람직하다. 물론 모임의 성격에 따라 순서가 반드시 여자가 먼저는 아니다. 서비스 순서는 직위 > 연령 > 성별의 순이다.

서브하는 와인의 양은 손가락 두 개 높이 정도가 적당한데 한 병에 약 8잔 정도 나오는 양이다. 그리고 스파클링 와인은 버블이 글라스에 넘치지 않도록 두 번에 걸쳐 서브한다.

## 10. 첨잔

고객은 레스토랑 등에서 와인을 마실 때 스스로 따르지 않고 반드시 서브를 받는다. 이때 첨잔(refill)을 하는 경우가 있는데 화이트 와인은 적정한 온도가 유지될 수 있도록 시음한 양만큼 즉시 서브(refill)하며, 레드 와인은 병 속의 와인 변화와 글라스 속의 와인 변화가 다르게 일어나고 있으므로 글라스의 와인을 다 마셨을 때 첨잔(refill)하는 것이 좋다.

## 11. 다 마신 와인 빈병은 고객 퇴장 때까지 버리지 않는다

와인의 여운을 끝까지 즐기기 위함이며 또 고객이 주문한 상품은 끝까지 소중하게 다루고 있음을 암시해주는 측면이 있다.

## 12. 마지막 인사는 긍정문으로 한다

서비스의 끝인사는 고객의 이미지 형성에 큰 영향을 미치므로 단어 선택에 신경 써야 한다.

고객은 인사말대로 상상한다. 따라서 환송인사의 단어는 반드시 긍정문을 사용해야 한다. 예를 들어보자. "즐거운 식사시간 보내셨습니까?"라는 인사와 "불편한 점은 없으셨습니까?"라는 인사말을 보자. 먼저 "즐거운 식사 보내셨습니까?"라는 인사에 고객은 인사말과 함께 즐거웠던 부분을 찾아 기억한다. 하지만 "불편한 점은 없으셨습

니까?"라는 인사에는 '오늘 불편한게 무엇이었지?' 하고 불편했던 점을 찾아 기억하게 된다. 같은 인사말처럼 생각할 수 있지만 결과는 크게 다를 수 있다.

실제로 주유소에서 "가득 채워 드릴까요?"라고 물을 때와 "얼마치 넣어드릴까요?" 라고 물을 때 매출 차이가 있었다고 한다. 고객은 "가득 채워 드릴까요?"라는 질문을 받고는 가득 채울까 말까를 결정하게 되고 "얼마치 넣어드릴까요?"라는 질문을 받고는 3만원, 5만원 등 넣을 금액을 결정하게 된다고 한다.

인사는 반드시 긍정적 단어와 문장을 사용하는 것이 좋다.

## 13. 두 가지 이상의 와인을 서비스할 때 순서

특성이 다른 와인 두 가지 이상을 한 자리에서 서비스할 때 어느 와인을 먼저 하고 나중에 할 것인지를 정해야 한다. 이는 처음 와인에 의해 나중 와인이 영향을 받지 않게 하기 위함이다.

그 순서는 일반적으로 다음과 같다.

1) White Wine → Red Wine
2) Dry Wine → Sweet Wine
3) Young Wine → Aged Wine
4) Dry Wine → Sweet Wine
5) Light Bodied Wine → Full Bodied Wine
6) Low Alchol Wine → High Alchol Wine

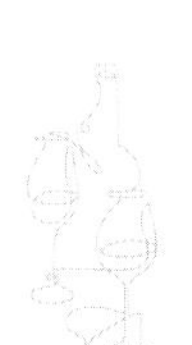

## TIP 가치의 서비스란?

고객은 왕이라고 한다. 아니 황제라고도 표현한다. 지극히 맞는 말이다.
그럼 서비스를 하는 사람은 무엇이 되어야 할까? 신하? 하인?
아니다. 서비스 하는 사람도 왕이어야 한다.
왜냐면 왕이 왕을 서비스해야 진정한 서비스라 할 수 있기 때문이다.
만약 신하나 하인이라면 그것은 서비스가 아니라 시중이 된다.
시중은 지시에 따르는 것이지 서비스가 아니다.
따라서 서비스하는 사람이 왕이 되려니까 많은 노력을 해야 한다.
소위 전문가가 되어야 한다는 것이다. 자기 분야의 왕이 되어야 한다는 의미이다.
서비스란 사실 말처럼 그렇게 쉬운 것이 아니다. 매우 어렵다. 왜냐면 사람의 마음과 소통하는 문제이기 때문이다. 왕으로서 높은 질의 서비스를 위해서는 한 가지 버려야 할 것이 있다. 바로 자존심이다. 이 자존심 때문에 때론 속상하고 비교하고 스트레스를 받는다. 자존심이란 "나 잘나"상표이기 때문이다.
자존심을 버린다는 것은 쉽지 않다. 하지만 마음속에 들어 있는 자존심을 밀어내고 자존감으로 채워 준다면 자존심은 채워진 만큼 사라질 것이다.
자존감으로 가득 채워지면 사랑과 감사가 생기고 두려움과 비교가 사라진다.
자존감이란 "나 소중" 상표이기 때문이다. 내가 소중하니 상대도 소중하고 결국 우리 모두가 소중한 것이다. 잘남과 소중함은 그 근본이 다르다.
자존심은 자기의 잘남을 말하지만 자존감은 자기의 소중함을 말한다.
나는 잘난 사람인가? 소중한 사람인가?
서비스는 자존심이든 자존감이든 나의 상태가 전달되는 것이다.
만약 병원에서 감기 걸린 간호사가 콜록 콜록 하면서 상냥하게 간호한다면 어떨까?
머리에 붕대감고 미소 지으며 간호를 한다면?
내가 시중드는 상태, 즉 자존심에 사로잡힌 상태로 서비스한다면 환자가 환자를 간호하는것과 무엇이 다르겠는가?
결론으로, 서비스란 나의 기교를 전달하는 것이 아니라 나의 상태를 전달하는 것이다.
따라서 내가 먼저 왕이 되어야 하고 내 속에 자존감으로 가득 채워야 한다.
자존감으로 채워지면 넘치는 것이 있는데 그것이 기쁨이다.
기쁨의 내 상태가 겸손하게 전달되어지는 것. 그것이 서비스라고 생각한다.
값으로 정할 수 없는 가치의 서비스인 것이다.

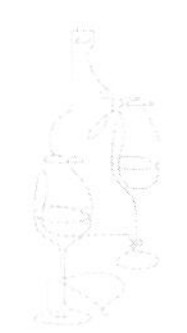

# 04

# 와인과 건강

하루에 와인 한 잔, 녹차와 더불어 건강음료로서 세계인들의 사랑을 받고 있는 것이 오늘날 와인이다. 모 방송 인터뷰에서 84세의 건강한 할머니에게 건강의 비결이 무엇이냐고 물었을 때 이 분은 주저 없이 하루에 와인 한 잔이라 답하는 것을 봤다.

와인이 건강에 좋다는 것은 과학적으로 밝혀져 많은 사람들이 건강음료로서 인식하고 있는 것이 현실이다. 하지만 이것도 하루 한두 잔이었을 때의 얘기지, 지나치면 와인속의 알코올로 인해 오히려 건강에 해가 될 수 있음을 잊어서는 안 된다. 좋음은 항상 절제를 수반한다는 것을 기억하면 좋겠다.

또 와인과 건강을 얘기할 때 "프렌치 파라독스"라는 표현을 많이 한다. 이는 프랑스 사람의 식습관이 지방질과 흡연을 많이 하는 데 반해 심장병 발병률이 식습관이 비슷한 나라와 비교해 현저히 낮다는 것이다. 식사와 더불어 와인의 소비가 일반화되어있기 때문이다. 와인 속의 안토시아닌 성분은 혈액 속의 콜레스테롤의 축적을 방해하여 혈액순환에 도움을 주어 심장병 발병을 낮게 하며 활성산소를 적절히 제어하여 노화나 질병으로부터 몸을 보호하는 역할도 한다.

이러한 것은 1970년대 이후 의학의 발달로 증명되고 있지만 그 이전에는 경험에 의해 와인을 건강에 좋은 음료로 인식해 왔다.

고대 히포크라테스나 플라톤 등 중세 수도승에 이르기까지 많은 사람들이 와인을 치료나 건강의 회복음료로서 인식해 왔음을 많은 문헌에서 알 수 있다.

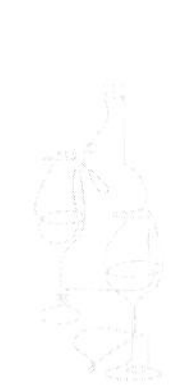

와인은 분명 건강에 많이 이로운 음료임은 틀림없다. 하지만 앞서도 언급했듯이 적절했을 때의 이야기다. 와인을 통해서 육체적 건강도 중요하지만 사람과의 관계가 회복되고 삶의 활력을 찾고 내일의 에너지원이 되어 지기를 바라는 마음이다. 와인을 어떻게 대하느냐에 따라 삶을 다운시키는 독한 술이 되기도 하고 삶을 왕성케 하는 활력제가 되기도 한다. 선택은 독자 여러분이 할 일이다.

# 05

# 와인과 음식

보편적으로 음식과 와인은 같이 즐기는데, 음식은 어울리는 와인과 만났을 때 그 풍미를 더해 춤을 추고, 와인은 어울리는 음식을 만났을 때 그 향기를 더해 흥을 돋운다.

이 둘은 서로 궁합이 잘 맞았을 때 서로가 가진 장점을 극대화시킨다. 마치 잘 어울리는 한 쌍의 부부처럼 편안하고 부드러우며 멋진 조화 속에서 각각의 개성이 최대한 발휘된다. 그래서 와인과 음식의 조화를 결혼에 비유해 마리아쥬(Mariage)라고도 표현한다.

이렇듯 음식을 먹을 때 어떤 와인과 함께 하느냐는 그 식탁의 행복과 풍요와 직결된다. 일반적으로 육류는 레드 와인을, 생선은 화이트 와인을 선택한다. 이는 육류의 단백질과 지방 성분이 레드 와인의 탄닌 성분과 작용하여 고기의 맛은 더욱 고소하고 담백하게 해주며 와인의 맛은 더욱 풍부하고 부드럽게 해주기 때문이다. 생선의 풍부한 미네랄과 신선함은 화이트 와인 속의 미네랄과 산으로 인해 그 신선함과 넉넉함을 배가시켜 주며 생선의 비릿함은 화이트 와인의 산이 중화시켜 주기 때문이다.

같은 레드나 화이트 와인일지라도 포도의 품종에 따라 그 향과 맛의 폭이나 강도가 다르게 나타난다. 따라서 같은 육류일지라도 육질의 강도에 따라(이를테면 야생 육류와 사육된 육류는 그 육질의 강도가 다르다) 또, 사용된 음식소스에 따라 와인의 강도도 달리하는 것이 좀 더 섬세한 마리아쥬라고 할 수 있다.

예를 들면 같은 육류일지라도 야생의 다소 거친 육류는 쉬라와 같이 좀 더 우직한 와

인이 어울리고 쇠 안심과 같이 부드러운 육류는 부르고뉴의 삐노 누아와 같은 풍부하고 섬세한 와인과 잘 어울린다는 것이다. 또 같은 생선일지라도 생선회는 쏘비뇽 블랑과 같이 향과 산도가 강한 와인이, 굴이나 익힌 생선 등에는 미네랄 과 산이 풍부한 샤도네가 잘 어울린다.

와인을 고를 때 육류인지 생선인지를 가려 레드나 화이트를 정한 다음 음식의 성격이나 강도에 따라 와인의 종류를 고르면 된다.

또 한 가지 고려해야 할 점은 반드시 육류는 레드와 생선은 화이트와만 어울리는 것은 아니라는 것이다. 닭고기와 같은 흰색 육류는 숙성된 화이트 와인하고도 잘 어울리며 참치와 같은 붉은 생선은 신선한 레드 와인하고도 잘 어울린다. 여름철 보양식으로 많이 찾는 삼계탕은 화이트 와인인 쏘비뇽 블랑과 환상적인 콤비를 이루기도 하는데, 음식 재료의 색과 와인의 색을 일치시켜 매칭시켜 보는 것도 와인과 음식의 좋은 궁합일 수 있다.

와인과 음식을 조화시킬 때 어떤 점을 고려해야 하는지 알아보자.

## 1. 무게감(Weight)

무게감이란 입안에서 느껴지는 무게로서 음식과 와인 모두 비슷한 무게감을 가진 것끼리 매칭시켜 주어야 한다. 음식의 경우 묵직한 느낌의 음식인지 가볍게 느껴지는 음식인지를 우선 파악한다. 예를 들면 멧돼지 고기는 양고기에 비해 무겁게 느껴지며, 소고기도 안심보다는 등심이 무겁게 느껴진다.

와인의 무게감은 대체로 탄닌, 산, 알코올 등이 높으면 무게감이 높다. 이를 바디라고 표현하며 무게감이 높으면 풀 바디, 낮으면 라이트 바디라고 한다. 무게감 높은 음식은 풀 바디한 와인과 무게감 낮은 음식은 라이트 바디 와인으로 매칭시켜 준다.

음식과 와인 어느 한쪽이 무겁거나 가볍게 치우친다면 둘 중 가벼운 쪽의 맛을 제대로 느낄 수가 없게 된다. 음식이 와인에 비해 가벼우면 와인의 무게에 눌려 먹긴 먹으나 음식 고유의 맛이 반감되고 반대로 와인이 음식에 비해 가벼우면 마시긴 하나 와인의 다양한 향과 맛을 음식 무게에 밀려 다양하게 느끼기가 힘들어진다.

이와 같이 음식과 와인은 같은 무게감으로 조화되었을 때 최상의 맛을 즐길 수 있다. 따라서 색깔보다 우선해서 고려해야 할 점이 바로 무게감이다. 그래서 육류일지라도 가벼운 레드보다는 차라리 무거운 화이트 와인이 낫다. 물론 묵직한 레드 와인이면 더할 나위 없겠지만 가벼운 레드라면 차라리 무거운 화이트가 더 어울린다는 말이다. 여기서 무거운 화이트 와인이라 함은 신선함보다는 묵직한 부케가 많고 오크 숙성하는 등 장기 보관도 가능한 와인이며 대체로 고급 와인으로서 프랑스 부르고뉴의 메르소나 몽라쉐 등을 들 수 있다.

## 2. 향과 맛의 강도(Intensity)

무게감과 비슷하게 생각될 수 있으나 음식에서의 무게감이란 기본 재료가 주는 느낌이고 강도(intensity)란 소스 등과 같이 음식에 부수적으로 추가되는 것들이 주는 느낌이다.

같은 음식이라도 소스의 강도에 따라 와인의 선택이 달라질 수 있다. 예를 들어 안심

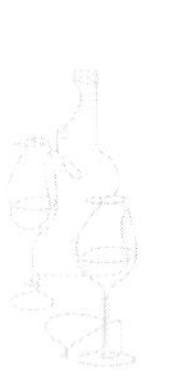

스테이크와 와인을 매칭시킨다고 가정하자. 일반적인 안심스테이크에는 섬세하고 무게감 있는 부르고뉴 삐노 누아(Pinot Noir)가 잘 어울린다. 하지만 소스에 페퍼(pepper)나 강한 향신료가 첨가된다면 소스의 강도가 높아지기 때문에 무게감도 높고 강도도 높은 론 지방의 쉬라(Syrah)가 더 어울릴 수 있다. 쇠고기 커리의 경우라면 쇠고기가 주가 되는 것이 아니라 커리의 향과 맛이 지배적이다. 따라서 커리와 어울리는 뉴질랜드 쏘비뇽 블랑(Sauvignon Blanc)과 같은 와인을 매칭시켜 주는 것이 좋다.

이처럼 음식의 강도와 와인의 강도를 비슷하게 맞춰줘야 이들이 갖는 다양한 맛과 향을 즐길 수 있는 것이다. 물론 이는 개인의 취향을 앞설 수는 없다. 자신이 좋아하는 스타일과 매칭시키는 것이 최상이며 여기에서 말하는 것은 일반론을 얘기하는 것이다.

## 3. 요리 스타일과 맛에 따라 어울리는 와인

크림 소스의 음식은 풀 바디 와인, 찜 요리는 라이트 바디 와인, 튀김요리는 산도 높은 화이트 와인이 어울린다. 산도가 높은 음식은 산도 높은 와인과 매칭시킨다.

예를 들면 토마토 소스의 파스타는 이탈리아 레드 와인과 잘 어울린다. 이는 이탈리아 와인에 산이 풍부하기 때문이며 특히 산지오베제(Sangiovese) 품종으로 만든 끼안띠 와인이면 더욱 좋다.

하지만 식초 드레싱을 한 샐러드나 레몬즙이나 식초가 들어간 음식에는 어울리는 와인을 찾기가 어렵다. 식초와 같이 강한 산을 대적할 만한 와인이 없기 때문이다.

당도 높은 음식은 당도 높은 와인과 매칭시킨다. 달콤한 디저트에는 달콤한 와인이 어울린다. 음식은 달고 와인은 드라이하다면 와인이 상대적으로 더욱 시고 떫게 느껴진다. 수박이나 딸기에 약간의 소금을 뿌리면 단맛이 더욱 달게 느껴지는 것과 같이 짠 음식은 스위트한 와인과도 잘 어울린다. 록포르(Roguefort) 치즈와 소떼른 와인의 조화도 같은 이치이다.

매운 음식과 와인은 매칭하기가 쉽지 않다. 매운 것은 맛이 아니기 때문이다. 스위트 와인과 매칭할 경우 단맛은 오히려 감소되고 드라이한 와인은 더욱 드라이하게 느껴진

다. 한식 중 매운 음식과 와인을 조화시키기가 어려운 이유가 여기 있다. 하지만 지나치게 맵지 않은 김치찌개나 여타 음식에는 드라이하고 산도가 높은 쏘비뇽 블랑이나 리슬링과도 어울릴 수 있다.

훈제 음식은 훈제 향이 음식의 강도를 높이기 때문에 산도가 강한 쏘비뇽 블랑이나 독일산 리슬링, 호주의 쉬라즈가 잘 어울린다.

치즈와 빵과 와인은 찰떡궁합을 자랑한다. 이 세 가지는 우유와 곡물과 과실이라는 서로 다른 재료를 가지고 있으면서도 모두가 발효식품이라는 공통점이 있다. 따라서 상이한 성분이 발효라는 공통점을 통해 환상적인 콤비를 이룬다. 치즈는 고소함을, 빵은 담백함을, 와인은 그윽한 향을 제공하여 서로가 훌륭한 하모니를 이룬다.

# 와인 마실 때의 매너

## 1. 시음은 호스트 남성이 하는 것이 좋다

와인은 정지해 있는 음료가 아닌 지속적으로 변화를 이어가고 있는 음료이다. 처음 거칠고 균형 잡히지 못한 상태에서 점차 안정적이며 향과 맛의 폭이 넓어져 가다 일정 시간이 되면 와인으로서의 일생을 마감하게 된다. 물론 지역이나 산지에 따라 수년에서 수십 년의 수명 차이를 보이지만 이 변화의 기간에 자칫 변질의 우려가 있는 것이다. 현대의 양조 기술과 보관 기술은 와인의 변질을 최소화하지만, 와인이 소비자에 이르는 동안 온도나 취급 부주의 또는 양조상의 부주의 등에 의해 변질의 우려는 있을 수 있다. 그렇기 때문에 와인의 변질 유무를 확인하기 위해 시음한다.

손님을 접대할 경우 시음을 연장자에게 의뢰하거나 외국인이 있는 경우 외국인에게 시음을 하게 하는 경우를 종종 보는데 이는 배려가 아니라 실례가 될 수 있다. 와인 시음의 목적은 와인의 상태를 체크하는 것이다. 그렇기 때문에 호스트가 시음해야 하며 부부이거나 남녀가 같은 호스트 입장이라면 남자가 하는 것이 바람직하다. 시음 후 이상이 없으면 와인 서비스는 게스트부터 한다.

전문 소믈리에가 있는 레스토랑에서는 호스트의 시음 이전에 소믈리에가 먼저 시음하고 호스트에게 시음을 하게 하는 경우가 있다. 이때도 호스트는 자연스럽게 시음을 하면 되고 만약 소믈리에가 이미 시음을 했으므로 또다시 확인 과정을 거치지 않겠다면

곧장 게스트에게 서비스하게 하면 된다.

와인 시음의 동기가 된 이야기가 있어 소개하고자 한다. 옛날부터 와인은 상류층의 음료이며 신성한 음료이기도 했다. 그래서 각 성마다 자신의 포도밭을 일구어 자신들의 와인을 만들어 파티에 사용하고 판매도 했다. 중세 어느 시절에 이러한 와인을 정적을 살해할 목적으로 사용되었던 적이 있었다고 한다. 와인에 몰래 독을 주사하여 정적을 제거하는 사건이 발생했던 것이다.

이 사건 이후로 어느 성(城)에서 파티를 열게 됐는데, 이때 성주(호스트)가 많은 사람들 앞에서 가장 먼저 자신의 잔에 와인을 따라 마신 후 다른 사람들에게 와인을 권했다고 한다. 이는 "오늘 저희 와인은 안전하니 마음껏 즐기십시오."라는 의미였던 것이다. 이때부터 와인을 서브하기 전에 호스트의 와인 시음이 있었고 지금에 와서는 와인의 상태를 확인하는 과정이 된 것이다. 따라서 시음은 호스트가 하는 게 예의이고 가능하면 남자가 하는 게 좋다.

시음 후 와인에 이상이 있거나 변질 됐을 경우 교환을 하게 된다. 간혹 시음 후 와인이 입맛에 맞지 않거나 음식과 맞지 않는다고 교환을 요구하는 경우도 있는데 이는 교환되지 않으며 교환하고자 하면 와인 값을 모두 지불해야 한다. 교환은 와인이 변질되었을 때만 가능하다.

## 2. 주문 시 잘 모르겠으면 소믈리에게 일임해보는 것도 좋다

와인에 대한 이해가 부족한 사람에게 가장 힘든 것이 아무래도 와인의 주문일 것이다. 와인 리스트만 보고서는 어떤 와인인지를 이해하기가 힘들기 때문이다.

이때 혼자 고민하거나 접대자리에서 게스트에게 와인을 고르라고하여 게스트가 난감해 하는 것보다 전문 소믈리에의 도움을 받는 것이 훨씬 좋다.

왜냐면 소믈리에는 보유하고 있는 와인의 종류며 음식이며 또 이들의 조화를 잘 이해하고 있기 때문이다. 이때 선호하는 기호와 예산은 일러줘야 한다. 특히 예산은 분명히 일러주어야 계산할 때 오해의 소지가 발생하지 않는다.

## 3. 와인을 서비스 받을 때 글라스를 들지 않는다

와인을 서비스 받을 때 와인 잔은 테이블 위에 놓인 상태로 따르기를 기다리면 된다. 와인을 따르는 도중에 글라스를 들어 올리면 오히려 따르는 사람이 와인을 테이블에 흘리는 등 부담스럽거나 불편할 수 있기 때문이다. 그런데 상사나 연장자가 따라줄 경우 가만히 앉아 있기가 불편할 때가 있을 것이다. 이때는 오른손을 와인글라스 받침에 살짝 올려 예를 표하면 된다.

## 4. 와인을 마실 때 글라스의 stem 부분을 잡는다

와인 잔은 와인이 담기는 볼과 손잡이의 스템 그리고 받침으로 나뉘는데, 와인을 마

실 때는 글라스의 스템 부분을 잡고 와인을 마신다. 와인은 온도에 극히 민감한 음료이다. 따라서 체온이 와인에 전달되는 것을 막기 위해 스템 부분을 잡는 것이며, 보기에도 세련미가 있어 보인다.

여기서 잠깐 생각해 볼 것이 있다. 식사와 더불어 테이블에서 와인을 마실 때도 반드시 스템을 잡아야 하는가? 결론적으로 꼭 그렇지만은 않다. 왜냐면 스템을 잡는 이유가 와인에 체온이 전달되는 것을 막기 위함인데, 식사 중에 마시는 몇 초의 시간이 과연 와인의 온도 변화에 얼마나 영향을 미칠 수 있을까 하는 것이다. 거의 영향을 미치지 않을 정도이다.

따라서 테이블에서 와인 잔을 잡을 때는 스템을 잡고 마시는 것이 좋으나 본인이 편하다면 글라스 볼 밑 부분을 잡아도 무방하다. 불편을 요구하는 것이 매너가 아니므로 지나치게 형식적인 부분을 의식하면 오히려 음식 맛을 잃을 수도 있다.

그러나 반드시 스템 부분을 잡아야 하는 경우가 있는데 스텐딩 파티다. 이 경우는 와인을 다 마실 때까지 글라스를 잡고 있어야 하기 때문이다.

## 5. 와인을 거절하고 싶으면 손짓으로 신호한다

와인을 다 마셨거나 얼마 남지 않았을 때 따르는 것을 첨잔이라 하는데 이때 싫다고 하여 글라스를 뒤집어 놓거나 글라스를 옮기는 것은 자칫 자리를 어색하게 만들 수도 있다. 이럴 경우 글라스의 입구나 받침을 검지 중지의 손가락을 이용해 살짝 터치해 주면 사양의 신호가 된다.

## 6. 건배할 때 잔은 상대와 시선이 마주칠 수 있는 눈높이까지만 올린다

건배는 서로의 건강이나 행복, 성공 등을 바라며  서로의 좋은 관계를 확인하고 공동체에 결속되어져 있음을 나타내는 상징이라고 생각한다. 이러한 행위로 서로의 잔을 부

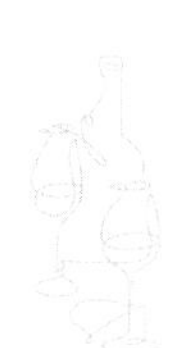

딪치게 된다. 이때 의자에 앉은 채 모두 건배가 가능한 좌석이면 문제될 것이 없으나, 서로 손이 닿지 않을 정도로 큰 테이블에 앉아 여러 사람과 건배할 경우에는 주의를 요한다. 건배란 반드시 글라스를 부딪쳐야 하는 것이 아니므로 여러 사람과 같이 할 경우 좌우로 가깝게 앉은 사람과만 잔을 부딪치고 나머지 사람과는 눈인사로 대신하는 것이 좋다.

그리고 건배할 때 글라스 높이는 상대의 눈을 바라볼 수 있는 눈높이까지만 드는 것이 좋다. 와인 잔을 머리 위로 올리면서까지 건배를 하는 것은 품위에 손상이 가지 않을까 싶다. 건배 용어로 Cheers, 또는 Toast 등 여러 가지가 있는데 건배 용어로 Toast를 사용하게 된 설이 옛날부터 유럽에서 전해지고 있다. 하나는 와인을 마실 때 와인글라스에 토스트 한 조각을 넣어서 마셨다는 것과 다른 하나는 남자가 와인 잔을 들면 여자는 토스트를 들고 건배를 했다는 설이다. 어디까지나 설이지만 잘 숙성된 와인에서는 좋은 토스트 향이 나는 것을 보면 의미가 있는 듯하다.

## 7. 음식을 씹으면서 와인을 마시지 않는다

와인과 음식은 서로의 장점을 극대화하는 조화로운 것이지만 각각의 개성은 분명히 다르다. 따라서 음식은 음식으로서 즐기고 와인은 와인으로서 즐기는 것이 좋다.

특히 음식이 입안에 있을 때 와인을 마시면 자칫 입안의 음식이 와인 잔으로 흐를 수도 있으니 가급적 음식을 다 먹고 와인을 마시는 것이 좋다.

## 8. 와인은 소리 나지 않게 마신다

술을 마실 때 "캬~" 또는 "끄윽" 등 소리를 내는 경우가 있는데 와인을 마실 경우 소리나지 않게 조용히 마시는 것이 좋다. 아주 조금씩 혀에 와인이 살짝 얹어질 정도의 적은 양으로 음미하며 마시는 것이 와인의 깊이를 즐기는 것이다.

## 9. 와인을 바꿀 때는 글라스도 바꾼다

와인은 품종이나 양조법에 따라 그 성격을 달리한다. 이를테면 탄닌이 풍부한 까베르네 쏘비뇽, 섬세하며 과실향이 풍부한 삐노 누아, 미네랄 향이 잔잔히 어우러진 샤도네, 달콤한 소떼른 와인 등등... 이렇게 성격이 다른 와인들은 글라스 또한 달라진다.

따라서 와인의 종류가 달라지면 글라스도 와인 성격에 맞게 바뀌어야 한다.

## 10. 퇴장하면서 병 밑의 약간 남은 와인은 두고 가는 센스

호텔이나 레스토랑 등에서 식사를 하고 떠난 자리에는 남는 것이 하나 있는데 바로 그 사람의 인격이다.

다 마신 와인 병 밑에는 약간의 와인이 남아 있을 수 있다. 이는 고의적으로 와인을 남기는 것이 아니라 있을 지도 모를 와인의 찌꺼기가 글라스에 들어감을 방지하기 위함이며, 모든 와인을 따르기 위해 와인 병을 거꾸로 들어 와인 방울까지 글라스에 따르는 것은 서비스 받는 사람의 품위에 손상이 가기 때문이다.

이것을 아까워하여 퇴장하면서 한잔의 글라스에 모두 모아 마시고 가는 일은 하지 말아야 한다. 설령 와인이 조금 남았어도 이는 서비스하는 사람들의 몫으로 두고 가는 것이 세련된 행동이다. 아주 귀한 와인이면 소믈리에에게 시음의 기회를 주는 것도 큰 배려이다.

## 출처


- ww.medoc-bordeaux.com
- 프랑스와인 - 최훈
- The Burgundy - 로버트 파커
- www.germanwines.co.kr
- en.wikipedia.org
- 프랑스 포도주와 오드비 세계로의 여행 - 소팩사


### 그림 출처


- www.sopexa.co.kr
- www.chateau-montrose.com
- www.calon-segur.fr
- Sopexa. www.bordeaux.com
- www.lafite.com/fr
- www.chateau-latour.com/fr
- www.chateau-mouton-rothschild.com
- www.chateau-margaux.com/fr
- www.vins-pomerol.fr
- www.wine-searcher.com
- ko.wikipedia.org

## 저자소개

# 조영현

- 동원대학교 전임교수
- 강릉원주대학교 일반대학원 관광학 박사
- 경희대학교 관광대학원 호텔경영학 석사
- (사)한국 베버리지협회 평생교육원 원장
- (교육법인)인재개발진흥원 원장
- 국제대학교 겸임교수
- 인천 재능대학교 겸임교수
- 부천대학교 겸임교수
- 롯데호텔 지배인
- ㈜엠엔엠 월드와이져 총괄이사
- 소믈리에 자격증 심사위원장
- 바리스타 자격증 심사위원
- 우리 술 조주사 자격증 심사위원
- 코리안컵 바텐더대회 심사위원
- 코리아 와인 챌린지 심사위원
- 프랑스, 이탈리아, 스페인, 독일 와인 연수

저자와의
합의하에
인지첩부
생략

The WINE 뿌리 깊은 나무

2020년 8월 20일 초판 1쇄 인쇄
2020년 8월 25일 초판 1쇄 발행

**지은이** 조영현
**펴낸이** 진욱상
**펴낸곳** (주)백산출판사
**교 정** 박시내
**본문디자인** 신화정
**표지디자인** 오정은

**등 록** 2017년 5월 29일 제406-2017-000058호
**주 소** 경기도 파주시 회동길 370(백산빌딩 3층)
**전 화** 02-914-1621(代)
**팩 스** 031-955-9911
**이메일** edit@ibaeksan.kr
**홈페이지** www.ibaeksan.kr

ISBN 979-11-6567-152-5 13570
**값 34,000원**